TensorFlow 2.x 高级计算机视觉

[美] 克里斯南杜·卡尔 著

周玉兰 译

清华大学出版社

北 京

内 容 简 介

本书详细阐述了与 TensorFlow 高级计算机视觉相关的基本解决方案，主要包括计算机视觉和
TensorFlow 基础知识，局部二值模式和内容识别，使用 OpenCV 和 CNN 进行面部检测，图像深度学习，
神经网络架构和模型，迁移学习和视觉搜索，YOLO 和对象检测，语义分割和神经风格迁移，使用多任务
深度学习进行动作识别，使用 R-CNN、SSD 和 R-FCN 进行对象检测，通过 CPU/GPU 优化在边缘设备上
进行深度学习，用于计算机视觉的云计算平台等内容。此外，本书还提供了相应的示例、代码，以帮助读
者进一步理解相关方案的实现过程。

本书适合作为高等院校计算机及相关专业的教材和教学参考书，也可作为相关开发人员的自学用书和
参考手册。

北京市版权局著作权合同登记号 图字：01-2022-3089

Copyright © Packt Publishing 2020.First published in the English language under the title
Mastering Computer Vision with TensorFlow 2.x.

Simplified Chinese-language edition © 2022 by Tsinghua University Press.All rights reserved.

本书中文简体字版由 Packt Publishing 授权清华大学出版社独家出版。未经出版者书面许可，不得以任
何方式复制或抄袭本书内容。

图书在版编目（CIP）数据

TensorFlow 2.x 高级计算机视觉 /（美）克里斯南杜·卡尔著；周玉兰译. —北京：清华大学出版社，
2022.9
书名原文：Mastering Computer Vision with TensorFlow 2.x.
ISBN 978-7-302-61458-6

Ⅰ. ①T… Ⅱ. ①克… ②周… Ⅲ. ①计算机视觉 Ⅳ. ①TP302.7

中国版本图书馆 CIP 数据核字（2022）第 135079 号

责任编辑：贾小红
封面设计：刘　超
版式设计：文森时代
责任校对：马军令
责任印制：朱雨萌

出版发行：清华大学出版社
　　　　　网　　址：http://www.tup.com.cn，http://www.wqbook.com
　　　　　地　　址：北京清华大学学研大厦 A 座　　　　邮　编：100084
　　　　　社 总 机：010-83470000　　　　　　　　　　邮　购：010-62786544
　　　　　投稿与读者服务：010-62776969，c-service@tup.tsinghua.edu.cn
　　　　　质量反馈：010-62772015，zhiliang@tup.tsinghua.edu.cn
印 装 者：小森印刷霸州有限公司
经　　销：全国新华书店
开　　本：185mm×230mm　　印　张：25.25　　字　数：503 千字
版　　次：2022 年 9 月第 1 版　　　　　　印　次：2022 年 9 月第 1 次印刷
定　　价：129.00 元

产品编号：088508-01

译 者 序

计算机视觉（computer vision，CV）是近年来取得突破性成就的研究和应用领域。所谓"计算机视觉"，简而言之就是让计算机学会"看"图片或视频。人类在看图时，看到的是像素，这些像素组合起来构成一个或若干个形状，人类可以结合纹理、大小和颜色等识别这些形状的目标或对象，如图片中的猫狗或视频中运动的球员。计算机"看"到的不是一个个具象，而是图像的 RGB 强度矩阵，通过图像哈希和滤波，可以从图像中提取特征，转换为描绘物理对象和特征的构造。计算机视觉系统可以从逻辑上分析这些构造，简化图像并提取最重要的信息，然后通过特征比对预测对象分类。本书第 1 章和第 2 章即详细阐释了有关计算机视觉和神经网络的基础知识。

目前用于图像和视频识别任务的最有效工具是深度神经网络，特别是卷积神经网络（CNN）。本书第 3 章介绍了使用 OpenCV 和 CNN 进行面部检测的操作，包括应用 Viola-Jones AdaBoost 学习模型和哈尔级联分类器进行人脸识别、使用深度神经网络预测面部关键点以及使用 CNN 预测面部表情等；第 4 章详细阐释了 CNN 的基础概念、参数优化和可视化等；而第 5 章则简要介绍了目前比较流行的神经网络架构，如 AlexNet、VGG16、Inception、ResNet、R-CNN、Fast R-CNN、Faster R-CNN、GAN 和 GNN 等。

曾经有一段时间，类似"时光机器"之类的软件非常流行，它可以将年轻人的照片模拟变成老年人的照片，也可以将老年人的照片还原到童年时期。神经风格迁移学习和 GAN 在这方面就具有很大的优势。GAN 网络有一个生成器模型和一个鉴别器模型，生成器负责伪造图像，而鉴别器则负责鉴别图像，通过这二者的对抗和迭代，最后生成的图像完全可以达到以假乱真的程度。本书第 6 章和第 8 章详细介绍了迁移学习和深度卷积生成对抗网络（DCGAN），并提供了编码练习实例。有了这个利器，诸如视频换脸和美颜之类不再是什么难事。

在面对实时检测任务（如视频中的对象检测）时，往往需要采用速度更快的单阶段检测方法，YOLO 和 Darknet 就是此类网络中的佼佼者，本书第 7 章提供了它们的详细介绍和开发示例。

本书还提供了使用 TensorFlow 的计算机视觉高级实现。例如：第 9 章介绍了使用 OpenPose 模型、堆叠沙漏模型和 PoseNet 网络进行人体动作识别和姿态估计；第 10 章介绍了使用 R-CNN、SSD 和 R-FCN 进行对象检测等，该章还介绍了对象跟踪器模型的开发。

　　本书最后，还介绍了在边缘设备和云端上的 TensorFlow 实现。这里的边缘设备主要是指手机。边缘设备由于计算资源（CPU、GPU、内存和存储空间等）受限，因此需采用针对性的优化。第 11 章详细介绍了 MobileNet 网络和 TensorFlow Lite 等的应用，而第 12 章则介绍了在 Google 云平台、AWS 和 Azure 等平台上的模型训练操作。

　　在翻译本书的过程中，为了更好地帮助读者理解和学习，本书以中英文对照的形式保留了大量的原文术语，这样的安排不但方便读者理解书中的代码，而且也有助于读者通过网络查找和利用相关资源。

　　本书由周玉兰翻译，黄进青、唐盛、陈凯、马宏华、黄刚、郝艳杰、黄永强、熊爱华等参与了程序测试和资料整理等工作。由于译者水平有限，书中难免有疏漏和不妥之处，在此诚挚欢迎读者提出任何意见和建议。

译　者

前　　言

计算机视觉是一种技术，机器可以通过这种技术获得与人类媲美的能力，以处理和分析图像或视频。本书将重点介绍如何使用 TensorFlow 开发和训练深度神经网络，以解决高级计算机视觉问题，并在移动和边缘设备上部署解决方案。

本书将从计算机视觉和深度学习的关键原理开始，逐渐介绍各种模型和架构以及它们的优缺点。你将会了解到各种架构，如 VGG、ResNet、Inception、R-CNN 和 YOLO 等。你还将掌握通过迁移学习来使用各种视觉搜索的方法。

本书将帮助你理解计算机视觉的各种高级概念，包括语义分割、图像修复、对象（目标）跟踪、视频分割和动作识别等。你将逐步探索如何将各种机器学习和深度学习概念应用于诸如边缘检测和面部识别之类的计算机视觉任务中。

在本书的后面，还讨论如何进行性能优化、部署动态模型以提高处理能力，以及进行扩展以应对各种计算机视觉挑战。

学习完本书之后，你将对计算机视觉有深入的了解，并且将知道如何开发模型以自动执行任务。

本书读者

本书适用于对机器学习和深度学习有一定的了解，并希望构建专家级的计算机视觉应用程序的计算机视觉专业人员、图像处理专业人员、机器学习工程师和 AI 开发人员。阅读本书时，你应熟悉 Python 编程和 TensorFlow。

内容介绍

本书分为 4 篇共 12 章，具体介绍如下。

❑　第 1 篇：计算机视觉和神经网络概论，包括第 1~4 章。

➢　第 1 章 "计算机视觉和 TensorFlow 基础知识"，讨论计算机视觉和 TensorFlow

的基本概念，帮助读者为本书的后续学习打下坚实的基础。我们研究如何执行图像哈希和滤波；然后，学习特征提取和图像检索的各种方法；接下来，介绍基于轮廓的对象检测、定向梯度的直方图以及各种特征匹配方法；最后，还简要介绍高级 TensorFlow 软件及其不同的组件和子系统。本章提供许多用于对象检测、图像滤波和特征匹配的实际编码练习。

➢ 第 2 章"局部二值模式和内容识别"，讨论局部二值特征描述子和直方图，它们可用于对纹理图像和非纹理图像进行分类。我们学习调整局部二值模式（local binary pattern，LBP）参数并计算 LBP 之间的直方图差异，以匹配图像之间的相同模式。本章提供两种编码练习，一种用于匹配地板图案，另一种用于匹配面部颜色与基础颜色。

➢ 第 3 章"使用 OpenCV 和 CNN 进行面部检测"，从 Viola-Jones 的面部和关键特征检测开始，介绍基于神经网络的面部关键点检测和面部表情识别的高级概念。本章以 3D 人脸检测的高级概念作为结尾。另外，本章还提供两种编码练习，一种用于网络摄像头中基于 OpenCV 的面部检测，另一种是基于卷积神经网络的端到端面部关键点检测管道。端到端神经网络管道包括从网络摄像头裁剪面部图像以收集数据、标注面部图像中的关键点、将数据采集到卷积神经网络中、建立卷积神经网络模型、训练并最终评估面部图像关键点的模型。

➢ 第 4 章"图像深度学习"，深入研究如何使用边缘检测在空间上创建卷积运算，以及不同的卷积参数（如滤波器大小、维度和操作类型）如何影响卷积体积。本章还详细介绍神经网络如何查看图像，以及如何通过可视化对图像进行分类。另外，本章提供基于 TensorFlow Keras 的编码练习，以构建神经网络并进行可视化。最后，本章还比较我们创建的网络模型与诸如 VGG 16 或 Inception 之类的高级网络的准确率。

❏ 第 2 篇：TensorFlow 和计算机视觉的高级概念，包括第 5～8 章。

➢ 第 5 章"神经网络架构和模型"，探讨不同的神经网络架构和模型。通过更改卷积、池化、激活、全连接和 Softmax 层的参数，介绍如何将第 1 章和第 4 章中学到的概念应用于各种场景。通过这些练习，你将对一系列神经网络模型有一个整体理解，这将为你成为计算机视觉工程师奠定坚实的基础。

➢ 第 6 章"迁移学习和视觉搜索"，介绍使用 TensorFlow 将数据输入模型中，并为现实应用开发视觉搜索方法。你将学习如何使用 Keras 数据生成器和 TensorFlow tf.data API 将图像及其类别输入 TensorFlow 模型中，然后剪切一部分预训练的模型，并在最后添加你自己的模型内容，以开发自己的分类器。

这些练习背后的思路是学习如何在 TensorFlow 中为你在第 4 章和第 5 章中开发的神经网络模型进行编码。

➢ 第 7 章"YOLO 和对象检测"，介绍两种单阶段的快速对象检测方法：仅看一次（You Only Look Once，YOLO）和 RetinaNet。本章详细阐释不同的 YOLO 模型，如何更改其配置参数并进行推论。你还将学习如何处理自己的图像，以使用 Darknet 网络训练自定义 YOLO v3 模型。

➢ 第 8 章"语义分割和神经风格迁移"，讨论如何使用深度神经网络将图像分割为空间区域，从而生成人工图像并将风格从一种图像迁移到另一种图像。我们使用 TensorFlow DeepLab 进行练习以进行语义分割，并在 Google Colab 中编写 TensorFlow 代码以进行神经风格迁移。我们还使用深度卷积生成对抗网络（DCGAN）生成人工图像，并使用 OpenCV 进行图像修复。

❑ 第 3 篇：使用 TensorFlow 的计算机视觉高级实现，包括第 9 章和第 10 章。

➢ 第 9 章"使用多任务深度学习进行动作识别"，详细介绍如何开发多任务神经网络模型来识别动作（如手、嘴、头或腿的动作），以使用基于视觉的动作来检测动作类型。最后，我们还使用手机加速度计数据通过深度神经网络模型对它进行补充，以验证该动作。

➢ 第 10 章"使用 R-CNN、SSD 和 R-FCN 进行对象检测"，深入探讨各种对象检测模型，如 R-CNN、单发检测器（single-shot detector，SSD）、基于区域的全卷积网络（region-based fully convolutional network，R-FCN）和 Mask R-CNN，并使用 Google Cloud 和 Google Colab Notebook 进行实际练习。我们还练习如何训练自定义图像，以使用 TensorFlow 对象检测 API 开发对象检测模型。最后，本章还深入介绍各种对象跟踪方法，并使用 Google Colab Notebook 进行练习。

❑ 第 4 篇：在边缘和云端上的 TensorFlow 实现，包括第 11 章和第 12 章。

➢ 第 11 章"通过 CPU/GPU 优化在边缘设备上进行深度学习"，讨论如何采用已生成的模型并将其部署在边缘设备和生产系统上。这将导致完整的端到端 TensorFlow 对象检测模型实现。特别是，我们可以使用 TensorFlow Lite 和 Intel 开放式视觉推理和神经网络优化（intel open visual inference and neural network optimization，OpenVINO）架构开发、转换和优化 TensorFlow 模型，并将其部署到 Raspberry Pi、Android 和 iPhone 中。尽管本章主要关注 Raspberry Pi、Android 和 iPhone 上的对象检测，但是所讨论的方法也可以扩展到图像分类、风格迁移和所考虑的任何边缘设备的动作识别。

➢ 第 12 章"用于计算机视觉的云计算平台"，讨论如何在 Google 云平台（Google

cloud platform，GCP）、Amazon Web Services（AWS）和 Microsoft Azure 云平台中打包应用程序以进行训练和部署。你将学习如何准备数据，将数据上传到云数据存储中并开始监视训练。你还将学习如何将图像或图像向量发送到云平台进行分析并获得 JSON 响应。本章将讨论单个应用程序以及如何在计算引擎上运行分布式 TensorFlow。训练完成后，本章将讨论如何评估模型并将其集成到应用程序中以进行大规模操作。

充分利用本书

如果你是计算机视觉和 TensorFlow 的初学者，并且想要精通该主题，那么最好按顺序阅读本书的各个章节，而不是随便翻翻。本书以计算机视觉和神经网络的概念为基础，并提供了大量代码示例。请确保对所介绍的概念和架构有很好的了解，然后应用代码示例。

由于大小限制，我们无法将图像数据上传到 GitHub 上。你可以使用自己相机中的图像，也可以从 Kaggle 中下载图像数据集。

❏　食物图像（用于汉堡和薯条样本）：也可以使用手机相机拍摄照片。
❏　Kaggle 家具检测器：

https://www.kaggle.com/akkithetechie/furniture-detector

如果你一开始不理解某个概念，请复习本书有关该概念的解释，甚至阅读其原始论文。

本书上大多数代码是在 Jupyter Notebook 环境中编写的，因此请确保已下载 Anaconda。你还需要下载 TensorFlow 2.0（详见第 1 章"计算机视觉和 TensorFlow 基础知识"）。

本书上大多数对象检测训练都是使用 Google Colab 完成的。第 10 章"使用 R-CNN、SSD 和 R-FCN 进行对象检测"和第 11 章"通过 CPU/GPU 优化在边缘设备上进行深度学习"提供了有关如何使用 Google Colab 的说明。

如果要将计算机视觉代码部署到边缘设备上，并且你正在考虑要购买什么设备，则可以参考第 11 章"通过 CPU/GPU 优化在边缘设备上进行深度学习"，它详细分析了各种设备。

该书在很大程度上依赖于终端的用法。在阅读第 7 章"YOLO 和对象检测"之前，请确保你已经对终端的用法有了基本的了解。

第 12 章"用于计算机视觉的云计算平台"涉及云计算，因此你必须拥有一个 Google 云平台（GCP）、Amazon Web Services 或 Azure 账户。如果你不严格跟踪自己的时间，那么云计算可能会变得昂贵。许多云计算提供商将在一段时间内为你提供免费使用服务的权利，但是在那之后，即使你的项目仍未开放，并且你没有进行训练，费用也会增加。因此请记住，在结束账户以停止产生费用之前，一定要先关闭你的项目。如果你对云计算有技术问题并且感到困惑，则可以阅读相关云计算平台的说明文档。

要充分利用本书，最好的方法是阅读理论，了解为什么要以这种方式开发模型，尝试示例练习，然后更新代码以适合你的需求。

下载示例代码文件

读者可以从 www.packtpub.com 下载本书的示例代码文件。具体步骤如下。

（1）注册并登录 www.packtpub.com。

（2）在页面顶部的搜索框中输入图书名称 *Mastering Computer Vision with TensorFlow 2.x*（不区分大小写，也不必输入完整），即可看到本书，单击打开链接，如图 P-1 所示。

图 P-1

（3）在本书详情页面中，找到并单击 Download code from GitHub（从 GitHub 上下载代码文件）按钮，如图 P-2 所示。

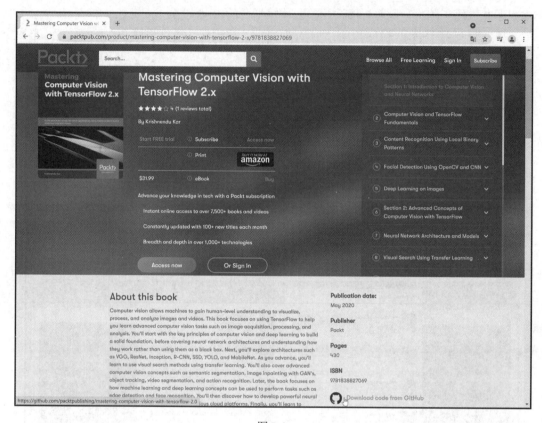

图 P-2

提示：如果你看不到该下载按钮，可能是没有登录 packtpub 账号。该站点可免费注册账号。

（4）在本书 GitHub 源代码下载页面中，单击右侧的 Code（代码）按钮，在弹出的下拉菜单中选择 Download ZIP（下载压缩包），如图 P-3 所示。

下载文件后，请确保使用最新版本解压缩或解压缩文件夹。

❑　WinRAR/7-Zip（Windows 系统）。

❑　Zipeg/iZip/UnRarX（Mac 系统）。

❑　7-Zip/PeaZip（Linux 系统）。

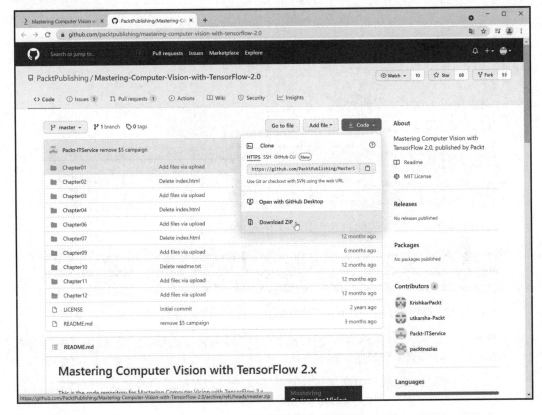

图 P-3

你也可以直接访问本书在 GitHub 上的存储库，其网址如下。

https://github.com/PacktPublishing/Mastering-Computer-Vision-with-TensorFlow-2.0

如果代码有更新，也会在现有 GitHub 存储库上更新。

下载彩色图像

我们还提供了一个 PDF 文件，其中包含本书中使用的屏幕截图/图表的彩色图像。可以通过以下地址下载。

http://www.packtpub.com/sites/default/files/downloads/9781789956085_ColorImages.pdf

本书约定

本书中使用了许多文本约定。

（1）有关代码块的设置如下所示。

```
faceresize = cv2.resize(detected_face, (img_size,img_size))
        img_name =
"dataset/opencv_frame_{}.jpg".format(img_counter)
        cv2.imwrite(img_name, faceresize)
```

（2）任何命令行输入或输出都采用如下所示的粗体代码形式。

```
$ echo "deb [signed-by=/usr/share/keyrings/cloud.google.gpg]
http://packages.cloud.google.com/apt cloud-sdk main" | sudo tee -a
/etc/apt/sources.list.d/google-cloud-sdk.list
```

（3）术语或重要单词采用中英文对照形式，在括号内保留其英文原文。示例如下。

张量处理单元（tensor processing unit，TPU）是 Google 开发的一种 AI 加速器，用于快速处理大量数据以训练神经网络。

（4）对于界面词汇或专有名词将保留其英文原文，在括号内添加其中文译名。示例如下。

完成此操作后，单击 APIs & Services（API 和服务），然后单击 Enable API & Services（启用 API 和服务），最后在 Machine Learning（机器学习）下选择 AI Platform Training & Prediction API（AI 平台训练和预测 API）。

（5）本书还使用了以下两种图标。

🛈表示警告或重要的注意事项。

💡表示提示或小技巧。

关 于 作 者

Krishnendu Kar 对计算机视觉和 AI 问题研究充满热情，他的核心专业是深度学习，包括计算机视觉、物联网和敏捷软件开发。Krish 还是一位活跃的应用程序开发人员，在 iOS App Store 发布了一款基于行车记录仪的目标和车道检测并可提供导航功能的应用程序——Nity Map AI Camera&Run Timer。

"感谢我的父母、妻子和孩子们在本书的写作过程中对我的支持。特别感谢 Packt 出版社，也感谢技术审稿人。"

关于审稿人

    Meng-Chieh Ling 博士获得德国卡尔斯鲁厄理工学院理论凝聚态物理博士学位。为了事业的成功，他从物理学转向了数据科学。在德国达姆施塔特市的 AGT International 工作了两年后，他加入了 CHECK24 Fashion，成为德国杜塞尔多夫的一名数据科学家。他的职责包括应用机器学习来提高数据清洗的效率，通过深度学习进行自动化属性标注以及开发基于图像的推荐系统。

    Amin Ahmadi Tazehkandi 是一位伊朗作者、软件工程师和计算机视觉专家。他曾在全球众多软件公司工作，并获得了一系列殊荣和成就，其中包括国家级的黑客马拉松大赛和获奖论文。他也是一位狂热的博客作者，并且是开放源代码、跨平台和计算机视觉开发人员社区的长期贡献者。另外，他还是 *Computer Vision with OpenCV 3 and Qt5*（《使用 OpenCV 3 和 Qt5 实现计算机视觉》）和 *Hands-On Algorithms for Computer Vision*（《计算机视觉实战算法》）两本图书的作者。

目　　录

第 1 篇　计算机视觉和神经网络概论

第 2 篇　TensorFlow 和计算机视觉的高级概念

第 3 篇　使用 TensorFlow 的计算机视觉高级实现

第 4 篇　在边缘和云端上的 TensorFlow 实现

第 1 篇

计算机视觉和神经网络概论

本篇将加深你对计算机视觉理论的理解，并学习有关卷积神经网络（convolutional neural network，CNN）在图像处理中的应用技术。

你将学习到一些关键概念，如图像滤波（image filtering）、特征图（feature map）、边缘检测（edge detection）、卷积运算（convolutional operation）、激活函数（activation function），以及与图像分类和对象检测（目标检测）有关的全连接层（fully connected layer）和 Softmax 层的使用。

本篇中的章节提供许多使用 TensorFlow、Keras 和 OpenCV 的端到端计算机视觉管道的实战示例。你将从这些章节中获得的最重要的学习体验是发展对不同卷积运算背后的理解和直觉，即图像如何通过卷积神经网络的不同层进行变换。

在学习完本篇之后，你将能够执行以下操作。

❑ 理解图像滤波如何变换图像（第 1 章）。

❑ 应用各种类型的图像滤波进行边缘检测（第 1 章）。

❑ 使用 OpenCV 轮廓检测和方向梯度直方图（histogram of oriented gradients，HOG）检测简单对象（第 1 章）。

- 使用尺度不变特征变换（scale-invariant feature transform，SIFT）、局部二值模式（local binary pattern，LBP）模式匹配和颜色匹配找到对象之间的相似性（第1章和第2章）。
- 使用 OpenCV 级联检测器进行面部检测（第3章）。
- 从 CSV 文件列表将大数据输入神经网络中，并解析数据以识别列，然后可以将这些列作为 x 和 y 值馈入神经网络（第3章）。
- 面部关键点和面部表情识别（第3章）。
- 开发面部关键点的注解文件（第3章）。
- 使用 Keras 数据生成器方法将大数据从文件输入神经网络中（第4章）。
- 构建自己的神经网络并优化其参数以提高准确率（第4章）。
- 编写代码以通过卷积神经网络的不同层来变换图像（第4章）。

本篇包括以下4章。

- 第1章，计算机视觉和 TensorFlow 基础知识
- 第2章，局部二值模式和内容识别
- 第3章，使用 OpenCV 和 CNN 进行面部检测
- 第4章，图像深度学习

第 1 章　计算机视觉和 TensorFlow 基础知识

随着深度学习方法增强了诸如图像阈值、滤波和边缘检测之类的传统技术，计算机视觉在许多不同的应用中都在迅速扩展。TensorFlow 是 Google 创建的一种广泛使用的、功能强大的机器学习工具。它具有用户可配置的 API，可用于在本地计算机或云中训练和构建复杂的神经网络模型，并在边缘设备中进行大规模优化和部署。

本章将通过 TensorFlow 详细阐释高级计算机视觉概念。我们将讨论计算机视觉和 TensorFlow 的基本概念，以便读者为后续章节的学习打下良好的基础。

首先，我们将研究如何执行图像哈希和滤波，然后，我们将学习特征提取和图像检索的各种方法。此外，我们还将了解应用程序中的视觉搜索、其具体方法以及我们可能面临的挑战。最后，我们还将概述高级 TensorFlow 软件及其不同的组件和子系统。

本章包含以下主题。
❑ 使用图像哈希和滤波检测边缘。
❑ 从图像中提取特征。
❑ 使用轮廓和 HOG 检测器进行对象检测。
❑ TensorFlow 生态系统和安装概述。

1.1　技　术　要　求

Anaconda 是 Python 的软件包管理器。本章需要安装 Anaconda，如果尚未安装，则可以访问以下地址对其进行安装。

https://www.anaconda.com

你还需要使用以下命令安装 OpenCV 来执行所有计算机视觉工作。

```
pip install opencv-python
```

OpenCV 是用于计算机视觉工作的内置编程函数的库。

1.2　使用图像哈希和滤波检测边缘

图像哈希是一种用于查找图像之间相似性的方法。哈希涉及通过变换将输入图像修改为固定大小的二进制向量。使用不同的变换有多种用于图像哈希的算法。

❑ 感知哈希（perceptual hash，phash）算法：其特点是采用离散余弦变换（discrete cosine transform，DCT）来获取图像的低频部分。

❑ 差异值哈希（difference hash，dhash）算法：其特点是计算相邻像素之间的差异。

经过哈希变换后，可以将图像与汉明距离（Hamming distance）进行快速比较。以下代码显示了用于应用哈希变换的 Python 代码。汉明距离为 0 表示相同的图像（重复），而汉明距离较大则表示图像彼此不同。

以下代码段导入了 Python 程序包，如 PIL、imagehash 和 distance。

❑ PIL 是一个 Python 影像库。

❑ imagehash 是一个 Python 软件包，支持各种类型的哈希算法。

❑ distance 是一个 Python 软件包，用于计算两幅哈希图像之间的汉明距离。

```
from PIL import Image
import imagehash
import distance
import scipy.spatial
hash1 = imagehash.phash(Image.open(…/car1.png))
hash2 = imagehash.phash(Image.open(…/car2.png))
print hamming_distance(hash1,hash2)
```

图像滤波是一种基本的计算机视觉操作，它通过对输入图像的每个像素应用卷积核或滤波来修改输入图像。

以下是图像滤波所涉及的步骤，从光进入相机开始，到产生最终的变换图像结束。

（1）使用拜耳滤色器（bayer filter）形成彩色图案。

（2）创建图像向量。

（3）变换图像。

（4）线性滤波，即使用内核进行卷积。

（5）混合高斯滤波器和拉普拉斯滤波器。

（6）检测图像中的边缘。

1.2.1　使用拜耳滤色器形成彩色图案

拜耳滤色器通过应用去马赛克算法（demosaic algorithm）将原始图像变换为自然的、经过颜色处理的图像。

图像传感器由光电二极管组成，光电二极管产生与光的强度成比例的带电光子。光电二极管本质上是灰度的。拜耳滤色器用于将灰度图像转换为彩色图像。来自拜耳滤色器的彩色图像将经过图像信号处理（image signal processing，ISP）——该过程涉及各种参数的手动调整，以产生所需的图像质量，满足人的视觉要求。

　　当前人们正在进行一些研究工作，以将手动 ISP 转换为基于卷积神经网络（CNN）的处理以生成图像，然后将 CNN 与图像分类或对象检测模型合并，以生成一个采用拜耳彩色图像并使用边界框检测对象的相干神经网络管道。

　　这些研究的细节可以在 Sivalogeswaran Ratnasingam 于 2019 年发表的题为 *Deep Camera: A Fully Convolutional Neural Network for Image Signal Processing*（《深度相机：图像信号处理的全卷积神经网络》）的论文中找到。该论文的链接如下。

http://openaccess.thecvf.com/content_ICCVW_2019/papers/LCI/Ratnasingam_Deep_Camera_
A_Fully_Convolutional_Neural_Network_for_Image_Signal_ICCVW_2019_paper.pdf

　　图 1-1 是一个拜耳滤色器的示例。

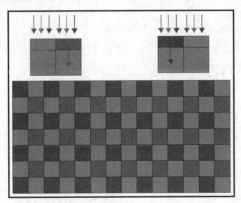

图 1-1

在图 1-1 中，我们可以观察到：

❑　拜耳滤色器由红色（R）、绿色（G）和蓝色（B）通道以预定义的图案组成，因此 G 通道的数量是 B 和 R 的两倍。

❑　R、G 和 B 通道交替分布。大多数通道组合是 RGGB、GRGB 或 RGBG。

❑　每个通道只会让一种特定的颜色通过，不同通道的颜色组合会产生如图 1-1 所示的图案。

1.2.2　创建图像向量

　　彩色图像是 R、G 和 B 的组合。颜色可以表示为强度值，范围为 0～255。因此，每幅图像都可以表示为三维立方体，其中 x 和 y 轴分别表示宽度和高度，z 轴代表 3 个颜色通道(R,G,B)——该颜色通道代表每种颜色的强度。

    OpenCV 是一个著名的跨平台计算机视觉和机器学习库，它内置了很多编程函数，并且提供了 Python 和 C++接口，可用于图像处理和对象检测。

    本节将通过编写以下 Python 代码以导入图像，然后将图像分解为包含 RGB 颜色向量的 NumPy 数组。最后，我们将图像转换为灰度图像，并查看仅从图像中提取一种颜色分量时图像的外观。

```python
import numpy as np
import cv2
import matplotlib.pyplot as plt
%matplotlib inline
import matplotlib.pyplot as plt
from PIL import Image
image = Image.open('../car.jpeg'). # 注意使用正确的图像路径 ..
plt.imshow(image)
image_arr = np.asarray(image)          # 将图像转换为 NumPy 数组
image_arr.shape
```

上述代码将返回以下输出。

```
Output:
(296, 465, 4)
gray = cv2.cvtColor(image_arr, cv2.COLOR_BGR2GRAY)
plt.imshow(gray, cmap='gray')
```

图 1-2 显示了彩色图像和转换之后相应的灰度图像。

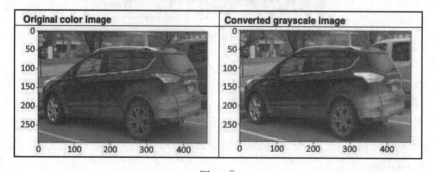

图 1-2①

原　　文	译　　文
Original color image	原生彩色图像
Converted grayscale image	转换之后的灰度图

---

① 本书图中单词的大小写格式均与原书图中的格式保持一致，后文不再赘述。

以下是将图像转换为 R、G 和 B 颜色分量的 Python 代码。

```
plt.imshow(image_arr[:,:,0]) # 红色通道
plt.imshow(image_arr[:,:,1]) # 绿色通道
plt.imshow(image_arr[:,:,2]) # 蓝色通道
```

图 1-3 显示了仅提取一个通道（R、G 或 B）后的汽车图像。

图 1-3

原　　文	译　　文
Red channel only	仅包含红色通道
Green channel only	仅包含绿色通道
Blue channel only	仅包含蓝色通道

图 1-3 可以表示为具有以下轴的 3D 体积。

❑　x 轴表示宽度。

❑　y 轴表示高度。

❑　每个颜色通道表示图像的深度。

接下来，我们查看图 1-4。它以 3D 体积显示在不同 x 和 y 坐标下的汽车图像的 R、G 和 B 像素值，值越高表示图像越明亮。

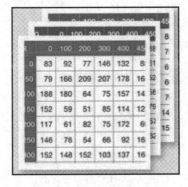

图 1-4

1.2.3　变换图像

图像变换涉及图像的平移、旋转、放大或剪切。如果(x, y)是图像像素的坐标，那么新像素的变换图像坐标(u, v)则可以表示如下。

$$\begin{bmatrix} u \\ v \\ 1 \end{bmatrix} = \begin{bmatrix} c_{11} & c_{12} & c_{13} \\ c_{21} & c_{22} & c_{23} \\ 0 & 0 & 1 \end{bmatrix} \begin{bmatrix} x \\ y \\ 1 \end{bmatrix}$$

❑　平移（translation）：平移常数值的计算示例如下。

假设$c_{11} = 1$，$c_{12} = 0$，$c_{13} = 10$；$c_{21} = 0$，$c_{22} = 1$，$c_{23} = 10$。

那么结果方程变为$u = x + 10$和$v = y + 10$：

$$\begin{bmatrix} u \\ v \\ 1 \end{bmatrix} = \begin{bmatrix} 1 & 0 & 10 \\ 0 & 1 & 10 \\ 0 & 0 & 1 \end{bmatrix} \begin{bmatrix} x \\ y \\ 1 \end{bmatrix}$$

❑　旋转（rotation）：旋转常数值的计算示例如下。

假设$c_{11} = 1$，$c_{12} = 0.5$，$c_{13} = 0$；$c_{21} = -0.5$，$c_{22} = 1$，$c_{23} = 0$。

那么结果方程变为$u = x + 0.5y$和$v = -0.5x + y$：

$$\begin{bmatrix} u \\ v \\ 1 \end{bmatrix} = \begin{bmatrix} 1 & 0.5 & 0 \\ -0.5 & 1 & 0 \\ 0 & 0 & 1 \end{bmatrix} \begin{bmatrix} x \\ y \\ 1 \end{bmatrix}$$

❑　旋转+平移：旋转和平移组合常数值的计算示例如下。

假设$c_{11} = 1$，$c_{12} = 0.5$，$c_{13} = 10$；$c_{21} = -0.5$，$c_{22} = 1$，$c_{23} = 10$。

那么结果方程变为$u = x + 0.5y + 10$和$v = -0.5x + y + 10$：

$$\begin{bmatrix} u \\ v \\ 1 \end{bmatrix} = \begin{bmatrix} 1 & 0.5 & 10 \\ -0.5 & 1 & 10 \\ 0 & 0 & 1 \end{bmatrix} \begin{bmatrix} x \\ y \\ 1 \end{bmatrix}$$

❑　剪切（shear）：剪切常数值的计算示例如下。

假设$c_{11} = 10$，$c_{12} = 0$，$c_{12} = 0$；$c_{21} = 0$，$c_{22} = 10$，$c_{23} = 0$。

那么结果方程变为$u = 10x$和$v = 10y$：

$$\begin{bmatrix} u \\ v \\ 1 \end{bmatrix} = \begin{bmatrix} 10 & 0 & 0 \\ 0 & 10 & 0 \\ 0 & 0 & 1 \end{bmatrix} \begin{bmatrix} x \\ y \\ 1 \end{bmatrix}$$

图像变换在计算机视觉中特别有用，它可以从同一图像中获取不同的图像。这有助于计算机开发神经网络模型，实现稳定可靠的平移、旋转和剪切。例如，如果我们在训练阶段仅将汽车前部的图像输入卷积神经网络（CNN）中，那么该模型将无法在测试阶段检测到旋转 90°的汽车的图像。而如果在模型中包含了图像变换模块，就不会出现这一问题。

接下来，我们将讨论卷积运算的机制以及如何应用滤波器来变换图像。

1.2.4　线性滤波——与内核进行卷积

计算机视觉中的卷积是两个数组（其中一个是图像，另一个是小数组）的线性代数运算，以生成形状与原始图像的数组不同的已滤波图像的数组。卷积是累积的和关联的。它用数学方式表示如下：

$$G(x,y) = U * F(x,y) = \sum_{i=-n}^{n} \sum_{j=-m}^{m} U(n,m)F(x-i, y-j)$$

上述公式的解释如下。

❑　$F(x,y)$ 是原始图像。

❑　$G(x,y)$ 是滤波后的图像。

❑　U 是图像内核。

根据内核类型 U，输出的图像将有所不同。该图像变换的 Python 代码如下。

```
import numpy as np
import cv2
import matplotlib.pyplot as plt
%matplotlib inline
import matplotlib.pyplot as plt
from PIL import Image
image = Image.open('.../carshort.png')
plt.imshow(image)
image_arr = np.asarray(image)    # 将图像转换为 NumPy 数组
image_arr.shape
gray = cv2.cvtColor(image_arr, cv2.COLOR_BGR2GRAY)
plt.imshow(gray, cmap='gray')
kernel = np.array([[-1,-1,-1],
                   [2,2,2],
                   [-1,-1,-1]])
blurimg = cv2.filter2D(gray,-1,kernel)
plt.imshow(blurimg, cmap='gray')
```

上述代码的图像输出如图 1-5 所示。

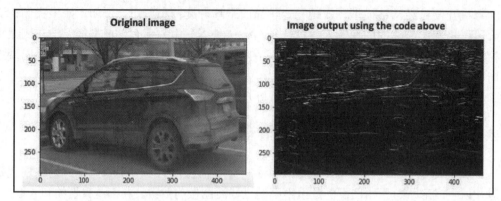

图 1-5

原　　文	译　　文
Original image	原始图像
Image output using the code above	使用上述代码输出的图像

在图 1-5 中，左侧是输入的图像，右侧是通过对图像应用水平内核而获得的图像。水平内核仅检测水平边缘，这可以通过水平线的白色条纹看到。有关水平内核的详细信息，参见 1.2.10 节"图像梯度"。

上面的代码导入了用于机器学习和计算机视觉工作必要的 Python 库，例如，NumPy 可处理数组，cv2 可用于 OpenCV 计算机视觉工作，PIL 可处理 Python 代码中的图像，而 Matplotlib 则可用于绘制结果。

在导入库之后，上述代码使用了 PIL 导入图像，然后使用 OpenCV BGr2GRAY 缩放函数将其转换为灰度图。它使用 NumPy 数组创建了用于边缘过滤的内核，然后使用内核模糊图像，最后使用 imshow()函数显示图像。

滤波操作分为以下 3 类。

❑　图像平滑。

❑　图像梯度。

❑　图像锐化。

接下来，我们将逐一做详细介绍。

1.2.5　图像平滑

在图像平滑中，通过应用低通滤波器（low-pass filter），可以消除图像中的高频噪声。

低通滤波的基本原理是：设定一个频率点，当信号频率高于这个频率时不能通过，在数字信号中，这个频率点也就是截止频率，当频域高于这个截止频率时，则全部赋值为 0。因为在这一处理过程中，让低频信号全部通过，所以称为低通滤波。

在数字图像处理领域，从频域看，低通滤波可以对图像进行平滑去噪处理。常见的低通滤波器包括以下 3 种。

- ❏　均值滤波器。
- ❏　中值滤波器。
- ❏　高斯滤波器。

这些滤波器可以模糊图像，其执行方式是：对像素应用滤波器，使其端值（end value）不改变正负号，并且其值没有明显的不同。

图像滤波通常是通过在图像上滑动一个方框滤波器（box filter）来完成的。方框滤波器由 $n×m$ 内核除以 $(n * m)$ 表示，其中，n 是行数，m 是列数。例如，对于 3×3 内核，其计算形式如下。

$$\frac{1}{9}\begin{bmatrix} 1 & 1 & 1 \\ 1 & 1 & 1 \\ 1 & 1 & 1 \end{bmatrix}$$

接下来，我们假设将此内核应用于前面介绍过的 RGB 图像。该图像的 3×3 原始值（参见图 1-4）如下所示。

$$\begin{vmatrix} 83 & 92 & 77 \\ 79 & 166 & 209 \\ 188 & 180 & 64 \end{vmatrix}$$

1.2.6　均值滤波器

在对图像执行方框内核的卷积运算后，均值滤波器会使用平均值对图像进行滤波。矩阵相乘后得到的数组如下。

$$\begin{vmatrix} 28 & 28 & 28 \\ 50.4 & 50.4 & 50.4 \\ 48 & 48 & 48 \end{vmatrix}$$

平均值约为 42，它将替换图像中的中心强度值 166，如下面的数组所示。图像的剩余值将以类似的方式进行变换。

$$\begin{vmatrix} 83 & 92 & 77 \\ 79 & 42 & 209 \\ 188 & 180 & 64 \end{vmatrix}$$

1.2.7　中值滤波器

在对图像执行方框内核的卷积运算后，中值滤波器使用中值对图像值进行滤波。矩阵相乘后得到的数组如下。

$$\begin{vmatrix} 28 & 28 & 28 \\ 50.4 & 50.4 & 50.4 \\ 48 & 48 & 48 \end{vmatrix}$$

这里的中值是 48，它将替换图像中的中心强度值 166，如以下数组所示。图像的剩余值将以类似的方式变换。

$$\begin{vmatrix} 83 & 92 & 77 \\ 79 & 48 & 209 \\ 188 & 180 & 64 \end{vmatrix}$$

1.2.8　高斯滤波器

高斯内核由以下方程式表示。

$$U(i,j) = \frac{1}{2\pi\sigma^2} \exp\left(-\frac{(i-(k+1))^2 + (j-(k+1))^2}{2\sigma^2}\right)$$

其中，σ 是分布的标准偏差，k 是内核（kernel）大小。

如果标准偏差（σ）为 1，内核为 3×3（$k=3$），则高斯内核的计算如下。

$$\frac{1}{2\pi}\begin{bmatrix} 0.3678 & 0.6065 & 0.3678 \\ 0.6065 & 1 & 0.6065 \\ 0.3678 & 0.6065 & 0.3678 \end{bmatrix}$$

仍以前面介绍的图像为例，当应用高斯内核时，图像的变换如下。

$$\begin{vmatrix} 18 & 30 & 18 \\ 33 & 54 & 33 \\ 32 & 53 & 32 \end{vmatrix}$$

可以看到，在这种情况下，中心强度值为 54。它和前面的均值滤波器值（42）、中值滤波器值（48）均有所不同。

1.2.9　使用 OpenCV 进行图像滤波

通过将滤波器应用于真实图像，可以更好地理解先前描述的图像滤波概念。OpenCV 提供了一种执行此操作的方法。我们将使用的 OpenCV 代码可以在以下文件中找到。

https://github.com/PacktPublishing/Mastering-Computer-Vision-with-TensorFlow-2.0/blob/master/Chapter01/Chapter1_imagefiltering.ipynb

下文中的代码段显示了其中的重要代码。在导入图像之后，我们可以添加噪声。这是因为在没有噪声的情况下，图像滤波效果将无法很好地显现。在此之后，我们需要保存图像。对于均值和高斯滤波器来说，这不是必需的，但是在使用中值滤波器时，如果不保存图像，那么当再次导入它时，Python 将显示错误。

ⓘ 注意:

我们使用了 plt.imsave 来保存图像，而不是 OpenCV。使用 imwrite 直接保存将导致生成黑色图像，因为在保存之前需要将图像标准化为 255 比例，而 plt.imsave 则没有该限制。

在此之后，即可通过 blur、medianBlur 和 GaussianBlur 相应地分别使用均值、中值和高斯滤波器来变换图像。

```
img = cv2.imread('car.jpeg')
imgnoise = random_noise(img, mode='s&p',amount=0.3)
plt.imsave("car2.jpg", imgnoise)
imgnew = cv2.imread('car2.jpg')
meanimg = cv2.blur(imgnew,(3,3))
medianimg = cv2.medianBlur(imgnew,3)
gaussianimg = cv2.GaussianBlur(imgnew,(3,3),0)
```

图 1-6 显示了使用 matplotlib pyplot 绘制的结果图像。

从图 1-6 中可以看到，在 3 种情况下，滤波器都会去除图像中的噪声。在此示例中，似乎中值滤波器是从图像中去除噪声的 3 种方法中最有效的一种。

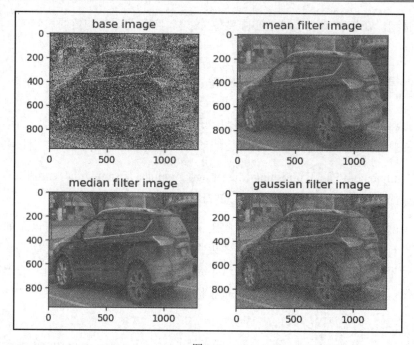

图 1-6

原　　文	译　　文
base image	基础图像
mean filter image	均值滤波器图像
median filter image	中值滤波器图像
gaussian filter image	高斯滤波器图像

1.2.10　图像梯度

图像梯度（image gradient）可计算给定方向上像素强度的变化。像素强度的变化是通过使用内核对图像执行卷积运算获得的，如下所示。

$$\nabla f = \frac{\partial f(x, y)}{\partial x \partial y} = \frac{\partial f(x, y)}{\partial x} + \frac{\partial f(x, y)}{\partial y}$$

选择内核时，两个极端的行或列具有相反的（正负）符号，因此在对图像像素执行乘法和求和时会产生差分算子。来看下面的例子。

❑　水平内核：

$$\begin{bmatrix} -1 & -1 & -1 \\ 2 & 2 & 2 \\ 1 & -1 & -1 \end{bmatrix}$$

❑　垂直内核：

$$\begin{bmatrix} -1 & 2 & -1 \\ -1 & 2 & -1 \\ -1 & 2 & -1 \end{bmatrix}$$

这里描述的图像梯度是计算机视觉的基本概念。

❑　可以在 x 和 y 方向上计算图像梯度。

❑　通过使用图像梯度，可以确定边缘和角落。

❑　边缘和角落包含有关图像形状或特征的许多信息。

因此，图像梯度是一种将低阶像素信息转换为高阶图像特征的机制，可通过卷积运算将其用于图像分类。

1.2.11　图像锐化

在图像锐化（image sharpening）中，通过应用高通滤波器（high-pass filter）可以消除图像中的低频噪声，从而导致线条结构和边缘变得更加清晰可见。

高通滤波器的工作原理和低通滤波器刚好相反，它可以让某一频率以上的信号分量通过，而对该频率以下的信号分量则进行抑制，因此它也被称为差分算子（difference operator）。图像锐化也被称为拉普拉斯运算（laplace operation），由二阶导数表示，如下所示。

$$\nabla^2 f = \frac{\partial^2 f(x,y)}{\partial x^2} + \frac{\partial^2 f(x,y)}{\partial y^2}$$

由于差分算子的存在，相对于内核中点的 4 个相邻单元始终具有相反的符号。因此，如果内核的中点为正，则 4 个相邻单元为负，反之亦然。来看下面的例子。

$$\begin{bmatrix} 0 & -1 & 0 \\ -1 & 4 & -1 \\ 0 & -1 & 0 \end{bmatrix} \begin{bmatrix} 0 & 1 & 0 \\ 1 & -4 & 1 \\ 0 & 1 & 0 \end{bmatrix}$$

请注意，二阶导数相对于一阶导数的优势是：二阶导数将始终经过零交叉点。因此，可以通过查看零交叉点（0 值）来确定边缘，而不必通过查看一阶梯度的最大值（不同图像以及同一图像内的一阶梯度大小都是不一样的）确定边缘。

1.2.12　混合高斯和拉普拉斯运算

　　到目前为止，你应该已经知道，高斯运算会使图像模糊，而拉普拉斯运算则会使图像锐化。但是，为什么我们需要这两个看起来作用完全相反的操作？在哪些情况下适合使用哪一种操作？

　　图像由特性、特征和其他非特征对象组成。图像识别实际上就是从图像中提取特征并消除非特征对象。我们之所以将某幅图像识别为诸如汽车之类的特定对象，是因为在该图像中，与非特征对象相比，汽车的特征更为突出。

　　高斯滤波是一种抑制特征中的非特征的方法，该方法会使图像模糊。多次应用高斯滤波会使图像更加模糊，并同时抑制特征和非特征。但是，由于这些特征更强大，因此可以通过应用拉普拉斯梯度来提取它们。这就是我们要将高斯内核的卷积运算执行两次或更多次，然后应用拉普拉斯运算来清晰显示特征的原因。这也是大多数卷积操作中用于对象检测的常用技术。

　　图 1-7 显示了输入的 3×3 图像、内核值、卷积运算后的输出值以及生成的图像。

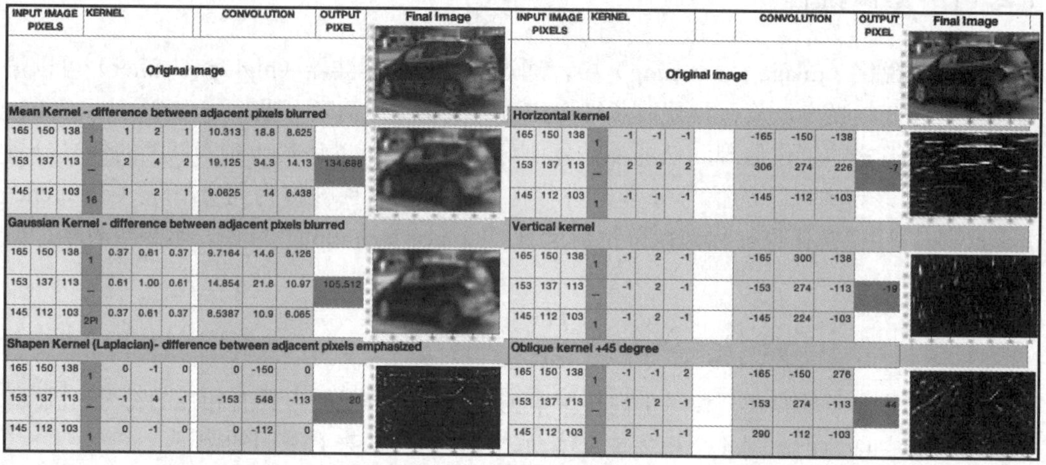

图 1-7

原　文	译　文
INPUT IMAGE PIXELS	输入图像的像素
KERNEL	内核
CONVOLUTION	卷积
OUTPUT PIXEL	输出像素

续表

原　　文	译　　文
Final Image	最终图像
Original Image	源图像
Mean Kernel - difference between adjacent pixels blurred	均值内核——相邻像素之间的差异被模糊
Gaussian Kernel - difference between adjacent pixels blurred	高斯内核——相邻像素之间的差异被模糊
Shapen Kernel (Laplacian) - difference between adjacent pixels emphasized	锐化内核（拉普拉斯）——相邻像素之间的差异被凸显
Horizontal kernel	水平内核
Vertical kernel	垂直内核
Oblique kernel +45 degree	倾斜内核+45°

图 1-7 显示了高斯内核和倾斜内核等不同的卷积核，以及如何通过应用核卷积来变换图像的 3×3 像素。图 1-8 是图 1-7 的延续。

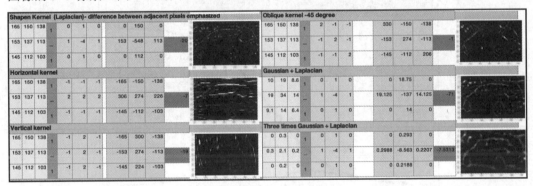

图 1-8

原　　文	译　　文
Shapen Kernel (Laplacian) - difference between adjacent pixels emphasized	锐化内核（拉普拉斯）——相邻像素之间的差异被凸显
Horizontal kernel	水平内核
Vertical kernel	垂直内核
Oblique kernel -45 degree	倾斜内核-45°
Gaussian + Laplacian	高斯+拉普拉斯
Three times Gaussian + Laplacian	3 次高斯+拉普拉斯

图 1-7 和图 1-8 的结果清楚地显示了如何根据卷积运算的类型使图像变得更加模糊或

清晰。对卷积运算的这种理解是一项基础，因为后面我们将介绍更多有关使用卷积神经网络来优化 CNN 各个阶段中内核选择的信息。

1.2.13　检测图像边缘

边缘检测是计算机视觉中基于图像强度变化来查找图像特征的最基本处理方法。强度的变化是由于深度（depth）、方向（orientation）、照明（illumination）或角（corner）的不连续而导致的。边缘检测方法可以基于一阶或二阶导数。二阶导数的计算形式如下。

$$\nabla^2 f = \frac{\partial^2 f(x,y)}{\partial x^2} + \frac{\partial^2 f(x,y)}{\partial y^2} = 0$$

图 1-9 以图形方式说明了图像边缘的检测机制。

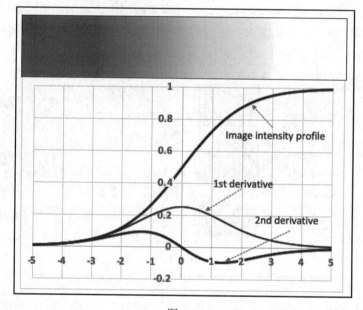

图 1-9

原　　文	译　　文
Image intensity profile	图像强度曲线
1st derivative	一阶导数
2nd derivative	二阶导数

在图 1-9 中，可以看到图像的强度在中间点附近从暗变亮，因此图像的边缘在中间点。一阶导数（强度梯度）在中间点处先升后降，因此可以通过查看一阶导数的最大值来计

算边缘检测。但是，一阶导数方法的问题在于，根据输入函数，其最大值可能改变，因此不能预先确定最大值的阈值。与此不同的是，如图 1-9 所示，二阶导数在图像边缘始终经过 0 点。

Sobel 和 Canny 是一阶边缘检测方法，而 Laplacian 边缘检测器则是二阶方法。

1.2.14　Sobel 边缘检测器

Sobel 算子可通过计算图像强度函数的梯度（以下代码中的 Sobelx 和 Sobely）来检测边缘。梯度可通过将内核应用于图像来计算。

在以下代码中，内核大小（ksize）为 5。此后，通过采用梯度的比率（sobely/sobelx）来计算 Sobel 梯度（SobelG）。

```
Sobelx=cv2.Sobel(gray,cv2.CV_64F,1,0,ksize=5)
Sobely=cv2.Sobel(gray,cv2.CV_64F,0,1,ksize=5)
mag,direction = cv2.cartToPolar(sobelx,sobely,angleInDegrees =True)
sobelG = np.hypot(sobelx,sobely)
```

1.2.15　Canny 边缘检测器

Canny 边缘检测器使用二维高斯滤波器去除噪声，然后应用具有非最大抑制的 Sobel 边缘检测来挑选任意像素点处 x 和 y 梯度之间的最大比率值，最后应用边缘阈值检测是否有边缘。以下代码显示了灰度图像上的 Canny 边缘检测。其中，minVal 和 maxVal 值是比较图像梯度以确定边缘的阈值。

```
Canny = cv2.Canny(gray,minVal=100,maxVal=200)
```

图 1-10 显示了应用 Sobel-x、Sobel-y 和 Canny 边缘检测器后的汽车图像。

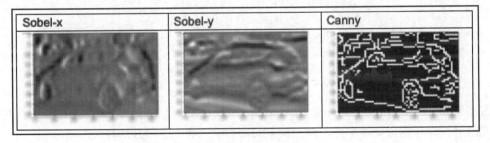

图 1-10

可以看到，Canny 在检测汽车方面比 Sobel 更好。这是因为 Canny 使用了二维高斯滤波器来去除噪声，然后应用具有非最大抑制的 Sobel 边缘检测来挑选出任意像素点处 x 和 y 梯度之间的最大比率值，最后应用边缘阈值检测是否存在图像边缘。

1.3　从图像中提取特征

一旦我们知道了如何检测边缘，下一个任务就是检测特征。许多边缘合并形成了特征。所谓"特征提取"，就是识别图像中的视觉图案并提取与未知对象的图像匹配的任何可辨别局部特征的过程。

1.3.1　直方图

在进行特征提取之前，了解图像直方图很重要。图像直方图（image histogram）是图像色彩强度的分布，具有图像平移、旋转和缩放不变性等众多优点。

如果直方图相似，则图像特征与测试图像匹配。以下是用于创建汽车图像直方图的 Python 代码。

```python
import numpy as np
import cv2
import matplotlib.pyplot as plt
%matplotlib inline
import matplotlib.pyplot as plt
from PIL import Image
image = Image.open('../car.png')
plt.imshow(image)
image_arr = np.asarray(image) # 将图像转换为 NumPy 数组
image_arr.shape
color = ('blue', 'green', 'red')
for i,histcolor in enumerate(color):
 carhistogram = cv2.calcHist([image_arr],[i],None,[256],[0,256])
 plt.plot(carhistogram,color=histcolor)
 plt.xlim([0,256])
```

上述 Python 代码首先导入了必要的 Python 库，如 cv2（OpenCV）、NumPy（用于数组计算）、PIL（用于导入图像）和 Matplotlib（用于绘制图形）。之后，它将图像转换成数组并循环遍历每种颜色，然后绘制每种颜色（R、G 和 B）的直方图。

图 1-11 显示了汽车图像的直方图输出。x 轴表示从 0（黑色）到 256（白色）的颜色强度值，y 轴表示出现的频率。

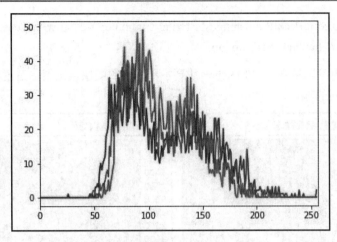

图 1-11

　　该直方图显示了 R、G 和 B 频率峰值的颜色强度在 100 左右，第二个频率峰值的颜色强度在 150 左右。这意味着汽车的平均颜色为灰色。强度值为 200 的频率（在图像的最右侧可以看到）为 0，表示该汽车绝对不是白色的。类似地，强度值为 50 时频率为 0，表示该图像不完全是黑色。

1.3.2　使用 OpenCV 进行图像匹配

　　图像匹配是一种将两幅不同的图像进行匹配以找到共同特征的技术。图像匹配技术具有许多实际应用，如匹配指纹、使地毯颜色与地板或墙壁颜色匹配、使照片匹配以找到同一个人的两幅图像，或者比较制造缺陷以将它们分为相似的类别以进行更快的分析。

　　本节将简要介绍 OpenCV 中可用的图像匹配技术。下面将介绍两种常用的方法：暴力算法（BruteForce）BFMatcher 和快速近似最近邻搜索库（fast library for approximate nearest neighbor，FLANN）。在本书的后面还将讨论其他类型的匹配技术，例如，第 2 章 "局部二值模式和内容识别" 中的直方图匹配和局部二值模式，以及第 6 章 "迁移学习和视觉搜索" 中的视觉搜索。

　　在 BFMatcher 中，将比较测试图像与目标图像各部分之间的汉明距离，以实现最佳匹配。另外，FLANN 速度更快，但只会找到近似最近邻居，因此，它可以找到很好的匹配项，但不一定是最好的匹配项。

　　KNN 工具假定相似的事物彼此聚在一起。它根据目标与源之间的距离找到最接近的第一近邻。可以在以下文件中找到用于图像匹配的 Python 代码。

https://github.com/PacktPublishing/Mastering-Computer-Vision-with-TensorFlow-2.0/blob/master/Chapter01/Chapter1_SIFT.ipynb

在图 1-12 中可以看到，BFMatcher 找到了更相似的图像。该图是上述代码（Chapter1_SIFT.ipynb）返回的输出。

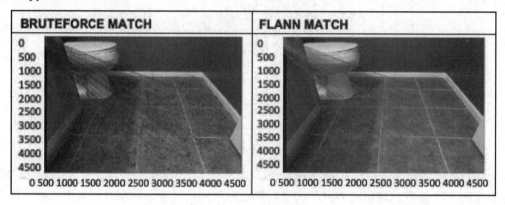

图 1-12

图 1-12 显示了如何应用 BFMatcher 匹配算法和 FLANN 的 KNN 匹配算法将单个瓷砖匹配到整个浴室地板。显然，与 FLANN 匹配算法（红线）相比，BFMatcher（蓝线）找到了更多的瓷砖点。

🛈 注意：

前面描述的图像匹配技术还可以用于查找两点之间的相对距离，其中一个点可以是参考点（如图像中的汽车），而另一个点则可以是道路上的另一辆汽车。该距离可用来开发防撞系统。

1.4　使用轮廓和 HOG 检测器进行对象检测

轮廓（contour）是图像中形状相似的封闭区域。本节将使用轮廓来对图像中的简单对象进行分类和检测。我们将使用的图像由苹果和橘子组成，我们将使用轮廓和 Canny 边缘检测方法来检测对象，并将图像类名称写在边界框上。

本节代码可在以下文件中找到。

https://github.com/PacktPublishing/Mastering-Computer-Vision-with-TensorFlow-2.0/blob/master/Chapter01/Chapter1_contours_opencv_object_detection_HOG.ipynb

接下来将详细介绍该方法。

1.4.1　轮廓检测

我们首先需要导入图像，然后使用 Canny 边缘检测器在图像中找到边缘。因为我们的对象（苹果和橘子）的形状带有圆边，所以效果很好。

以下是其详细代码。

```
threshold =100
canny_output = cv2.Canny(img, threshold, threshold * 2)
contours, hierarchy = cv2.findContours(canny_output, cv2.RETR_EXTERNAL,
cv2.CHAIN_APPROX_SIMPLE)
```

如上述代码所示，在执行 Canny 边缘检测后，应用了 OpenCV findContours()方法。此方法具有以下 3 个参数。

❑ 图像，在本例中为 Canny 边缘检测器输出（canny_output）。
❑ 检索方法，这有很多选择。我们使用的是一种外部方法（cv2.RETR_EXTERNAL），因为我们对于在对象周围绘制边界框感兴趣。
❑ 轮廓近似方法（cv2.CHAIN_APPROX_SIMPLE）。

1.4.2　检测边界框

该阶段主要包括理解图像及其各种类别的特征，开发对图像类别进行分类的方法。

ℹ️ 注意：

OpenCV 方法不涉及任何训练。对于每个轮廓，我们都将使用 OpenCV boundingRect 属性定义一个边界框。

我们将使用两个重要的特征来选择边界框。
❑ 感兴趣区域的大小：我们将消除所有小于 20 的轮廓。

ℹ️ 注意：

20 不是一个通用数字，它仅适用于此图像。对于更大的图像，该值可以更大。

❑ 感兴趣区域的颜色：在每个边界框中，我们需要从宽度的 25%～75%定义感兴趣区域，以确保不考虑圆外的矩形的空白区域。这对于最小化变化很重要。接下来，我们使用 CV2.mean 定义平均颜色。
我们将通过观察橘子的 3 幅图像来确定颜色的平均阈值和最大阈值。以下代码使用了 OpenCV 的内置方法通过 cv2.boundingRect 绘制边界框。然后，它根据宽度和高度选择绘制一个感兴趣区域（region of interest，ROI），并找到该区域内的平均颜色。

```
count=0
font = cv2.FONT_HERSHEY_SIMPLEX
for c in contours:
    x,y,w,h = cv2.boundingRect(c)
    if (w >20 and h >20):
        count = count+1
        ROI = img[y+int(h/4):y+int(3*h/4), x+int(h/4):x+int(3*h/4)]
        ROI_meancolor = cv2.mean(ROI)
        print(count,ROI_meancolor)
        if (ROI_meancolor[0] > 30 and ROI_meancolor[0] < 40 and
ROI_meancolor[1] > 70 and ROI_meancolor[1] < 105
            and ROI_meancolor[2] > 150 and ROI_meancolor[2] < 200):
                cv2.putText(img, 'orange', (x-2, y-2), font, 0.8,
(255,255,255), 2, cv2.LINE_AA)
                cv2.rectangle(img,(x,y),(x+w,y+h),(255,255,255),3)
                cv2.imshow('Contours', img)
        else:
                cv2.putText(img, 'apple', (x-2, y-2), font, 0.8, (0,0,255),
2, cv2.LINE_AA)
                cv2.rectangle(img,(x,y),(x+w,y+h),(0,0,255),3)
                cv2.imshow('Contours', img)
```

在上面代码中可以看到有两个 if 语句，其中一个基于(w, h)大小，另一个则基于颜色（ROI_meancolor[0,1,2]）。

❑　基于大小的语句消除了所有小于 20 的轮廓。

❑　ROI_meancolor [0,1,2]表示的是平均颜色的 RGB 值。

在这里，第 3、4 和 8 行代表橙色，if 语句将颜色限制为，B 分量为 30～40，G 分量为 70～105，R 分量为 150～200。

其输出如下（在本示例中，第 3、4 和 8 行是橙色）。

```
1    (52.949200000000005, 66.38640000000001, 136.2072, 0.0)
2    (43.677693761814744, 50.94659735349717, 128.70510396975425, 0.0)
3    (34.418282548476455, 93.26246537396122, 183.0893351800554, 0.0)
4    (32.792241946088104, 78.3931623931624, 158.78238001314926, 0.0)
5    (51.00493827160494, 55.09925925925926, 124.42765432098766, 0.0)
6    (66.8863771564545, 74.85960737656157, 165.39678762641284, 0.0)
7    (67.8125, 87.031875, 165.140625, 0.0)
8    (36.25, 100.72916666666666, 188.67746913580245, 0.0)
```

ℹ 注意：

OpenCV 会按 BGR 而不是 RGB 处理图像。

1.4.3　HOG 检测器

方向梯度直方图（histogram of oriented gradient，HOG）是一个非常有用的特征，可用于确定图像的局部图像强度。此技术可用于查找图像中的对象。

局部图像梯度信息可用于找到相似图像。本示例将使用 scikit-image 导入 HOG 并使用它来绘制图像的方向梯度直方图。如果尚未安装 scikit-image，则可以使用以下命令安装它。

```
pip install scikit-image
```

在安装完成之后，即可使用以下代码。

```
from skimage.feature import hog
from skimage import data, exposure
fruit, hog_image = hog(img, orientations=8, pixels_per_cell=(16, 16),
cells_per_block=(1, 1), visualize=True, multichannel=True)
hog_image_rescaled = exposure.rescale_intensity(hog_image,
in_range=(0, 10))
cv2.imshow('HOG_image', hog_image_rescaled)
```

图 1-13 说明了上述代码在示例图像上的结果。

图 1-13

在图 1-13 中，可以观察到以下结果。

❑　左侧显示了对象的边界框，而右侧则显示了图像中每个对象的 HOG 梯度。

❑　每个苹果和橘子都可以被正确检测到，并且包围水果的边界框也没有任何重叠。

❑　HOG 特征描述子（feature descriptor）显示了一个矩形的边界框，其中的梯度表示圆形图案。

❑　橘子和苹果之间的梯度显示出相似的图案，唯一的区别是大小。

1.4.4　轮廓检测方法的局限性

就对象检测而言，1.4.3 节"HOG 检测器"中显示的示例看起来非常好。我们无须进行任何训练，并且只需对一些参数进行少许调整，就可以正确检测出橙子和苹果。接下来，我们将添加以下变化，以查看检测器是否仍然能够正确检测对象。

❑　添加除苹果和橙子以外的对象。

❑　添加另一种形状类似苹果和橘子的对象。

❑　改变光的强度和反射率。

如果执行与 1.4.3 节"HOG 检测器"相同的代码，那么它将检测每个对象，就好像每个对象都是苹果一样。这是因为所选的宽度（w）和高度（h）参数太宽泛，并且包括了所有对象以及 RGB 值，它们在此图像中的显示方式与以前有所不同。为了正确检测对象，我们将对 if 语句的大小和颜色进行以下更改。

```
if (w >60 and w < 100 and h >60 and h <120):
if (ROI_meancolor[0] > 10 and ROI_meancolor[0] < 40 and ROI_meancolor[1]
> 65 and ROI_meancolor[1] < 105
```

ℹ 注意：

可以看到，上述更改对 if 语句施加了以前不存在的约束。

RGB 颜色现在如下所示。

```
1 (29.87429111531191, 92.01890359168242, 182.84026465028356, 0.0) 82 93
2 (34.00568181818182, 49.73605371900827, 115.44163223140497, 0.0) 72 89
3 (39.162326388888886, 62.77256944444444, 148.98133680555554, 0.0) 88 96
4 (32.284938271604936, 53.324444444444445, 141.16493827160494, 0.0) 89 90
5 (12.990362811791384, 67.3078231292517, 142.0997732426304, 0.0) 84 84
6 (38.15, 56.9972, 119.3528, 0.0) 82 100
7 (47.102716049382714, 80.29333333333334, 166.3264197530864, 0.0) 86 90
8 (45.76502082093992, 68.75133848899465, 160.64901844140394, 0.0) 78 82
9 (23.54432132963989, 98.59972299168975, 191.97368421052633, 0.0) 67 76
```

上述代码在更改后的图像上的运行结果如图 1-14 所示。

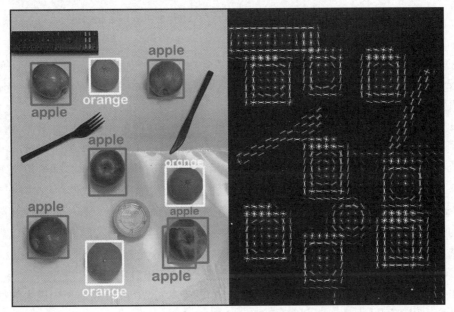

图 1-14

在图 1-14 中可以看到，我们增加了一个遥控器、叉子、刀子和一个塑料杯。请注意，苹果、橙子和塑料杯的 HOG 特征是相似的，这是可以预期的，因为它们都是圆形的。

❑　塑料杯周围没有包围盒，因为未检测到。

❑　与苹果和橘子相比，叉子和刀子的 HOG 形状有很大的不同。

❑　遥控器具有矩形 HOG 形状。

这个简单的示例表明，这种对象检测方法不适用于较大的图像数据集，我们需要调整参数以考虑各种照明、形状、大小和方向条件。这就是我们要在本书其余部分讨论 CNN 的原因。一旦使用 CNN 在不同条件下训练图像，它就会在新的条件下正确检测对象，而与对象的形状无关。当然，尽管上述方法有局限性，但我们还是可以通过该方法了解如何使用颜色和大小将一幅图像与另一幅图像分开。

ℹ️ 注意：

ROI_meancolor 是一种用于检测边界框内对象平均颜色的强大方法。例如，可以使用它根据边界框内的球衣颜色，将一个球队的球员与另一个球队的球员区分开，或者基于任何类型的颜色分离方法，区分绿色苹果与红色苹果等。

1.5　TensorFlow 生态系统和安装概述

在前面各节中介绍了计算机视觉技术的基础知识，如图像变换、图像滤波、使用内核进行卷积、边缘检测、直方图和特征匹配等。对于这些知识的理解及其各种应用可为后面深度学习的高级概念打下坚实的基础。

计算机视觉中的深度学习是通过许多中间（隐藏）层的卷积运算对许多不同图像特征（如边缘、颜色、边界、形状等）的累积学习，以全面了解图像类型。深度学习增强了计算机视觉技术，因为它可以叠加许多有关神经元行为的计算。这是通过组合各种输入以基于数学函数和计算机视觉方法（如边缘检测）产生输出来完成的。

TensorFlow 是一个端到端（end to end，E2E）机器学习平台，其中的图像和数据被变换为张量（tensor）以由神经网络进行处理。例如，尺寸为 224×224 的图像可以表示为一个秩（rank）为 4 的张量，如 128, 224, 224, 3，其中 128 是神经网络的批（batch）大小，2 个 224 分别是高度和宽度，而 3 则是颜色通道（R、G 和 B）。

如果你的代码基于 TensorFlow 1.0，那么将其转换为 2.0 版可能是一个很大的挑战。你可以按照以下网址中的说明将其转换为 2.0 版。

https://www.tensorflow.org/guide/migrate

在大多数情况下，当你使用终端在 TensorFlow 中执行 Python 代码时，转换问题会在低级 API 中发生。

Keras 是 TensorFlow 的高级 API。以下 3 行代码是安装 Keras 的起点。

```
from __future__ import absolute_import, division, print_function,
unicode_literals
import tensorflow as tf
from tensorflow import keras
```

如果不使用最后一行，则可能必须为所有函数使用 from tensorflow.keras 导入语句。

TensorFlow 使用 tf.data 从简单代码构建复杂的输入管道，从而简化并加快了数据输入过程。你将在第 6 章"迁移学习和视觉搜索"中了解到这一点。

在 Keras 中，模型的各层以顺序方式堆叠在一起。这是由 model = tf.keras.Sequential() 引入的，并且每一层都是通过使用 model.add 语句添加的。首先，需要使用 model.compile 编译模型，然后使用 model.train() 函数开始训练。

TensorFlow 模型将保存为检查点（checkpoint）并保存模型。检查点可捕获模型使用的参数、滤波器和权重的值。该检查点与源代码关联。另外，保存的模型可以被部署到生产设置中，不需要源代码。

TensorFlow 可针对多个 GPU 提供分布式训练。TensorFlow 模型输出可以使用 Keras API 或 TensorFlow 图可视化。

1.5.1　TensorFlow 与 PyTorch

PyTorch 是另一个类似 TensorFlow 的深度学习库。它基于 Torch，由 Facebook 开发。TensorFlow 创建的是静态图，而 PyTorch 则可以创建动态图。

在 TensorFlow 中，必须首先定义整个计算图，然后运行模型，而在 PyTorch 中，则可以平行于模型构建来定义图。

1.5.2　TensorFlow 安装

要在计算机上安装 TensorFlow 2.0，请在终端中输入以下命令。请注意确保在每个命令后都按 Enter 键。

```
pip install --upgrade pip
pip install tensorflow
```

除 TensorFlow 外，上述命令还将在终端中下载并提取以下软件包。

❑　Keras（用 Python 编写的高级神经网络 API，能够在 TensorFlow 的上层运行）。

❑　protobuf（用于结构化数据的序列化协议）。

❑　TensorBoard（TensorFlow 的数据可视化工具）。

❑　PyGPU（Python 功能，用于图像处理，通过 GPU 计算以提高性能）。

❑　cctools（适用于 Android 的原生 IDE）。

❑　c-ares（库函数）。

❑　clang（用于 C、C ++、Objective-C、OpenCL 和 OpenCV 的编译器前端）。

❑　llvm（用于生成前端和后端二进制代码的编译器架构）。

❑　theano（用于管理多维数组的 Python 库）。

❑　grpcio（用于实现远程过程调用的 Python 的 gRPC 软件包）。

❑　libgpuarray（通用的 n 维 GPU 数组，可由 Python 中的所有软件包使用）。

❑　termcolor（Python 中的一种颜色格式输出）。

❑　absl（用于构建 Python 应用程序的 Python 库代码集合）。

❑　mock（用虚拟环境替换实际对象以帮助测试）。

❑　gast（用于处理 Python 抽象语法的库）。

在安装过程中，当系统询问时，按 y 键表示"是"。

```
Downloading and Extracting Packages
Preparing transaction: done
Verifying transaction: done
Executing transaction: done
```

如果一切都正确安装，那么你将看到上面的消息。

安装完成后，根据你的计算机的硬件配置情况（是仅有 CPU 还是同时包含 CPU 和 GPU），输入以下命令之一来检查 TensorFlow 版本。请注意，同时包含 CPU 和 GPU，就是指计算机上既有 CPU 又安装了显卡。对于所有计算机视觉工作，最好使用显卡（GPU）来加速图像的计算。对于 Python 3.6 或更高版本可使用 pip3，对于 Python 2.7 则可使用 pip。

```
pip3 show tensorflow
pip3 show tensorflow-gpu
pip show tensorflow
```

此时的输出应如下所示。

```
Name: tensorflow
Version: 2.0.0rc0
Summary: TensorFlow is an open source machine learning framework for
everyone.
Home-page: https://www.tensorflow.org/
Author: Google Inc.
Author-email: packages@tensorflow.org
License: Apache 2.0
Location: /home/.../anaconda3/lib/python3.7/site-packages
Requires: gast, google-pasta, tf-estimator-nightly, wrap, tb-nightly,
protobuf, termcolor, opt-einsum, keras-applications, numpy, grpcio, keras-
preprocessing, astor, absl-py, wheel, six
Required-by: gcn
```

有时，你可能会注意到，即使在安装 TensorFlow 之后，Anaconda 环境也无法识别已安装 TensorFlow。在这种情况下，最好在终端中使用以下命令先卸载 TensorFlow，然后重新安装它。

```
python3 -m pip uninstall protobuf
python3 -m pip uninstall tensorflow-gpu
```

1.6　小　　结

本章我们学习了图像滤波如何通过卷积运算修改输入的图像以产生输出，该输出可检测到特征的一部分（本章检测的是边缘）。这是计算机视觉的基础。后文我们还将介绍图像滤波的更多应用，将边缘转换为更高级的图案，如特征。

我们还学习了如何计算图像直方图，如何使用 SIFT 进行图像匹配以及如何使用轮廓和 HOG 检测器绘制边界框。我们还介绍了如何使用 OpenCV 的边界框颜色和大小方法将一个类与另一个类区分开来。

最后，本章还介绍了 TensorFlow，为后续各章的学习奠定基础。

在第 2 章"局部二值模式和内容识别"中将学习另一种被称为模式识别的计算机视觉技术，并将使用它来对具有模式的图像内容进行分类。

第 2 章　局部二值模式和内容识别

Timo Ojala、Matti Pietik äinen 和 David Harwood 在 1994 年的国际模式识别会议（International Pattern Recognition Conference，IPRC）上首次引入了局部二值模式（local binary patterns，LBP），他们的论文名称是 *Performance evaluation of texture measures with classification based on Kullback discrimination of distributions*（《基于 Kullback 分布判别的纹理度量的性能评估》），其网址如下。

https://ieeexplore.ieee.org/document/576366

本章将介绍如何创建 LBP 图像类型的二值特征描述子（feature descriptor）和 LBP 直方图，以对纹理图像和非纹理图像进行分类。你将了解可用于计算直方图之间的差异以找到各种图像之间的匹配的不同方法，以及如何调整 LBP 参数以优化其性能。

本章包含以下主题。

❑　使用 LBP 处理图像。

❑　将 LBP 应用于纹理识别。

❑　使脸部颜色与基础色匹配——LBP 及其局限性。

❑　使脸部颜色与基础色匹配——颜色匹配技术。

2.1　使用 LBP 处理图像

局部二值模式（LBP）是一种灰度图像阈值操作，用于基于不同的模式对图像进行分类。二值模式的开发方式是将邻域像素值与中心像素值进行比较，并且该模式可用于构建直方图分箱（bin）。接下来将详细描述 LBP 操作。

2.1.1　生成 LBP 模式

LBP 模式生成的主要步骤如下。

（1）将 RGB 图像 A 转换为灰度图像 G。

（2）对于图像 G 中每个强度为 $I_c(x,y)$ 的像素，在半径 R 处选择具有相应强度 $(I_0,I_1,\cdots,I_{P-1})$ 的 P 个相邻点 $(p_0,p_1,\cdots,p_{P-1})$。半径以像素为单位，定义为两个像素之间的差。像素和相邻点代表图像 G 的滑动窗口 W。如果半径 R 为 1，则 P 为 8，如图 2-1 所示。

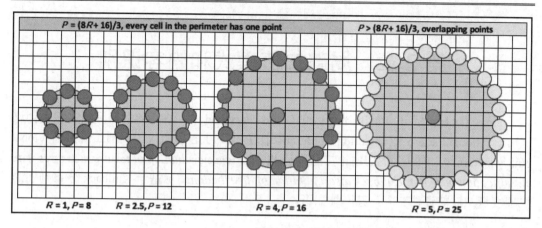

图 2-1

原　　文	译　　文
every cell in the perimeter has one point	周长中的每个单元都有一个点
overlapping points	重叠的点

　　滑动窗口 W_0 表示为一个数组，即 $W_0 = [I_c, I_0, I_1, I_{P-1}]$。在这里，点 $0 \sim P{-}1$ 代表围绕中心像素 c 的 P 个点的强度。

　　在确定半径 R 和相邻点 P 之间的关系时，要求邻域中的每个单元（cell）恰好具有一个像素。如图 2-1 中的前 3 个圆圈所示，周长中的每个单元恰好有一个像素，而最后一个圆圈在周长中包含了一个以上的像素。

　　在前 3 个圆圈中，可以这样表示：为了使每个单元都有一个像素，点数 P 可以表示为 $(8R +16)/3$。图 2-2 显示了线性关系和离群值，离群值由左起第 4 个圆圈显示，这在相邻单元格中有重叠的点。

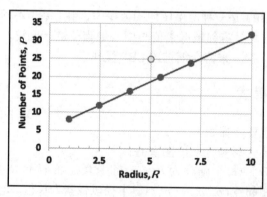

图 2-2

原　　文	译　　文
Number of Points, P	点数 P
Radius, R	半径 R

（3）计算相邻像素和中心像素之间的强度差，并删除第一个值 0。该数组可以按以下方式表示。

$$W_1 \sim [I_0 - I_c, I_1 - I_c, \cdots, I_{P-1} - I_c]$$

（4）现在可以对图像进行阈值处理。如果强度差小于 0，则将值分配为 0；如果强度差大于 0，则将值分配为 1，如以下等式所示。

$$f(x) = \begin{cases} 1, x \geqslant 0 \\ 0, x < 0 \end{cases}$$

应用阈值函数 f 后的差值数组如下。

$$W_2 = [f(I_0 - I_c), f(I_1 - I_c), \cdots, f(I_{P-1} - I_c)]$$

例如，假设第一个差值小于 0 且第二个和最后一个差值大于 0，则该数组可以表示如下。

$$W_2 = [0, 1, \cdots, 1]$$

（5）将差值数组 W_2 乘以二项式权重 2^p，这样就可以将二值数组 W_2 转换为表示十进制数组 W_3 的 LBP 代码。

$$W_3 = \text{LBP}(P, R) = \sum_{p=0}^{P-1} f(I_p - I_c) \times 2^p$$

ℹ️ **注意：**

理解本节描述的 5 个步骤，它对于后面的学习有很大的帮助。

图 2-3 显示了在灰度图像的滑动窗口上的 LBP 运算的图形表示。

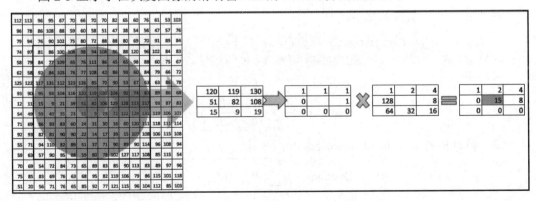

图 2-3

在图 2-3 中可以看到以下内容。

- ❑ 起始的 3×3 内核只是图像的一部分。
- ❑ 接下来的 3×3 是二进制表示形式。
- ❑ 左上角的值为 1，因为我们将 120 与 82 进行了比较。
- ❑ 按顺时针方向旋转，最后一个值是 0，因为我们将 51 与 82 进行了比较。
- ❑ 再接下来的 3×3 内核只是一个 2^n 运算。
- ❑ 左上角的第一个值为 $1\,(2^0)$，同样按顺时针方向旋转，最后一个值为 $128\,(2^7)$。

2.1.2　理解 LBP 直方图

LBP 数组 W_3 以直方图（histogram）形式表示如下。

$$W_4 = \text{histogram}(W_3, \text{bins} = P, \text{range} = W_3(\min) \sim W_3(\max))$$

对训练后的图像和测试图像都可以重复 2.1.1 节"生成 LBP 模式"中的步骤（1）～步骤（5），以创建图像的 LBP 直方图（W_{train}, W_{test}），每个直方图都包含 P 个分箱，然后使用直方图比较方法对其进行比较。

2.1.3　直方图比较方法

可以使用不同的直方图比较方法来计算直方图之间的距离。具体如下所示。

- ❑ 交叉方法（intersection method）：

$$\text{Distance} = \frac{\sum_{p=0}^{P-1} \min(W_{\text{test}} - W_{\text{train}})}{\sum_{p=0}^{P-1} W_{\text{train}}}$$

在 Python 中，其表示如下。

```
minima = np.minimum(test_hist,train_hist)
intersection = np.true_divide(np.sum(minima),np.sum(train_hist))
```

- ❑ 卡方方法（chi-square method）：

$$\text{Distance} = \frac{1}{2}\sum_{p=0}^{P-1} \frac{(W_{\text{test}} - W_{\text{train}})^2}{(W_{\text{test}} + W_{\text{train}})}$$

- ❑ 欧几里得法（euclidean method）：

$$\text{Distance} = \sqrt{\sum_{p=0}^{P-1}(W_{\text{test}} - W_{\text{train}})^2}$$

- ❑ 城市街区方法（city block method）：

$$Distance = \sum_{p=0}^{P-1} \left| W_{\text{test}} - W_{\text{train}} \right|$$

❑ 巴氏方法（Bhattacharya method）：

$$Distance = -\log \sum_{p=0}^{P-1} \sqrt{W_{\text{test}} W_{\text{train}}}$$

❑ Wasserstein 方法。

$$Distance = \left[\int_{p=0}^{P-1} \left(W_{\text{test}}^{-1} - W_{\text{train}}^{-1} \right)^2 dp \right]^{1/2}$$

❑ 给定 $W_{\text{test}} = N(\mu_{\text{test}}, \sigma_{\text{test}})$ 和 $W_{\text{train}} = N(\mu_{\text{train}}, \sigma_{\text{train}})$，其中，$\mu$ 是分布的平均值（第一个矩），σ（第二个矩）是分布的标准偏差，而 ρ_{QQ} 是两个分布的分位数的相关性，并且 W_{test} 和 W_{train} 彼此对抗。

$$Distance = \left[(\mu_{\text{test}} - \mu_{\text{train}})^2 + (\sigma_{\text{test}} - \sigma_{\text{train}})^2 + 2\sigma_{\text{test}} \sigma_{\text{train}} (1 - \rho_{QQ}) \right]^{1/2}$$

上面的距离度量具有以下特征。

❑ 每种方法的距离绝对值都不相同。

❑ 除 Wasserstein 方法外，所有方法的测试直方图和训练直方图值之间的最小距离都相似。Wasserstein 方法将根据位置（均值的差）、大小（标准偏差的差）和形状（相关性系数）计算距离。

图 2-4 显示了给定半径（$R = 5$）时的原始图像、灰度图像和相应的 LBP 图像。

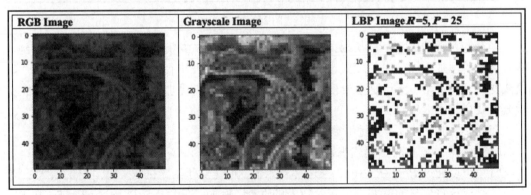

图 2-4

原　　文	译　　文
RGB Image	RGB 图像
Grayscale Image	灰度图像
LBP Image	LBP 图像

接下来，我们将评估半径变化对图像清晰度的影响。为此，需要通过将半径值从 1 更改为 10 来执行 Python 代码。图 2-5 显示了对 LBP 图像清晰度的最终影响。

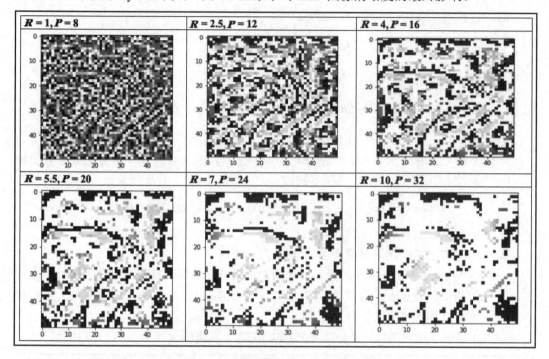

图 2-5

半径和点数的关系可以从相关性公式 $P = (8R + 16)/3$ 中获得。在图 2-5 中可以看到，随着半径的增加，图像中的模式也变得更加清晰。大约在半径为 5 和点数为 20～25 时，模式变得非常清晰（无论是主要模式还是次要模式都变得更加清晰）。当半径非常大时，次要模式变得不太明显。

在图 2-5 中还可以清楚地看到以下内容。

❑　选择 R 和 P 对于模式识别很重要。

❑　可以通过 $P = (8R +16)/3$ 来选择初始值，但是对于给定的 R 来说，P 的值大于该式计算出来的值并不意味着较差的性能。例如，在图 2-5 中，给定 $R = 5$，则 $P = (8×5+16)/ 3 ≈ 19$。但如果按 $R = 5$，$P = 25$ 效果也会很不错。

❑　这里选择的模式应明显优于 $R = 4$，$P = 16$ 的示例，而非常类似于 $R = 5.5$，$P = 20$。

另外，请注意，此处的示例仅提供适用于此图像的准则。对于不同大小的图像，可以从此示例中学习，首先选择 P 的初始值，然后调整 R 和 P 以获得所需的图案。

2.1.4　LBP 的计算成本

与传统的神经网络方法相比，LBP 在计算上的成本更低。Li Liu、Paul Fieguth、Xiaogang Wang、Matti Pietik äinen 和 Dewen Hu 在他们的论文 *Evaluation of LBP and Deep Texture Descriptors with A New Robustness Benchmark*（《使用新的稳健性基准评估 LBP 和深度纹理描述子》）中提出了 LBP 的计算成本。该论文的链接地址如下。

https://www.ee.cuhk.edu.hk/~xgwang/papers/liuFWPHeccv16.pdf

该论文的作者确定了在 2.9GHz Intel 四核 CPU 和 16GB 内存上对 480 幅图像进行特征提取所花费的平均时间，这些图像的大小为 128×128。该时间不包括训练时间。研究发现，与被认为是计算成本中等的 AlexNet 和 VGG 相比，LBP 特征提取非常快。

2.2　将 LBP 应用于纹理识别

现在，我们已经理解了 LBP 的基础知识，可将其应用于纹理识别示例。对于此示例来说，有 11 幅经过训练的图像和 7 幅测试图像，尺寸为 50×50，分为以下几类。

- ❑ 经过训练的图像。
  - ➢ 模式图像（7）。
  - ➢ 普通图像（4）。
- ❑ 测试图像。
  - ➢ 模式图像（4）。
  - ➢ 普通图像（3）。

应用 2.1.1 节"生成 LBP 模式"中的步骤（1）～步骤（5），然后将每幅测试图像的 LBP 直方图与所有经过训练后的图像进行比较，以找到最佳匹配。

尽管已有多种不同的直方图比较方法可供选择，但是对于此分析，我们将使用卡方检验作为确定匹配的主要方法。

在图 2-6 中，包含正确匹配项的最终输出用绿线显示，而不正确匹配项则用红线显示。实线是具有最短距离的第一个匹配项，而虚线则是下一个最佳匹配项。

如果用于下一个最佳匹配项的直方图之间的距离比最小距离远得多，则仅显示一个值（最小距离），这表明系统对此输出具有相当高的置信度。

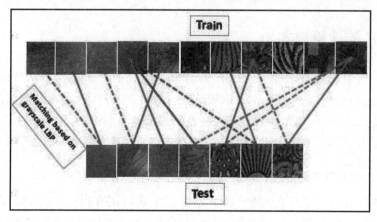

图 2-6

原　　文	译　　文
Train	训练
Test	测试
Matching based on grayscale LBP	基于灰度 LBP 进行匹配

　　图 2-6 显示了使用 LBP 在测试和训练灰度图像之间进行匹配的过程。实线表示最接近的匹配，而虚线则表示第二个最接近的匹配项。第三幅测试图像（左起）只有一个匹配项，这意味着当图像转换为灰度时，模型对其预测非常有信心。第二幅、第三幅和第六幅训练图像（右起）没有相应的测试图像匹配项。

　　在这里可以看到，基于有限的训练数据（11 个样本），LBP 通常会产生很好的匹配，在所考虑的 7 个测试样本中只有一个错误。要理解图 2-6 中的相关性是如何完成的，我们需要绘制 LBP 直方图并比较训练图像和测试图像之间的直方图。

　　接下来，我们将分析每幅测试图像，并将它们的直方图与相应的测试图像的直方图进行比较，以查找最匹配的图像。

　　n_points = 25 意味着 LBP 中有 25 个点。使用 LBP 直方图的主要优点是可实现平移的归一化，从而使其旋转不变。我们将逐一分析每个直方图。直方图的 x 轴为 25，显示点数（25），而 y 轴则是 LBP 直方图的分箱。

　　图 2-7 中显示的两幅图像都具有模式并且看起来很相似。

　　在图 2-7 中可以看到，测试图像模式 1 与已训练图像模式 1 的直方图分析显示了相似的模式，通过 LBP 实现了正确匹配。

　　图 2-8 中显示的两幅图像都具有模式并且看起来相似。实际上，它们是从不同的方向和不同的阴影获取的同一幅地毯图像。

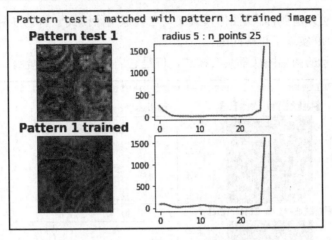

图 2-7

原　　文	译　　文
Pattern test 1 matched with pattern 1 trained image	测试图像模式 1 与已训练图像模式 1 匹配
Pattern test 1	测试图像模式 1
Pattern 1 trained	已训练图像模式 1

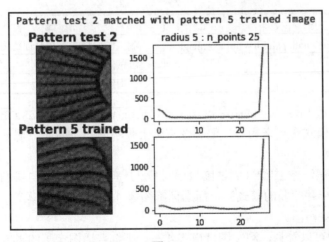

图 2-8

原　　文	译　　文
Pattern test 2 matched with pattern 5 trained image	测试图像模式 2 与已训练图像模式 5 匹配
Pattern test 2	测试图像模式 2
Pattern 5 trained	已训练图像模式 5

　　在图 2-8 中可以看到,测试图像模式 2 与已训练图像模式 5 的直方图分析显示了相似的模式，通过 LBP 实现了正确匹配。

　　图 2-9 中显示的两幅图像都具有模式，但是它们来自不同的地毯。

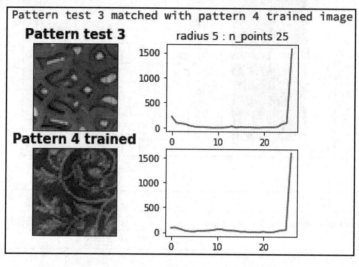

图 2-9

原　　　文	译　　　文
Pattern test 3 matched with pattern 4 trained image	测试图像模式 3 与已训练图像模式 4 匹配
Pattern test 3	测试图像模式 3
Pattern 4 trained	已训练图像模式 4

　　在图 2-9 中可以看到,测试图像模式 3 与已训练图像模式 4 的直方图分析显示了相似的模式。它们的模式看起来相似，但图像实际上是不同的。因此，这是匹配不佳的一个示例。

　　图 2-10 中的第一幅图像（测试图像模式 4）具有模式（虽然与我们已经看到的图像模式相比，它是一种较弱的模式），而已训练图像 1 则根本没有模式，它看起来好像只是在地毯上有一些污渍。

　　在图 2-10 中可以看到，测试图像模式 4 与已训练普通图像 1 的直方图分析显示了相似的模式。它们的模式看起来相似，但图像实际上是不同的。这是另一个匹配不佳的示例。由于红地毯上的污渍，LBP 似乎认为这两幅图像相似。

　　图 2-11 显示 LBP 将灰色地毯（普通测试图像 1）与前面的红色地毯（已训练普通图像 1）相匹配。

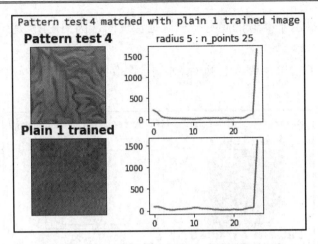

图 2-10

原　　文	译　　文
Pattern test 4 matched with plain 1 trained image	测试图像模式 4 与已训练普通图像 1 匹配
Pattern test 4	测试图像模式 4
Plain 1 trained	已训练普通图像 1

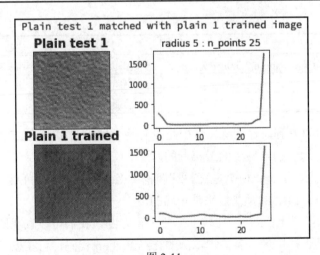

图 2-11

原　　文	译　　文
Plain test 1 matched with plain 1 trained image	普通测试图像 1 与已训练普通图像 1 匹配
Plain test 1	普通测试图像 1
Plain 1 trained	已训练普通图像 1

LBP 直方图显示了类似的趋势——这是合理的，因为 LBP 是一种灰度图像识别技术。

图 2-12 显示了 LBP 将硬木地板（普通测试图像 2）与带花纹的地毯（已训练图像模式 7）相匹配。

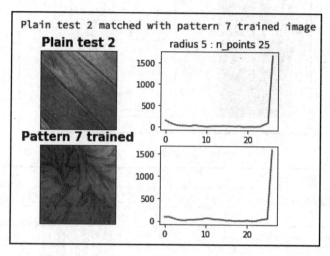

图 2-12

原　　文	译　　文
Plain test 2 matched with pattern 7 trained image	普通测试图像 2 与已训练图像模式 7 匹配
Plain test 2	普通测试图像 2
Pattern 7 trained	已训练图像模式 7

在图 2-6 中可以看到，已训练图像中是没有硬木地板的，因此 LBP 发现带有叶子形状的地毯是与具有木纹的木地板的最接近的匹配。

图 2-13 显示了最后一个 LBP 匹配，这两幅图像是相似的，几乎都没有模式。

就本示例而言，LBP 的预测似乎是正确的。

从图 2-7 开始，到图 2-13，比较上下两个直方图，我们可以直观地看到直方图如何比较测试图像和已训练图像。有关本示例的详细 Python 代码，可在以下文件中找到。

https://github.com/PacktPublishing/Mastering-Computer-Vision-with-TensorFlow-2.0/blob/master/Chapter02/Chapter2_LBPmatching_texture.ipynb

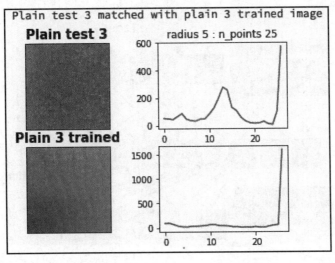

图 2-13

原　　　文	译　　　文
Plain test 3 matched with plain 3 trained image	普通测试图像 3 与已训练普通图像 3 匹配
Plain test 3	普通测试图像 3
Plain 3 trained	已训练普通图像 3

2.3　使脸部颜色与基础颜色匹配——LBP 及其局限性

由于我们在纹理识别方面使用 LBP 取得了相对良好的效果，因此我们可尝试通过另一个示例来了解 LBP 的局限性。在此示例中，测试的脸部颜色从浅色到深色共包含 7 种，已训练的基础色共包含 10 种，它们都是尺寸为 50×50 的图像，需要进行匹配。

和纹理识别示例一样，我们需要应用 2.1.1 节"生成 LBP 模式"中的步骤（1）～步骤（5），然后将每个脸部颜色图像 LBP 直方图与所有基础颜色图像 LBP 直方图进行比较，以找到最佳匹配。

和前面的纹理识别示例一样，尽管有多种不同的直方图比较方法可供选择，但是对于此分析，我们将使用卡方检验作为确定匹配的主要方法。

图 2-14 显示了最终的输出。

在图 2-14 中可以看到，LBP 的匹配效果不佳，所有脸部颜色匹配基础颜色 4 或 8。

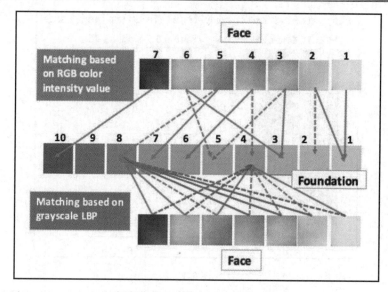

图 2-14

原　　文	译　　文
Face	脸部颜色
Foundation	基础颜色
Matching based on RGB color intensity value	根据 RGB 颜色强度值进行匹配
Matching based on grayscale LBP	基于灰度 LBP 进行匹配

为什么会出现这种情况？在这里，RGB 图像先转换为灰度，然后执行 LBP 运算，该运算按两个级别（一个是 $R=2.5$，$P=16$；另一个是 $R=5.5$，$P=20$）绘图。因此，这种情况可能是由以下两个因素引起的。

❑　脸部颜色从 RGB 到灰度的转换会导致图像中不必要的强度，这在比较过程中会产生误导。

❑　LBP 转换采用了这些模式并生成无法正确解释的任意灰色阴影。

图 2-15 显示了两幅图像——脸部颜色 1 和 7（它们分别代表浅色皮肤和深色皮肤的颜色），以及 LBP 不同步骤的结果。

在图 2-15 中可以看到，每幅图像都被转换为灰度，这显示两幅图像的中间都有一个亮点，而原始的彩色图像是没有该亮点的。然后，将两个 LBP 运算应用于图像：一个半径为 2.5，另一个半径为 5.5。在这里可以看到它们在应用 LBP 运算之后有很多相似之处，而这也是原始彩色图像中所没有的。

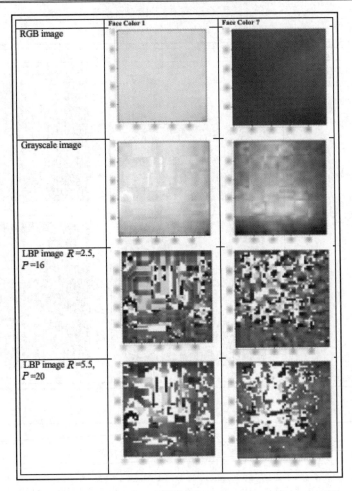

图 2-15

原　　文	译　　文
Face Color 1	脸部颜色 1
Face Color 7	脸部颜色 7
RGB image	RGB 图像
Grayscale image	灰度图像
LBP image $R = 2.5$, $P = 16$	LBP 图像 $R = 2.5$，$P = 16$
LBP image $R = 5.5$, $P = 20$	LBP 图像 $R = 5.5$，$P = 20$

　　解决第一个问题的可能方法是应用高斯滤波，以抑制该模式，在第 1 章 "计算机视觉和 TensorFlow 基础知识" 中对此进行了研究。图 2-16 显示了应用高斯滤波器后进行

LBP 运算的结果。

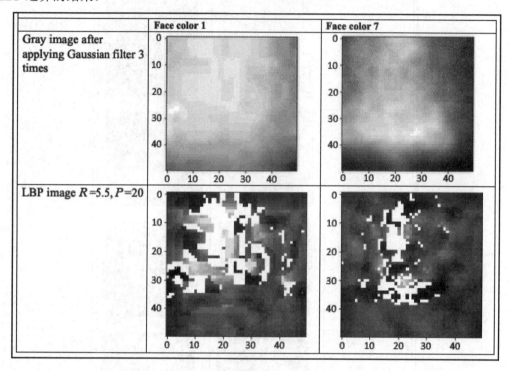

图 2-16

原　　文	译　　文
Face color 1	脸部颜色 1
Face color 7	脸部颜色 7
Gray image after applying Gaussian filter 3 times	应用高斯滤镜 3 次后的灰度图像
LBP image $R = 5.5, P = 20$	LBP 图像 $R = 5.5$，$P = 20$

可以看到，即使在应用滤镜之后，也无法清楚地区分浅灰和深灰这两种灰色阴影。由此，我们可以得出结论，LBP 并不是用于脸部颜色识别的好方法。

2.4　使脸部颜色与基础颜色匹配——颜色匹配技术

对于这种方法，RGB 图像不会先转换为灰度图，而是使用以下 Python 代码（针对每种情况重复）确定 7 种面部颜色和 10 种基础颜色中每一种的颜色强度值。

```
facecol1img = Image.open('/…/faceimage/facecol1.JPG')
facecol1arr = np.asarray(facecol1img)
(mfc1, sfc1) = cv2.meanStdDev(facecol1arr)
statfc1 = np.concatenate([mfc1, sfc1]).flatten()
print ("%s statfc1" %(statfc1))
```

其输出具有 6 个元素。前 3 个是 RGB 平均值，而后 3 个则是 RGB 值的标准偏差。
脸部颜色和基础色之间的强度差计算如下。

$$\Delta I(\text{face}(i), \text{found}(j)) = 0.299 * (IfaceR - IfoundR) + 0.587 * (IfaceG - IfoundG)$$
$$+ 0.114 * (IfaceB - IfoundB)$$

图 2-17 显示了脸部颜色和基础颜色匹配的输出结果。

		Face color						
		1	2	3	4	5	6	7
Foundation color	1	18.4	1.9	19.6	32.2	48.3	18.1	135.8
	2	27.6	7.3	10.4	23.0	39.1	8.9	126.6
	3	36.5	16.3	1.5	14.1	30.2	0.1	117.7
	4	51.6	31.4	13.6	1.0	15.1	15.1	102.6
	5	46.3	26.0	8.3	4.3	20.5	9.8	107.9
	6	51.2	31.0	13.2	0.6	15.5	14.7	103.0
	7	58.3	38.1	20.3	7.7	8.4	21.9	95.9
	8	77.4	57.2	39.4	26.8	10.7	40.9	76.8
	9	95.6	75.4	57.6	45.0	28.9	59.2	58.6
	10	127.2	107.0	89.2	76.6	60.5	90.8	27.0

图 2-17

原　　文	译　　文
Face color	脸部颜色
Foundation color	基础颜色

在该矩阵中差异最小的值就是最佳匹配。可以看到，对于每种脸部颜色，匹配都可
以得出合理的结果（这些最小值有很多都落在对角线上），这表明颜色匹配技术应该是
脸部颜色与基础色进行匹配的首选方法。

2.5　小　　结

本章介绍了如何采用图像像素进行二值模式的开发，将中心像素与给定半径内的相
邻像素进行比较并执行阈值处理，以创建 LBP 模式。

　　LBP 模式是无监督机器学习的一个很好的例子，因为我们并没有使用输出结果训练分类器。相反，我们学习了如何调整 LBP 的参数（半径和点数）以达到正确的输出。

　　我们发现，LBP 是用于纹理分类的非常强大且简单的工具。但是，当图像为非纹理图像时，LBP 无法返回良好的结果，因此，我们介绍了如何开发 RGB 颜色匹配模型来匹配彩色的非纹理图像（如脸部颜色和基础色）。

　　要创建 LBP 表示，必须先将图像转换为灰度。

　　在第 3 章"使用 OpenCV 和 CNN 进行面部检测"中，我们将结合各种边缘检测方法来识别人脸、眼睛和耳朵，以此来介绍积分图像（integral image）的概念。此外，我们还将介绍卷积神经网络，并使用它来确定面部关键点和面部表情。

第 3 章　使用 OpenCV 和 CNN 进行面部检测

面部检测是计算机视觉的重要组成部分，并且是近年来发展迅速的一个领域。本章将从 Viola-Jones 面部和关键特征检测的简单概念开始，然后继续介绍基于神经网络的面部关键点和面部表情检测的高级概念。最后，本章还将介绍 3D 人脸检测的高级概念。

本章包含以下主题。

❑ 应用 Viola-Jones AdaBoost 学习模型和 Haar 级联分类器进行人脸识别。

❑ 使用深度神经网络预测面部关键点。

❑ 使用 CNN 预测面部表情。

❑ 3D 人脸检测概述。

3.1　应用 Viola-Jones AdaBoost 学习模型和 Haar 级联分类器进行人脸识别

2001 年，微软研究院的 Paul Viola 和三菱电机的 Michael Jones 通过开发一种称为 Haar 级联分类器（Haar cascade classifier）的分类器，提出了一种检测图像中人脸的革命性方法。有关详细信息，可访问以下网址。

https://www.face-rec.org/algorithms/Boosting-Ensemble/16981346.pdf

Haar 级联分类器基于 Haar 特征，这些特征是矩形区域中像素值差异的总和。可以通过校准差值的大小以指示面部中给定区域（如鼻子、眼睛等）的特征。最终的检测器具有 38 个级联分类器，这些分类器具有 6060 个特征，包括约 4916 个面部图像和 9500 个非面部图像。总训练时间为数月，但检测时间非常快。

首先，我们需要将图像从 RGB 转换为灰度，然后应用图像滤波和分割，以便分类器可以快速检测到对象。接下来，我们将学习如何构造 Haar 级联分类器。

3.1.1　选择哈尔特征

哈尔特征（Haar-like feature）是用于对象识别的一种数字图像特征，它们因为与哈尔小波变换（Haar wavelet transform）极为相似而得名。Haar 级联分类器算法基于这样的思想，即人脸图像在脸部的各个区域具有独特的亮度特征，例如，脸部的眼睛区域比眼睑底部更暗，鼻子区域比旁边的两个面部区域更亮。

　　哈尔特征由黑色和白色的相邻矩形表示，如图 3-1 所示。在该图中有若干个潜在的哈尔特征（两个矩形、3 个矩形和 4 个矩形特征）。

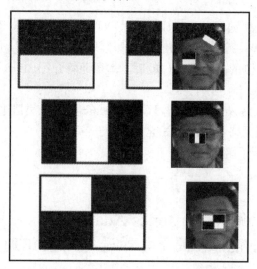

图 3-1

　　可以看到，矩形部分放置在脸部的特征上。由于眼睛区域的强度比脸部暗，因此矩形的黑色区域靠近眼睛，而白色区域则位于眼睛下方。同样，由于鼻子区域比周围环境更亮，因此鼻子上出现白色矩形，而两侧则是黑色矩形。

3.1.2　创建积分图像

　　积分图像（integral image）可用于在一遍过程中快速计算矩形特征像素值。为了更好地理解积分图像，让我们看看其计算的详细分解。

□　可以将哈尔特征的值计算为白色区域中的像素值之和与黑色区域中的像素值之和之间的差值。

□　像素 $I(x, y)$ 的总和可以由当前像素位置 $i(x, y)$ 左侧和上方的所有像素的值表示，包括当前像素值，这可以按以下方式表示。

$$I(x,y) = I(x-1,y) + I(x,y-1) - I(x-1,y-1) + i(x,y)$$

　　在图 3-2 中，像素 $I(x, y)$ 是由 9 个像素值（62、51、51、111、90、77、90、79 和 73）组成的最终积分图像值。将所有这些值求和得出的结果值为 684。

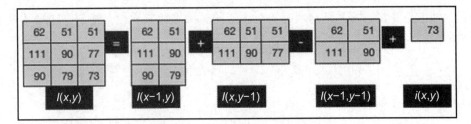

图 3-2

图 3-3 显示了脸部的眼睛区域的像素强度和相应的积分图像。

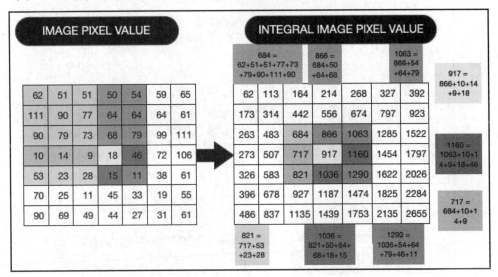

图 3-3

原　　文	译　　文
IMAGE PIXEL VALUE	图像像素值
INTEGRAL IMAGE PIXEL VALUE	积分图像像素值

图 3-3 显示，矩形区域的像素强度总和是通过将上方和左侧的所有像素值相加得出的，例如，684 就是从 73 开始按顺时针将 9 个像素值（73、79、90、111、62、51、51、77 和 90）相加的结果；866 则是 684 加上 50、64 和 68 的结果；917 是 866 加上 10、14、9 和 18 的结果。当然，这个 917 也可以通过将 717 加上 50、64、68 和 18 来获得。

上面的像素求和公式可以重写为以下形式。

$$i(x,y) = I(x,y) + I(x-1,y-1) - I(x-1,y) - i(x,y-1)$$

在积分图像中，可以通过将 4 个数组（如前面的方程式所示）相加来计算图像中任何矩形区域的总和，而不是针对所有单个像素的总和进行 6 次内存访问。Haar 分类器的矩形总和可以从上面的方程式获得，如以下方程式所示。

$$\sum_{x=xa}^{xb}\sum_{y=ya}^{yb} i(x,y) = I(x_b,y_b) + I(x_a-1,y_a-1) - I(x_a-1,y_b) - I(x_b,y_a-1)$$

上面的等式可以重新改写如下。

$$=> \sum_{x=xa}^{xb}\sum_{y=ya}^{yb} i(x,y) = (I(x_b,y_b) - I(x_b,y_a-1)) - (I(x_a-1,y_b) - I(x_a-1,y_a-1))$$

图 3-4 显示了转换为积分图像像素值的图像像素值。

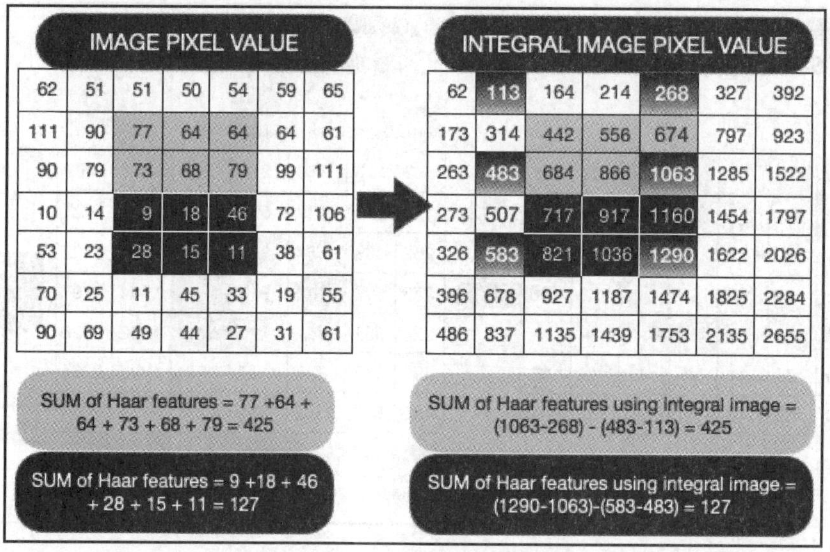

图 3-4

原　　文	译　　文
IMAGE PIXEL VALUE	图像像素值
INTEGRAL IMAGE PIXEL VALUE	积分图像像素值
SUM of Haar features = 77+64+64+73+68+79 =425	哈尔特征总和 = 77+64+64+73+68+79 =425
SUM of Haar features using integral image =(1063-268)-(483-113) = 425	使用积分图像计算哈尔特征总和 = (1063−268) − (483−113) = 425
SUM of Haar features = 9+18+46+28+15+11 = 127	哈尔特征总和 = 9+18+46+28+15+11 = 127
SUM of Haar features using integral image =(1290-1063)-(583-483) = 127	使用积分图像计算哈尔特征总和 = (1290−1063) − (583−483) = 127

右侧的积分图像就是左侧像素值的总和，因此 113 = 62 + 51，以此类推。如前文所

述，黑色阴影区域像素值表示黑色 Haar 矩形。为了计算浅色阴影区域的强度值，可以取一个积分强度值（如 1063），然后按改写公式进行计算。

3.1.3　进行 AdaBoost 训练

我们可以将图像划分为多个 T 窗口，在这些窗口中应用哈尔特征，并如前文所述计算其值。AdaBoost 可通过遍历一组训练的 T 窗口，从大量弱分类器中构建出一个强分类器。在每次迭代中，基于多个正（阳性）样本（面部）和多个负（阴性）样本（非面部）来调整弱分类器的权重，以评估分类错误的项目的数量。然后，对于下一次迭代，将为错误分类的项目的权重分配更高的权重，以增加检测到这些权重的可能性。最终的强分类器 $h(x)$ 是根据其误差加权的弱分类器的组合。

❏　弱分类器（weak classifier）：每个弱分类器都采用一个特征 f。它具有极性（polarity）p 和阈值 θ。

$$h(x,f,p,\theta) = \begin{cases} 1, & pf(x) < p(\theta) \\ 0, & \text{else} \end{cases}$$

❏　强分类器（strong classifier）：最终的强分类器 $h(x)$ 具有最低的误差 E_t，可由以下公式给出。

$$h(x) = \begin{cases} 1, & \sum_{t=1}^{T}\alpha_t h_t \geq \dfrac{1}{2}\sum_{t=1}^{T}\alpha_t \\ 0, & \text{else} \end{cases}$$

在这里，$\alpha_t = \log(1/\beta_t)$ 且 $\beta_t = E_t/(1-E_t)$。

$$E_t = \frac{1}{T}\sum_{t=1}^{T}w_t\left|h(x) - y_t\right|$$

权重（W_t）可按以下方式初始化。

$$W_t = \begin{cases} \dfrac{1}{2P}, & y_t = 1 \\ \dfrac{1}{2N}, & y_t = 0 \end{cases}$$

其中，P 和 N 分别是正样本和负样本的数目。该权重值可按以下方式更新。

$$W_{t+1,i} = W_{t,i} \cdot \beta_t^{1-E_i}$$

每个弱分类器都计算一个特征。请注意，弱分类器无法单独进行分类，但是将其中几个组合在一起则可以很好地进行分类。

3.1.4　级联分类器

先前描述的每个强分类器可形成一个级联，其中的每个弱分类器代表一个阶段，以快速删除阴性子窗口并保留阳性子窗口。来自第一个分类器的阳性结果表示已检测到脸部区域（如眼睛区域），然后算法继续进行下一个特征（如鼻子区域）的检测以触发第二个区域的评估分类器，以此类推。任何时候的阴性结果都会导致该阶段立即被拒绝。

图 3-5 说明了这一过程。

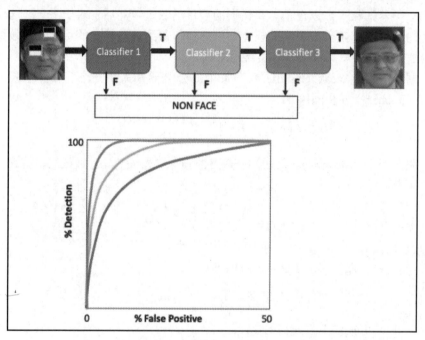

图 3-5

原　　文	译　　文
Classifier 1	分类器 1
Classifier 2	分类器 2
Classifier 3	分类器 3
NON FACE	非面部
% Detection	真阳性率
% False Positive	假阳性率

图 3-5 显示阴性特征将被立即消除。随着分类从左向右移动，其准确率会提高。

3.1.5　训练级联检测器

研究人员已经开发出了整个训练系统，以最大程度地提高检出率（真阳性率）并最大程度地降低假阳性率。Viola 和 Jones 通过为级联检测器的每个阶段设置真阳性率和假阳性率目标，实现了这一训练系统，如下所示。

- ❑　级联检测器每一层中的特征数量都会增加，直至达到该层的检出率（真阳性率）目标和假阳性率目标。
- ❑　如果总体假阳性率不够低，则添加另一个阶段。
- ❑　矩形特征将添加到当前阶段，直至达到其真阳性率和假阳性率目标。
- ❑　当前阶段的假阳性目标可用作下一阶段的阴性训练集。

图 3-6 显示了 OpenCV Python Haar 级联分类器，用于分类正面人脸和眼睛以检测面部和眼睛。左图和右图均显示它可以正确检测到脸部；然而，在左侧图像中，由于左眼镜片的眩光而仅检测到人物的右眼，而在右侧图像中则正确检测到双眼。

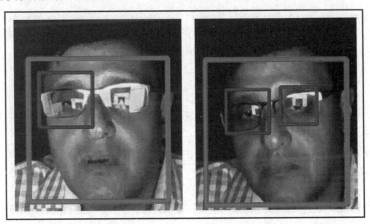

图 3-6

Viola-Jones 级联检测方法寻找的是强度梯度（眼睛区域比它下面的区域更暗），在本示例中，由于左眼镜片产生了眩光，因此它无法被检测到。

在以下文件中可以找到用于摄像头视频中面部和眼睛检测的 OpenCV Python 代码。

https://github.com/PacktPublishing/Mastering-Computer-Vision-with-TensorFlow-2.0/blob/master/Chapter03/Chapter3_opencv_face%26eyedetection_video.ipynb

请注意，为了使代码正常工作，你需要指定 Haar 级联检测器所在的路径。

　　到目前为止，我们已经理解了 Haar 级联分类器的工作原理，并学习了如何使用内置的 OpenCV 代码将 Haar 级联分类器应用于面部和眼睛检测。

　　我们使用了积分图像来检测哈尔特征。该方法非常适合面部、眼睛、嘴巴和鼻子的检测。当然，也可以将不同的面部表情和皮肤纹理用于情绪（快乐与悲伤）检测或年龄确定等。只不过 Viola-Jones 方法不太适合处理这些不同的面部表情，因此我们可以先使用 Viola-Jones 方法进行面部检测，然后应用神经网络来确定面部边界框内的面部关键点。接下来将详细介绍此方法。

3.2　使用深度神经网络预测面部关键点

　　本节将讨论面部关键点检测的端到端管道。面部关键点检测对于计算机视觉来说是一个挑战，因为它要求系统检测面部并获取有意义的关键点数据，将这些数据绘制在面部上，并开发出神经网络来预测面部关键点。与对象检测或图像分类相比，这是一个难题，因为它首先需要在边界框内进行面部检测，然后进行关键点检测。正常对象检测仅涉及检测代表对象周围矩形边界框的 4 个角的 4 个点，但是关键点检测则需要在不同方向上的多个点（超过 10 个）。你可以在以下网址找到大量的关键点检测数据及其使用教程。

https://www.kaggle.com/c/facial-keypoints-detection

　　Kaggle 关键点检测挑战涉及一个 CSV 文件，该文件包含指向 7049 幅图像（96×96）的链接，每幅图像包含 15 个关键点。

　　本节不会使用 Kaggle 数据，但将演示如何准备自己的数据以进行关键点检测。有关该模型的详细信息，可访问以下网址。

https://github.com/PacktPublishing/Mastering-Computer-Vision-with-TensorFlow-2.0/blob/master/Chapter03/Chapter3_face%20keypoint_detection.ipynb

3.2.1　准备用于关键点检测的数据集

　　我们将学习如何创建自己的数据。具体做法是：编写代码并执行代码，以使计算机中的网络摄像头点亮，然后移动你的脸部到摄像头画面的不同位置和方向，按空格键截图，再从图像中裁剪出所有不需要的内容，最后保存你的脸部图像。此过程的关键步骤如下。

　　（1）我们需要从指定 Haar 级联分类器的路径开始。它应该位于你的 OpenCV/

haarcascades 目录中。在该目录中会有许多.xml 文件，这里需要添加 frontalface_default.xml
的路径。

```
face_cascade = cv2.CascadeClassifier('path
tohaarcascade_frontalface_default.xml')
```

（2）可使用 videoCapture(0)语句定义网络摄像头操作。如果你的计算机已插入外部
摄像头，则可以使用 videoCapture(1)。

```
cam = cv2.VideoCapture(0)
```

（3）摄像头帧使用 cam.read()读取数据，然后在每个帧内使用在步骤（1）中定义的
Haar 级联检测器检测面部。在检测到的面部周围用(x, y, w, h)参数绘制边界框。使用
cv2.imshow 参数，屏幕上仅显示检测到的面部。

```
while(True):
    ret, frame = cam.read()
    faces = face_cascade.detectMultiScale(frame, 1.3, 5)
    for (x,y,w,h) in faces:
        if w >130:
            detected_face = frame[int(y):int(y+h), int(x):int(x+w)]
            cv2.imshow("test", detected_face)
    if not ret:
        break
    k = cv2.waitKey(1)
```

（4）将图像调整为 img_size（定义为 299），并将结果图像保存在数据集目录中。
请注意，本练习使用的图像尺寸为 299，但是这个尺寸可以被更改。但是，如果你决定更
改它，请确保在创建的注解文件以及最终模型中进行更改，以避免注解和图像之间不匹配。
现在，在此 Python 代码所在的目录中创建一个名为 dataset 的文件夹。请注意，每次
按空格键时，图像文件编号都会自动增加。

```
faceresize = cv2.resize(detected_face, (img_size,img_size))
        img_name =
"dataset/opencv_frame_{}.jpg".format(img_counter)
        cv2.imwrite(img_name, faceresize)
```

让不同的人使用不同的面部表情创建约 100 幅或更多图像（在本示例中，作者总共
捕捉了 57 幅图像）。图像越多，检测效果就越好。值得一提的是，Kaggle 面部点检测使
用了 7049 幅图像。你可以捕捉所有图像并使用 VGG 注解器（Annotator）执行面部关键
点注解，可以从以下网址中获得该注解器。

http://www.robots.ox.ac.uk/~vgg/software/via/

　　你也可以使用其他注解工具，但是我发现此工具（免费）非常有用。它可以绘制边界框、不规则形状和点。在本练习中，作者加载了所有图像，并使用点标记在图像中绘制了 16 个点，如图 3-7 所示。

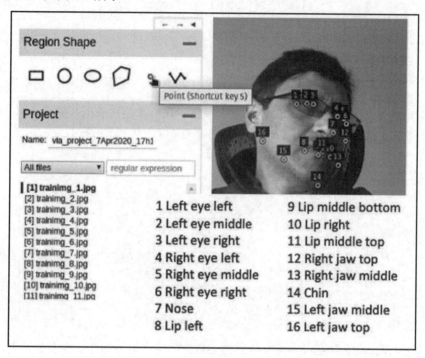

图 3-7

原　　文	译　　文	原　　文	译　　文
1 Left eye left	1 左眼左部	9 Lip middle bottom	9 下唇中部
2 Left eye middle	2 左眼中部	10 Lip right	10 唇右部
3 Left eye right	3 左眼右部	11 Lip middle top	11 上唇中部
4 Right eye left	4 右眼左部	12 Right jaw top	12 右颌上部
5 Right eye middle	5 右眼中部	13 Right jaw middle	13 右颌中部
6 Right eye right	6 右眼右部	14 Chin	14 下巴
7 Nose	7 鼻部	15 Left jaw middle	15 左颌中部
8 Lip left	8 唇左部	16 Left jaw top	16 左颌上部

　　图 3-7 中的 16 个点分别代表左眼（1～3）、右眼（4～6）、鼻子（7）、嘴唇（8～11）和上下颌（12～16）。请注意，当以数组形式显示图像关键点时，它们将被表示为 0～15 而不是 1～16。为了获得更高的准确性，你只能捕获面部图像，而不包括任何周围环境。

3.2.2　处理关键点数据

VGG 注解器工具会生成一个输出 CSV 文件，该文件需要进行两次预处理才能为每个图像的 16 个关键点分别生成(x, y)坐标。对于大数据处理来说，这是一个非常重要的概念，你可以将其用于其他计算机视觉任务，主要有以下 3 个原因。

❑ 我们的 Python 代码不会直接在目录中搜索大量图像文件，而是会在输入 CSV 中搜索数据路径。

❑ 对于每个 CSV 文件，有 16 个相应的关键点需要处理。

❑ 这是使用 Keras ImageDataGenerator 和 flow_from_directory 方法以浏览目录中的每个文件的备选方案。

为方便理解，我们将该任务分解为以下两个部分。

❑ 在输入 Keras - Python 代码之前进行预处理。

❑ Keras - Python 代码中的预处理。

接下来将详细讨论其中的每个部分。

3.2.3　在输入 Keras - Python 代码之前进行预处理

VGG 注解器工具会生成一个输出 CSV 文件，该文件需要以 TensorFlow 代码可接收的格式进行预处理。注解的输出是一个 CSV 文件，该 CSV 文件以行格式显示每个关键点，每幅图像有 16 行。我们需要对该文件进行预处理，以使每幅图像一行。它有 33 列，指示 32 个关键点值和 1 个图像值，具体如下。

(x0,y0), (x1,y1), (x2, y2), …,(x15,y15), 图像文件名

你可以使用自定义 Python 程序对此进行转换。本书配套 GitHub 页面已包含处理后的 CSV 文件，其链接如下。

https://github.com/PacktPublishing/Mastering-Computer-Vision-with-TensorFlow-2.0/blob/master/Chapter03/testimgface.csv

3.2.4　Keras - Python 代码中的预处理

本节将读取 CSV 文件作为 *X* 和 *Y* 数据，其中 *X* 是与每个文件名相对应的图像，*Y* 的

32 个值用于 16 个关键点坐标。然后，我们将针对每个关键点将 *Y* 数据切片为 16 个 *Yx* 和 *Yy* 坐标。详细步骤如下。

（1）使用标准 Python 命令读取 3.2.3 节 "在输入 Keras‑Python 代码之前进行预处理" 中获得的 CSV 文件。在这里，我们将使用位于 faceimagestrain 目录中的两个 CSV 文件，即 trainimgface.csv 和 testimgface.csv。如果需要，你也可以使用其他文件夹。

```
train_path = 'faceimagestrain/trainimgface.csv'
test_path = 'faceimagestrain/testimgface.csv'
train_data = pd.read_csv(train_path)
test_data = pd.read_csv(test_path)
```

（2）在 CSV 文件中找到与图像文件相对应的列。在以下代码中，图像文件的列名称为'image'。

```
coltrn = train_data['image']
print (coltrn.shape[0])
```

（3）初始化两个图像数组 imgs 和 Y_train。读取 train_data 数组，将路径添加到 image 列中，并在 for 循环中读取由 coltrn.shape [0] 定义的 50 个图像文件中的每个图像文件，并将其追加到图像数组中。使用 OpenCV BGR2GRAY 命令将读取的每幅图像转换为灰度。在同一个 for 循环中，我们还使用 training.iloc [i ,:]命令读取了 32 列中的每一列，并将其追加到 Y_train 的数组中。

```
imgs = []
training = train_data.drop('image',axis = 1)
Y_train = []
for i in range (coltrn.shape[0]):
    p = os.path.join(os.getcwd(),
'faceimagestrain/'+str(coltrn.iloc[i]))
    img = cv2.imread(p, 1)
    gray_img = cv2.cvtColor(img, cv2.COLOR_BGR2GRAY)
    imgs.append(gray_img)
        y = training.iloc[i,:]
    Y_train.append(y)
```

（4）使用以下代码将图像转换为称为 X_train 的 NumPy 数组，这是 Keras 模型的输入所必需的。

```
X_train = np.asarray(imgs)
Y_train = np.array(Y_train,dtype = 'float')
print(X_train.shape, Y_train.shape)
```

（5）对测试数据重复相同的过程。现在我们已经准备好训练和测试数据。在继续之前，应该可视化图像中的关键点，以确保它们一切正常。这可以使用以下命令完成。

```
x0=Y_trainx.iloc[0,:]
y0=Y_trainy.iloc[0,:]
plt.imshow(np.squeeze(X_train[0]),cmap='gray')
plt.scatter(x0, y0,color ='red')
plt.show()
```

在上面的代码中，np.squeeze 用于删除最后一个维度，因此图像中只有 x 和 y 值。plt.scatter 可将关键点绘制在图像上。其输出如图 3-8 所示。

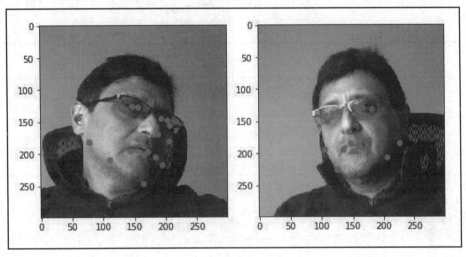

图 3-8

图 3-8 显示了叠加在图像上的 16 个关键点，表示图像和关键点已对齐。左图为训练图，右图为测试图。这种视觉检查非常重要，它将确保所有预处理步骤都不会导致不正确的脸部和关键点对齐方式。

3.2.5　定义模型架构

该模型涉及使用卷积神经网络（CNN）处理面部图像及其 16 个关键点。有关 CNN 的详细信息，请参阅第 4 章"图像深度学习"。CNN 的输入是训练图像和测试图像，以及它们的关键点，其输出是与新图像相对应的关键点。CNN 将学习预测关键点。图 3-9 显示了模型架构的详细信息。

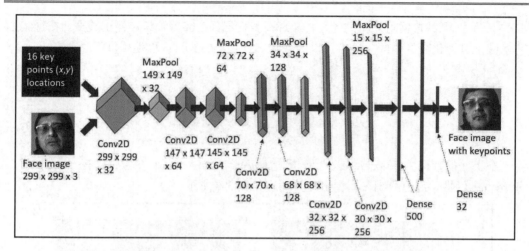

图 3-9

原　　文	译　　文
16 key points (x, y) locations	16 个关键点(x, y)位置
MaxPool	最大池化
Face image	脸部图像
Face image with keypoints	包含关键点的脸部图像

上述模型的代码如下。

```
model = Sequential()
model.add(Conv2D(32, (3, 3), input_shape=(299,299,1), padding='same',
activation='relu'))
model.add(MaxPooling2D(pool_size=(2, 2)))
model.add(Conv2D(64, (3, 3), activation='relu'))
model.add(Conv2D(64, (3, 3), activation='relu'))
model.add(MaxPooling2D(pool_size=(2, 2)))
model.add(Dropout(0.2))
model.add(Conv2D(128, (3, 3), activation='relu'))
model.add(Conv2D(128, (3, 3), activation='relu'))
model.add(MaxPooling2D(pool_size=(2, 2)))
model.add(Dropout(0.2))
model.add(Conv2D(256, (3, 3), activation='relu'))
model.add(Conv2D(256, (3, 3), activation='relu'))
model.add(MaxPooling2D(pool_size=(2, 2)))
model.add(Dropout(0.2))
model.add(Flatten())
model.add(Dense(500, activation='relu'))
```

```
model.add(Dense(500, activation='relu'))
model.add(Dense(32))
```

该代码采用一幅图像，并应用 32 个大小为(3, 3)的卷积滤波器，然后激活层并进行最大池化。重复相同的过程多次，增加滤波器的数量，然后展平密集（dense）层。最终的稠密层包含 32 个元素，分别代表要预测的关键点的 16 个 x 和 y 值。

3.2.6　训练模型以进行关键点预测

在定义了模型之后，即可编译模型，重新调整输入数据的形状，并通过执行以下步骤开始进行模型的训练。

（1）我们将从定义模型的损失（loss）参数开始，如下所示。

```
adam = Adam(lr=0.001)
model.compile(adam, loss='mean_squared_error',
metrics=['accuracy'])
```

（2）将数据重新整形以输入 Keras 模型中。重塑数据很重要，因为 Keras 希望以 4D 形式显示数据。这里的 4D 分别是数据数（50）、图像宽度、图像高度和 1（表示灰度）。

```
batchsize = 10
X_train= X_train.reshape(50,299,299,1)
X_test= X_test.reshape(7,299,299,1)
print(X_train.shape, Y_train.shape, X_test.shape, Y_test.shape)
```

模型 X 和 Y 的参数解释如下。

- ❑ X_train(50,299,299,1)：50 指的是训练数据的数量，两个 299 分别是图像宽度和图像高度，1 表示灰度。
- ❑ Y_train(50,32)：50 指的是训练数据的数量，32 是关键点的数量。在本示例中，我们有 16 个关键点，它们都有 x 和 y 值，所以这里的数量是 32。
- ❑ X_test(7,299,299,1)：7 指的是测试数据的数量，两个 299 分别是图像宽度和图像高度，1 表示灰度。
- ❑ Y_test(50,32)：50 指的是测试数据的数量，32 是关键点的数量。在本示例中，我们有 16 个关键点，它们都有 x 和 y 值，所以这里的数量是 32。

（3）训练由 model.fit 命令初始化，如下所示。

```
history = model.fit(X_train, Y_train, validation_data=(X_test, Y_test),
epochs=20, batch_size=batchsize)
```

训练步骤的输出如图 3-10 所示。

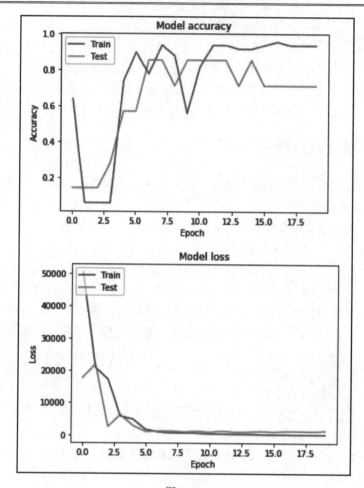

图 3-10

该模型在大约 10 个世代（epoch，也称为时期）内获得了相当好的准确率（accuracy），但损失项约为 7000。我们需要收集更多的图像数据，以将损失项降至 1 以下。

（1）我们将使用 model.predict 根据测试数据 X_test 预测模型输出 y_val。测试数据 X_test 是图像，但是它们已经以模型可以理解的数组形式进行了预处理。

```
y_val = model.predict(X_test)
```

（2）此处的每个预处理图像数组输入的 y_val 有 32 个点。接下来，我们将 32 个点细分为代表 16 个关键点的 x 和 y 列。

```
yvalx = y_val[:: 1,:: 2]
yvaly = y_val[:, 1 :: 2]
```

（3）使用以下代码在图像上绘制预测的 16 个关键点。

```
plt.imshow(np.squeeze(X_test[6]),cmap ='gray')
plt.scatter(yvalx[6],yvaly[6],color ='red')
plt.show()
```

请注意，对于 50 幅图像，该模型的预测效果不是很好；这里的想法只是向你展示该过程，以便你日后可以收集更多图像，随着图像数量的增加，模型的准确率将会提高。在收集图像时，应尝试让不同的人采用不同的方向捕获图像。

在第 9 章"使用多任务深度学习进行动作识别"中，可以将此处描述的技术扩展为身体关键点检测技术。此外，在 11.4.4 节"在 Raspberry Pi 中安装 OpenVINO"中提供了 Python 代码，用于基于 OpenVINO 工具包预训练模型预测和显示 35 个面部关键点。

3.3　使用 CNN 预测面部表情

面部表情识别是一个具有挑战性的问题，因为面部、照明和表情（嘴巴和眼睛睁开的程度等）的变化很微妙，这需要开发专门的架构，并选择适当的参数以达到较高的准确率。这意味着挑战不仅在于在一个照明条件下正确地识别一个人的一个面部表情，而且还在于在所有照明条件下正确识别所有戴着或不戴眼镜、帽子等的人的所有面部表情。

以下卷积神经网络（CNN）示例将情感分为 7 个不同的类别：愤怒（angry）、反感（disgusted）、害怕（afraid）、快乐（happy）、悲伤（sad）、惊讶（surprised）和中立（neutral）。面部表情识别所涉及的步骤如下。

（1）导入函数——Sequential、Conv2D、MaxPooling2D、AvgPooling2D、Dense、Activation、Dropout 和 Flatten。

（2）导入 ImageDataGenerator——通过实时增强（定向）生成张量图像的批次（batch）。

（3）确定分类的批次大小（batch size）和时期（epoch）。

（4）数据集——训练、测试和调整大小（48,48）。

（5）建立 CNN 架构（见图 3-11）。

（6）使用 fit-generator()函数训练已开发的模型。

（7）评估该模型。

图 3-11 显示了 CNN 架构。

图 3-12 显示了该模型的结果。在大多数情况下，它都可以正确预测面部表情。

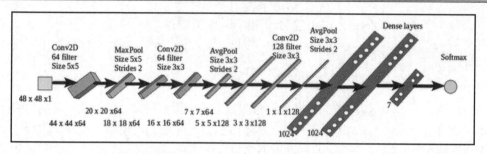

图 3-11

原　　文	译　　文
Dense layers	稠密层

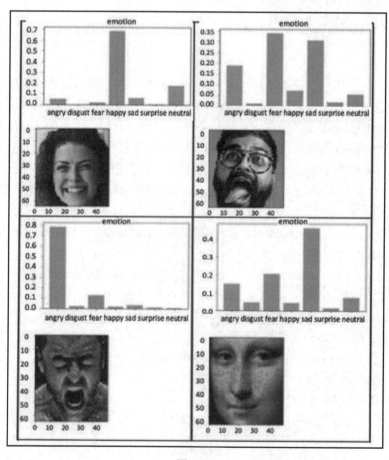

图 3-12

原　　文	译　　文
emotion	表情

可以看到，该模型清晰检测到强烈的情绪（笑脸或生气的脸）。CNN 模型能够正确预测各种情绪，甚至包括微妙的情绪。

3.4　3D 人脸检测概述

3D 人脸识别涉及测量人脸中刚性特征的几何形状。这通常是通过使用飞行时间法（time of flight，TOF）和测距相机（range camera）生成 3D 图像来获得的，也可以通过从对象的 360° 方向获取多幅图像来获得。

传统的 2D 相机可将 3D 空间转换为 2D 图像，这就是深度感应是计算机视觉的基本挑战之一的原因。基于飞行时间法（TOF）的深度估计基于光脉冲从光源传播到物体再返回相机所需的时间。因此，它是双向测距技术，需要同步光源和图像以获取深度。TOF 传感器能够实时估计完整深度的帧。飞行时间法的主要问题是空间分辨率低。3D 人脸识别可分为以下 3 个部分。

❑　3D 重建的硬件设计概述。
❑　3D 重建和跟踪概述。
❑　参数跟踪概述。

3.4.1　3D 重建的硬件设计概述

3D 重建涉及摄像头、传感器、照明和深度估计。
3D 重建中使用的传感器可分为以下 3 类。

❑　多视图设置：经过校准的密集立体摄像头阵列，使用受控的照明。在每个立体对（stereo pair）中，使用三角剖分（triangulation）重构人脸的几何形状，然后在加强几何一致性的同时进行聚合。
❑　RGB 摄像头：将多个 RGB 摄像头组合在一起，可以根据 TOF 计算深度。
❑　RGBD 摄像头：RGBD 摄像头可同时捕获颜色和深度，如 Microsoft Kinect、Primesense Carmine 和 Intel Realsense。

3.4.2　3D 重建和跟踪概述

3D 面部重建的原理是：构造一个卷积神经网络使深度回归，然后从对应的 2D 图像估计出 3D 面部的坐标。图 3-13 以图示方式说明了这一点。

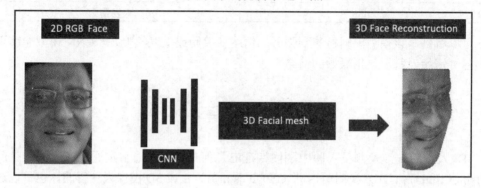

图 3-13

原　　文	译　　文
2D RGB Face	2D RGB 面部
3D Face Reconstruction	3D 面部重建
3D Facial mesh	3D 面部网格

实时 3D 曲面贴图的一些流行算法简介如下。

❑ Kinect Fusion：使用 Kinect 深度传感器的实时 3D 构造算法。Kinect 是一种商业传感器平台，其中包含 30Hz 的基于 TOF 的结构化深度传感器。

❑ Dynamic Fusion：使用单个 Kinect 传感器通过截断的带符号的距离函数（truncated signed distance function，TSDF）技术实现的动态场景重建系统。它采用一个带噪点的深度图，并通过估计空间 6D 运动场来重建实时 3D 运动场景。

❑ Fusion4D：该算法使用多个实时 RGBD 摄像头作为输入，并使用空间融合（volumetric fusion）来处理多幅图像，其非刚性对齐（non-rigid alignment）则使用了稠密对应场（dense correspondence field）。该算法可以处理较大的帧并帧运动（frame-to-frame motion）和拓扑形态变化，例如，某人脱掉了夹克衫或从左到右快速转头。

❑ Motion2Fusion：此方法是用于实时（每秒 100 帧）重建的 360°性能捕获系统。它基于非刚性对齐策略，包含经过学习的 3D 嵌入技术、快速匹配策略、用于 3D 对应估计的机器学习以及用于复杂拓扑变化的后向/前向非刚性对齐策略。

3.4.3 参数跟踪概述

面部跟踪模型可将投影线性 3D 模型用于摄像头输入。它执行以下操作。

❑　跟踪从上一帧到当前帧的视觉特征。

❑　对齐 2D 形状以跟踪特征。

❑　从深度测量中计算 3D 点云数据。

❑　最小化损失函数。

3.5　小　　结

尽管由于肤色、方向、面部表情、头发颜色和光照条件等差异而使得面部检测任务变得非常复杂，但计算机视觉仍然在面部识别方面获得了很大的成功。

本章详细阐释了面部检测技术。对于每种技术，你都需要记住，面部检测需要大量经过训练的图像。

人脸检测已在许多视频监控应用程序中广泛使用，并且谷歌、亚马逊、微软和英特尔等公司的基于云的应用和边缘设备均可使用标准 API。在第 11 章"通过 CPU/GPU 优化在边缘设备上进行深度学习"中将详细介绍基于云的 API。

本章还简要介绍了用于面部检测和表情分类的 CNN 模型。在第 4 章"图像深度学习"和第 5 章"神经网络架构和模型"中将详细介绍卷积神经网络（CNN）技术。

第 4 章　图像深度学习

在第 1 章"计算机视觉和 TensorFlow 基础知识"中详细阐释了边缘检测的概念。本章将介绍如何将边缘检测用于在（空间）体积上创建卷积操作，并解释不同的卷积参数，如滤波器大小、维度和操作类型（卷积与池化）对卷积空间（宽度与深度）的影响。

本章将详细介绍神经网络看待图像的方式，以及神经网络如何通过可视化对图像进行分类。我们将从构建第一个神经网络开始，然后在遍历其不同层时对图像进行可视化。

最后，我们还会将该神经网络模型的准确率和可视化与诸如 VGG 16 或 Inception 之类的高级网络进行比较。

ℹ️ 注意：

本章和第 5 章将提供神经网络的基础理论和概念以及当前正在实际使用的各种模型。但是，"神经网络"这个概念是非常广泛的，因此不可能将你需要了解的所有内容都放在这两章中。为便于阅读，从第 6 章"迁移学习和视觉搜索"开始，我们会在每章的讨论主题中引入一些其他概念，这样就不会使单章内容过于臃肿。

本章包含以下主题。
- ❑　理解 CNN 及其参数。
- ❑　优化 CNN 参数。
- ❑　可视化神经网络的各个层。

4.1　理解 CNN 及其参数

卷积神经网络（convolutional neural network，CNN）是一种自学习网络，它可以通过观察不同类别的图像来对图像进行分类，这类似于人类大脑的学习方式。

CNN 通过应用图像滤波来学习图像的内容，并且可以处理不同滤波器大小、数量和非线性运算。这些滤波器和运算可跨多层应用，以使每个后续层的空间维度减小，并且在图像变换过程中深度增加。

对于每个滤波应用，学习内容的深度都会增加。首先从边缘检测开始，然后是识别形状，接着是识别称为特征的形状集合，以此类推。以我们理解信息的方式而论，这其实已经类似于人的大脑。例如，在阅读理解考试中，我们通常需要回答有关某一篇文章的 5 个问题，每个问题都可以被视为一类（class），而要回答这些问题，我们必须从段落中获得特定信息。下面就通过这种类比来详细解释 CNN 的工作原理。

（1）在做阅读理解题时，我们首先会将整篇文章浏览一遍。对于 CNN 来说，空间维度（spatial dimension）就是整篇文章。在浏览段落时，我们对段落的理解是比较肤浅的。同样，CNN 初始时的深度也是很浅的。

（2）我们会浏览问题以了解每个类（问题）的特征，即在段落中寻找相关信息。而对于 CNN 来说，这等效于考虑要使用哪些卷积和池化操作来提取特征。

（3）我们会阅读文章的特定段落，以找到与类相似的内容，并深入研究这些段落。在这一阶段，空间维度会变低，而深度则会加高。我们需要重复此过程 2～3 次，以回答所有问题。我们将继续加深理解深度，并更加专注于特定领域（缩小维度），直到我们对问题有一个很好的理解。对于 CNN 来说，这等效于逐渐增加深度并缩小维度——卷积操作可通过更改滤波数量来改变深度，而池化（pooling）则会缩小维度。

（4）为了节省时间，我们会倾向于跳过某些段落以找到与答案匹配的相关段落。在卷积神经网络中，这等效于步幅（stride），步幅会缩小维度，但不会改变深度。

（5）下一个过程是将问题与段落中的答案相匹配。为此，我们会在心中将问题与答案对齐，实际上就是将问题和答案放在一起，以便正确匹配。在 CNN 中，这等效于展平（flattening）和使用全连接层（fully connected Layer）。

（6）在此过程中，我们可能会获得多余的信息，可以将这些信息删除，以便仅使用与段落中的问题相关的信息。在 CNN 中，这等效于舍弃（dropout）。

（7）最后一个阶段实际上是进行匹配练习以回答问题。在 CNN 中，这等效于 Softmax 操作。

卷积神经网络的图像滤波和处理方法可由多种操作组成，所有这些操作都可以通过以下方式进行。

- 卷积（Conv2D）。
- 在空间上的卷积——3×3 滤波器。
- 在空间上的卷积——1×1 滤波器。
- 池化。
- 填充。
- 步幅。
- 激活。
- 全连接层。
- 正则化。
- 舍弃。

❏　　内部协方差漂移和批归一化。

❏　　Softmax。

图 4-1 说明了 CNN 及其组件。

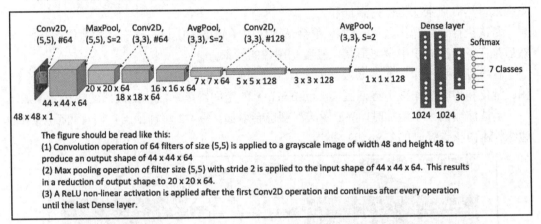

图 4-1

原　　文	译　　文
Dense layer	稠密层
7 Classes	7 类
The figure should be read like this:	对该图的解读如下:
(1) Convolution operation of 64 filters of size (5,5) is applied to a grayscale image of width 48 and height 48 to produce an output shape of 44x44x64	（1）将大小为(5,5)的 64 个滤波器的卷积操作应用于宽度和高度为 48 的灰度图像以产生 44×44×64 的输出形状
(2) Max pooling operation of filter size (5,5) with stride 2 is applied to the input shape of 44x44x64. This results in a reduction of output shape to 20x20x64.	（2）将大小为(5,5)的滤波器按步幅为 2 执行最大池化操作并应用于 44×44×64 的输入形状。这将导致输出形状减小到 20×20×64
(3) A ReLU non-linear activation is applied after the first Conv2D operation and continues after every operation until the last Dense layer.	（3）在第一个 Conv2D 运算之后应用 ReLU 非线性激活，并在每次运算后一直持续到最后一个稠密层

接下来将详细研究每个组件的功能。

4.1.1　卷积

卷积是卷积神经网络（CNN）的主要构建块。它包括将图像的一部分与内核（滤波器）相乘以产生输出。在第 1 章 "计算机视觉和 TensorFlow 基础知识" 中已经简要介绍了卷积的概念。请参考该章以了解基本概念。

　　卷积操作是通过在输入图像上滑动内核来执行的。在每个位置都执行逐个元素的矩阵乘法，然后在乘法范围内累加和。

　　每次执行卷积操作之后，CNN 都会从图像中学到更多信息——它从学习边缘开始，然后是在下一次卷积中学习形状，接着是图像的特征。

　　在执行卷积操作期间，滤波器的大小和数量都是可以改变的。一般来说，在通过卷积、池化和步幅操作减小特征图（feature map）的空间维度之后，滤波器的数量将增加。

　　当滤波器的大小增加时，特征图的深度也会增加。图 4-2 解释了当我们有两个不同的边缘检测内核选择时的 Conv2D 算法。

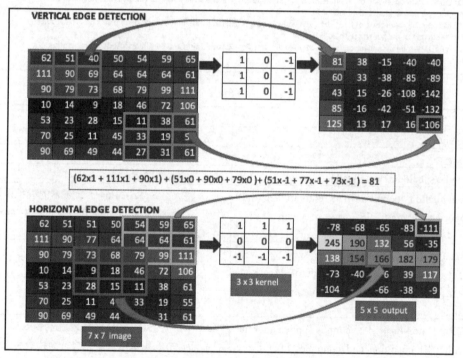

图 4-2

原　　文	译　　文
VERTICAL EDGE DETECTION	垂直边缘检测
HORIZONTAL EDGE DETECTION	水平边缘检测

图 4-2 显示了以下要点。

> ❑ 如何通过在输入图像上滑动 3×3 窗口来执行卷积操作。
> ❑ 采用逐元素矩阵乘法，并通过加总获得结果，用于生成特征图。
> ❑ 随着多个卷积操作而堆叠的多个特征图将生成最终输出。

4.1.2　在空间上的卷积——3×3 滤波器

在上面的示例中，我们在二维图像（灰度）上应用了 3×3 卷积。本节将学习如何通过使用卷积操作的 3×3 边缘滤波器来转换具有 3 个通道（红色、绿色和蓝色）的三维图像。图 4-3 以图形方式显示了此转换。

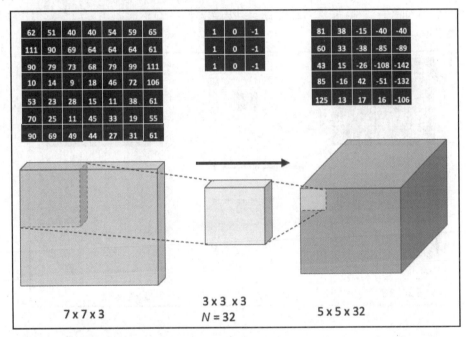

图 4-3

图 4-3 显示了如何使用 3×3 滤波器（边缘检测器）在宽度减小和深度增加（从 3 增加到 32）的情况下转换 7×7 图像的图形的一部分。内核（f_i）中的 27 个（3×3×3）单元中的每一个都乘以输入（A_i）的相应 27 个单元。然后，将这些值与整流线性单元（rectified linear unit，ReLU）激活函数（b_i）相加在一起，以形成单个元素（Z），具体如以下等式所示。

$$Z = \sum_{1}^{27} (A_i f_i + b_i)$$

一般来说，在卷积层中，有许多执行不同类型边缘检测的滤波器。在前面的示例中，我们有 32 个滤波器,这将产生 32 个不同的栈,每个栈由 5×5 层组成。

这个 3×3 滤波器将在本书的其余部分中广泛用于神经网络开发。例如,你将在 ResNet 和 Inception 层中看到它们大量使用了此滤波器,在第 5 章 "神经网络架构和模型" 中将详细讨论这两个层。

在 TensorFlow 中,将大小为 3×3 的 32 个滤波器表示为:tf.keras.layers.Conv2D (32,(3,3))。在本章的后面,你将学习如何将此卷积内核与 CNN 的其他层一起使用。

4.1.3 在空间上的卷积——1×1 滤波器

本节将详细解释 1×1 卷积的重要性及其用例。1×1 卷积滤波器可简单获得图像的整数倍,如图 4-4 所示。

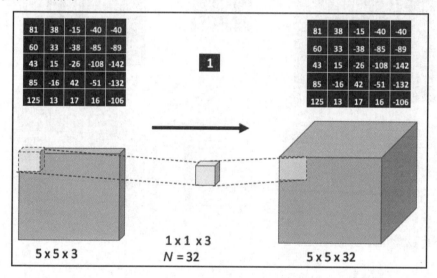

图 4-4

在图 4-4 中,在 4.1.2 节 "在空间上的卷积——3×3 滤波器" 输出的 5×5 图像上使用了 1×1 卷积滤波器值 1,但实际上它可以是任何数字。在本示例中,我们可以看到使用 1×1 滤波器以保留其高度和宽度,而深度则增加到滤波器通道的数量。这是 1×1 滤波器的基本优点。三维内核 (f_i) 中的 3 个 (1×1×3) 单元中的每一个都与输入 (A_i) 对应 3 个单元相乘。然后,将这些值与 ReLU 激活函数 (b_i) 加在一起,以形成单个元素 (Z)。

$$Z = \sum_{1}^{3}(A_i f_i + b_i)$$

图 4-4 显示了 1×1 滤波器使深度增加,而相同的 1×1 滤波器其实也可用于减小深度

值，如图 4-5 所示。

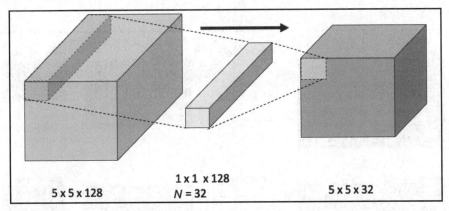

图 4-5

图 4-5 显示了 1×1×128 图像滤波器如何将卷积深度减少到 32 个通道。

ⓘ 注意：

1×1 卷积在所有 128 个通道中与 5×5 输入层执行逐元素乘法——它将在深度维度上求和，并应用 ReLU 激活函数在 5×5 输出中创建单个点，以表示 128 的输入深度。

本质上，通过使用这种机制（卷积+整个深度的和），可以将三维空间折叠为具有相同宽度和高度的二维数组。然后，它应用 32 个滤波器以创建 5×5×32 输出。这是有关 CNN 的基本概念，因此请花一些时间来确保你能理解这一点。

本书将使用 1×1 卷积。稍后，你将了解到池化会减小宽度，而 1×1 卷积会保留宽度，但可以根据需要收缩或扩展深度。例如，你会看到在 Network 和 Inception 层中使用了 1×1 卷积。在第 5 章"神经网络架构和模型"中，TensorFlow 将大小为 1×1 卷积的 32 通道滤波器表示为:tf.keras.layers.Conv2D(32, (1,1))。

4.1.4　池化

池化是卷积之后的下一个操作。它用于减小维度和特征图的大小（宽度和高度），而不会改变深度。池化没有参数。池化有以下两种最受欢迎的类型。

❑　最大池化（max pooling）。

❑　平均池化（average pooling）。

在进行最大池化中，我们在特征图上滑动窗口并获取窗口的最大值，而在进行平均池化时，我们将获取窗口中的平均值。

卷积层和池化层一起执行特征提取的任务。图 4-6 显示了在 7×7 图像上使用的最大池化和平均池化操作。

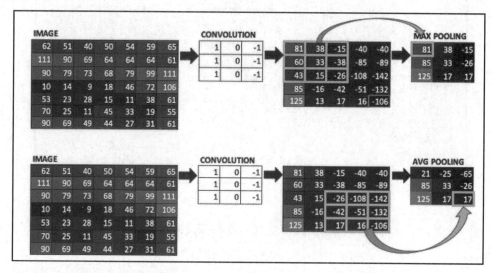

图 4-6

原　　文	译　　文
IMAGE	图像
CONVOLUTION	卷积
MAX POOLING	最大池化
AVG POOLING	平均池化

可以看到，3×3 窗口（由绿线显示）由于池化而缩小为单个值，从而导致 5×5 维度的矩阵变为 3×3 矩阵。

4.1.5　填充

填充（padding）用于保留特征图的大小。使用卷积可能会发生两个问题，而填充则可以解决这两个问题。

❑　每次卷积操作时，特征图的大小都会缩小。例如，在图 4-6 中，由于卷积，7×7 的特征图缩小到 5×5。

❑　由于边缘上的像素仅更改一次，因此边缘上的信息丢失，而中间的像素则通过多次卷积操作被更改了许多次。

图 4-7 显示了在 7×7 输入图像上使用大小为 1 的填充操作。

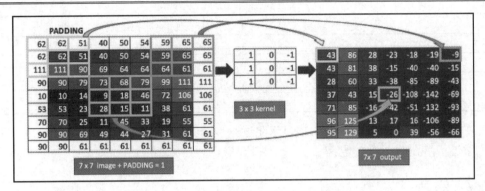

图 4-7

原　　文	译　　文
PADDING	填充
7×7 image + PADDING = 1	7×7 图像+填充=1
3×3 kernel	3×3 内核
7×7 output	7×7 输出

请注意填充保留维度的方式，它可以使输出与输入的大小相同。

4.1.6　步幅

一般来说，在卷积中，我们按步长为 1 移动内核，在该步长上应用卷积，以此类推。步幅使我们可以跳过一步。例如：

❑ 当 stride = 1 时，我们将应用普通卷积而不跳过。

❑ 当 stride = 2 时，我们将跳过一步。这会将图像大小从 7×7 减小到 3×3，如图 4-8 所示。

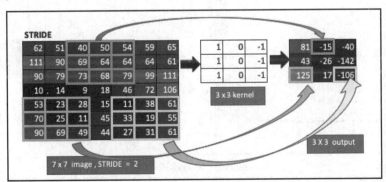

图 4-8

原　　文	译　　文
STRIDE	步幅
7×7 image, STRIDE = 2	7×7 图像，步幅= 2
3×3 kernel	3×3 内核
3×3 output	3×3 输出

在本示例中，每个 3×3 窗口均显示跳过一步的结果。步幅的结果是缩小维度，因为我们跳过了潜在的 x, y 位置。

4.1.7　激活

激活层（activation layer）为神经网络增加了非线性。这是至关重要的，因为图像和图像中的特征是高度非线性的问题，而 CNN 中的大多数其他函数（Conv2D、池化、全连接层等）仅生成线性变换。

激活函数在将输入值映射到其范围时生成非线性。如果没有激活函数，则无论添加多少层，其最终结果仍将是线性的。

激活函数有多种类型，但最常见的激活函数如下。

❑　Sigmoid。

❑　Tanh。

❑　ReLU。

图 4-9 显示了上述激活函数。

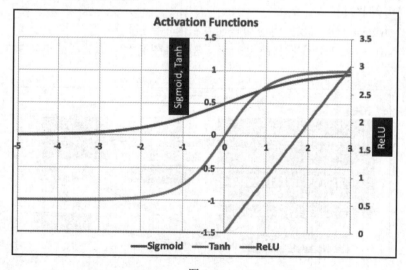

图 4-9

原　　文	译　　文
Activation Functions	激活函数

　　每个激活函数都可显示非线性行为，当输入大于 3 时，Sigmoid 和 Tanh 接近 3，而 ReLU 则继续增加。

　　图 4-10 显示了不同的激活函数对输入大小的影响。

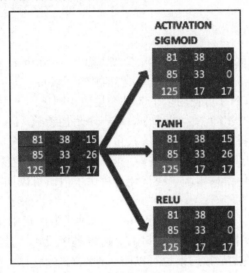

图 4-10

原　　文	译　　文
ACTIVATION	激活函数

　　与 Tanh 和 Sigmoid 激活函数相比，ReLU 激活函数具有以下优点。

- ❑　与 ReLU 相比，Sigmoid 和 Tanh 具有消失梯度的问题（学习缓慢的模型容易出现此问题），因为它们在输入值大于 3 时都接近 1。
- ❑　对于小于 0 的输入值，Sigmoid 激活函数仅具有正值。
- ❑　ReLU 函数在计算上很有效。

4.1.8　全连接层

　　全连接层也称为稠密层（dense layer），当前层中的每个连接的神经元都将连接到上一层中的每个连接的神经元，它们之间的连接可以应用权重（weight）和偏差（bias，也称为偏置），这些权重和偏差的向量被称为滤波器（filter）。这可以用以下公式表示。

$$\begin{bmatrix} w_{11} & w_{12} & w_{13} \\ w_{21} & w_{22} & w_{23} \end{bmatrix} \begin{bmatrix} x1 \\ x2 \\ x3 \end{bmatrix} + \begin{bmatrix} b1 \\ b2 \end{bmatrix} = \begin{bmatrix} y1 \\ y2 \end{bmatrix}$$

如 4.1.1 节"卷积"中所述，滤波器可以采用边缘滤波器的形式来检测边缘。在神经网络中，许多神经元共享同一滤波器。权重和滤波器允许全连接层充当分类器。

4.1.9　正则化

正则化（regularization）是一种用于减少过拟合（overfitting）的技术。要进行正则化，可以在模型误差函数中添加一个附加项（模型输出已训练的值），以防止模型权重参数在训练过程中取极值。CNN 可使用以下 3 种类型的正则化。

- ❑ L1 正则化：对于每个模型权重 w，将一个附加参数 $\lambda | w |$ 添加到模型目标中。这种正则化过程将使优化过程中的权重因子稀疏（接近零）。
- ❑ L2 正则化：对于每个模型权重 w，将一个附加参数 $1/2\lambda w^2$ 添加到模型目标中。这种正则化将使得权重因子在优化过程中扩散。可以期望 L2 正则化比 L1 正则化具有更好的性能。
- ❑ 最大范数约束（max norm constraint）：这种类型的正则化为 CNN 的权重增加了一个最大限制，因此 $| w | < c$，其中，c 可以是 3 或 4。这样，即使学习率（learning rate）很高，最大范数约束也可以防止神经网络过拟合。

4.1.10　舍弃

舍弃（dropout）是一种特殊的正则化类型，指的是忽略神经网络中的某些神经元。使用 dropout = 0.2 设置的全连接层意味着仅 80%的全连接神经元连接到下一层。在当前步骤中的神经元被丢弃，但在下一步中处于活动状态。Dropout 可防止网络依赖少数神经元，从而防止过拟合。dropout 应用于输入神经元，但不应用于输出神经元。图 4-11 显示了包含和不包含 dropout 设置的神经网络。

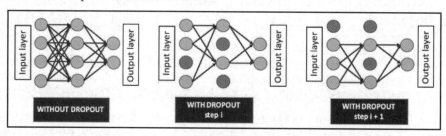

图 4-11

原　　文	译　　文
Input layer	输入层
Output layer	输出层
WITHOUT DROPOUT	未使用 dropout 设置
WITH DROPOUT step i	使用了 dropout 参数，步骤 i
WITH DROPOUT step i+1	使用了 dropout 参数，步骤 i+1

以下是 dropout 带来的优点。

❑　dropout 设置迫使神经网络学习更稳健可靠的特征。

❑　每个 Epoch 的训练时间变少，但是迭代次数却能倍增。

❑　dropout 设置可提高准确率约 1%～2%。

4.1.11　内部协方差漂移和批归一化

在训练过程中，每层输入的分布会随着上一层的权重因子的变化而变化，这会导致训练变慢。这是因为它要求较低的学习率和权重因子选择。Sergey Ioffe 和 Christian Szegedy 在他们的论文 *Batch Normalization: Accelerating Deep Network Training by Reducing Internal Co-variance Shift*（《批归一化：通过减少内部协方差漂移来加速深度网络训练》）中称这种现象为内部协方差漂移（Internal Co-variance Shift）。有关详细信息，请访问以下网址。

https://arxiv.org/abs/1502.03167

批归一化（batch normalization，BN）通过从当前输入中减去上一层的批平均值并将其除以批标准偏差来解决协方差漂移的问题。

然后，将这个新的输入乘以当前的权重因子，再加上偏置项以形成输出。图 4-12 显示了使用和不使用批归一化的神经网络的中间输出函数。

ℹ️ 注意：

这里有必要对上述术语做一些简单解释。假设训练数据集合 T 包含 N 个样本，将数据集划分为 B 个块，每一块则称为一个最小批（Mini-Batch），每个 Mini-Batch 的大小称为批大小（batch size），在计算上就是 N/B。

利用随机梯度下降算法训练网络参数时，运行完一个 Mini-Batch 称为一步（step）或一次迭代（iteration），一步完成后计算该步的梯度并对参数更新一次，运行完所有 Mini-Batch 则称为一个时期（epoch，也称为世代），此时参数更新了 B 次。

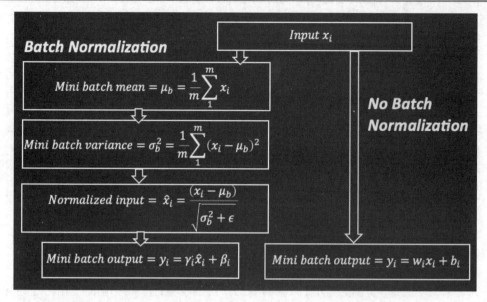

图 4-12

原　　文	译　　文
Batch Normalization	批归一化
Mini batch mean	最小批均值
Mini batch variance	最小批方差
Normalized input	归一化之后的输入
Mini batch output	最小批输出
Input	输入
No Batch Normalization	不使用批归一化
Mini batch output	最小批输出

　　当应用批归一化时，我们将在大小为 m 的最小批上计算均值（μ）和方差（σ）。然后利用该信息计算归一化的输入。最小批的输出计算为 scale 值（γ）乘以归一化输入，再加上偏移量（β）。在 TensorFlow 中，这可以表示如下。

```
tf.nn.batch_normalization(x,mean,variance,offset,scale,variance_epsilon,
name=None)
```

　　可以看到，除 variance_epsilon 外，上述代码中的所有项目均已在图 4-12 中进行了解释。variance_epsilon 是归一化输入计算中避免被零除的 ε 项。

　　麻省理工学院的 Shibani Santurkar、Dimitris Tsipras、Andrew Ilyas 和 Aleksander Madry 在其论文 *How Does Batch Normalization Help Optimization?*（《批归一化如何帮助优化？》）

中详细阐述了批归一化的优点。有关该论文的详细信息，可访问以下网址。

https://arxiv.org/abs/1805.11604

该论文的作者发现，批归一化并不能减少内部协方差漂移。批归一化的学习速度可以归因于使用了归一化输入而不是常规输入数据之后输入的平滑性（常规输入数据可能由于图像的尖锐边缘和局部最小值或最大值而具有较大差异）。

总之，批归一化使梯度下降算法更稳定可靠，从而允许它使用更大的步长以实现更快的收敛，这样可以确保它不会出现任何错误。

4.1.12　Softmax

Softmax 是在 CNN 的最后一层中使用的激活函数。它可以由下式表示。

$$P_i = \frac{e^{y_i}}{\sum_{i=0}^{n} e^{y_i}}$$

其中，P 是每个类别的概率（probability），n 是类别的总数。

图 4-13 显示了使用上述 Softmax 函数时 7 个类中每一个的概率。

yi	exp(yi)	Probability = exp(yi)/Σexp(yi)
0.1	1.1	3%
1.5	4.5	12%
0.01	1.0	3%
2	7.4	20%
0.5	1.6	4%
3	20.1	54%
0.25	1.3	3%
SUM	37.0	100%

图 4-13

这可用于计算每个类别的分布概率。

4.2　优化 CNN 参数

CNN 具有许多不同的参数。训练 CNN 模型需要许多输入图像并执行处理，这可能非常耗时。如果选择的参数不是最佳参数，则整个过程还必须再次重复。这就是理解每个参数的功能及其相互关系很重要的原因：这样可以在运行 CNN 之前优化其值，以最大程度地减少重复运行。

CNN 的参数包括以下几项。

- ❑　图像大小 $= (n \times n)$。
- ❑　滤波器 $= (f_h, f_w)$，其中，$f_h =$ 应用于图像高度的滤波器，$f_w =$ 应用于图像宽度的滤波器。
- ❑　滤波器数量 $= n_f$。
- ❑　填充 $= p$。
- ❑　步幅 $= s$。
- ❑　输出大小 $= \{(n + 2p - f)/s + 1\} \times \{(n + 2p - f)/s + 1\}$。
- ❑　参数数量 $= (f_h \times f_w + 1) \times n_f$。

这里的关键任务是为每层网络选择上述参数，包括滤波器大小（f）、滤波器数量（n_f）、每个层中的步幅（s）、填充值（p）、激活函数（a）和偏置等。图 4-14 显示了各种 CNN 参数的特征图。

Feature map operations	Feature map shape	Feature map size	# of parameters
Input image	(48,48,1)	2304	0
CONV1 (f=5, nf=64, s=1)	(44,44,64)	123904	1664
POOL1(f=5,s=2)	(20,20,64)	25600	0
CONV2 (f=3, nf=64, s=1)	(18,18,64)	20736	640
CONV3 (f=3, nf=64, s=1)	(16,16,64)	16384	640
POOL2(f=3,s=2)	(7,7,64)	3136	0
CONV4 (f=3, nf=128, s=1)	(5,5,128)	3200	1280
CONV5 (f=3, nf=128, s=1)	(3,3,128)	1152	1280
POOL3(f=3,s=2)	(1,1,128)	128	0
FC1 (1024)	(1024,1)	1024	131073
DROP(.2)	(820,1)	820	104961
FC1 (1024)	(1024,1)	1024	1048577
DROP(.2)	(820,1)	820	672401
Softmax	(7,1)	7	5741

图 4-14[①]

原　　　文	译　　　文
Feature map operations	特征图操作
Feature map shape	特征图形状
Feature map size	特征图大小
# of parameters	参数数量
Input image	输入图像

[①] 图中的正斜体格式均与原书保持一致。

图 4-14 中的每个参数说明如下。

❑ 输入图像：第一个输入层是大小为（48×48）的灰度图像，因此其深度为 1。特征图大小 = 48×48×1 = 2304。它没有参数。

❑ 第一个卷积层（CONV1）：其滤波器形状 = 5×5，步幅 = 1，该层的高度和宽度 = (48 − 5 + 1) = 44，特征图大小 = 44×44×64 = 123904，参数数量 = (5×5 +1)×64 = 1664。

❑ 第一个池化层（POOL1）：池化层没有参数。

❑ 剩余的卷积和池化层（CONV2、CONV3、CONV4、CONV5、POOL2 和 POOL3）：它们遵循与第一个卷积层和第一个池化层相同的逻辑。

❑ 全连接（fully connected，FC）层：对于全连接层（FC1），其参数数量 = [(当前层数 n×上一层数 n) + 1] = 128×1024 + 1 = 131073。

❑ 舍弃（DROP）：对于舍弃设置，这里将丢弃 20% 的神经元。剩余的神经元 = 1024×0.8 = 820。第二个舍弃的参数数量 = 820×820 + 1 = 672401。

❑ CNN 的最后一层始终是 Softmax：对于 Softmax，参数数量 = 7×820 + 1 = 5741。

第 3 章 "使用 OpenCV 和 CNN 进行面部检测" 中用于面部表情识别的第一幅图中显示的神经网络类别有 7 个类别（详见图 3-12），其准确率约为 54%。

接下来，我们将使用 TensorFlow 输出优化各种参数。我们从基准情况开始，然后尝试通过调整上述参数进行 5 次迭代。该练习将会使你对 CNN 的参数以及它们如何影响最终模型的输出有比较深入的理解。

4.2.1　基准情况

基准情况由神经网络的以下参数表示。

❑ 实例数：35888。

❑ 实例长度：2304。

❑ 28709 个训练样本。

❑ 3589 个测试样本。

该模型迭代如下。

```
Epoch 1/5
 256/256 [========================] - 78s 306ms/step - loss: 1.8038 - acc:
0.2528
 Epoch 2/5
 256/256 [========================] - 78s 303ms/step - loss: 1.6188 - acc:
0.3561
```

```
 Epoch 3/5
 256/256 [=======================] - 78s 305ms/step - loss: 1.4309 - acc:
0.4459
 Epoch 4/5
 256/256 [=======================] - 78s 306ms/step - loss: 1.2889 - acc:
0.5046
 Epoch 5/5
 256/256 [=======================] - 79s 308ms/step - loss: 1.1947 - acc:
0.5444
```

接下来，我们将优化 CNN 参数，以确定哪些参数对准确率变化的影响最大。我们将分 4 次迭代运行此实验。

4.2.2　迭代 1

删除一个 Conv2D 64 和一个 Conv2D 128，以使该 CNN 仅具有一个 Conv2D 64 和一个 Conv2D 128，其变化如下。

```
 Epoch 1/5
 256/256 [=======================] - 63s 247ms/step - loss: 1.7497 - acc:
0.2805
 Epoch 2/5
 256/256 [=======================] - 64s 248ms/step - loss: 1.5192 - acc:
0.4095
 Epoch 3/5
 256/256 [=======================] - 65s 252ms/step - loss: 1.3553 -acc:
0.4832
 Epoch 4/5
 256/256 [=======================] - 66s 260ms/step - loss: 1.2633 - acc:
0.5218
 Epoch 5/5
 256/256 [=======================] - 65s 256ms/step - loss: 1.1919 - acc:
0.5483
```

结果：删除 Conv2D 层不会对性能产生不利影响，但也不会使其更好。

接下来，我们将保留此处所做的更改，并将平均池化转换为最大池化。

4.2.3　迭代 2

删除一个 Conv2D 64 和一个 Conv2D 128，以使 CNN 在此更改下仅具有一个 Conv2D 64 和一个 Conv2D 128。另外，将平均池化转换为最大池化，如下所示。

```
Epoch 1/5
 256/256 [==========================] - 63s 247ms/step - loss: 1.7471 - acc:
0.2804
 Epoch 2/5
 256/256 [==========================] - 64s 252ms/step - loss: 1.4631 - acc:
0.4307
 Epoch 3/5
 256/256 [==========================] - 66s 256ms/step - loss: 1.3042 - acc:
0.4990
 Epoch 4/5
 256/256 [==========================] - 66s 257ms/step - loss: 1.2183 - acc:
0.5360
 Epoch 5/5
 256/256 [==========================] - 67s 262ms/step - loss: 1.1407 - acc:
0.5691
```

结果：同样，此更改对准确率没有明显影响。

接下来，我们将大大减少隐藏层的数量。我们将更改输入层，并完全删除第二个
Conv2D 和关联的池。在第一个 Conv2D 之后，我们将直接移至第三个 Conv2D。

4.2.4　迭代 3

现在将第二个卷积层完全删除，输入层从 5×5 被更改为 3×3。

```
model.add(Conv2D(64, (3, 3), activation='relu', input_shape=(48,48,1)))
```

第三个卷积层保持不变。该层如下。

```
model.add(Conv2D(128, (3, 3), activation='relu'))
model.add(AveragePooling2D(pool_size=(3,3), strides=(2, 2)))
```

稠密层没有变化。其输出如下。

```
Epoch 1/5
 256/256 [==========================] - 410s 2s/step - loss: 1.6465 - acc:
0.3500
 Epoch 2/5
 256/256 [==========================] - 415s 2s/step - loss: 1.3435 - acc:
0.4851
 Epoch 3/5
 256/256 [==========================] - 412s 2s/step - loss: 1.0837 - acc:
0.5938
 Epoch 4/5
```

```
256/256 [=========================] - 410s 2s/step - loss: 0.7870 - acc:
0.7142
 Epoch 5/5
 256/256 [=========================] - 409s 2s/step - loss: 0.4929 - acc:
0.8242
```

结果：现在的计算时间很慢，但准确率达到最佳状态，即 82%。

4.2.5　迭代 4

在此迭代中，所有参数均与上一个迭代中的参数相同，唯一的区别是 stride = 2（在第一个 Conv2D 之后添加）。

接下来，我们将所有内容保持不变，但是在第一个 Conv2D 之后添加一个池化层。

```
model.add(Conv2D(64, (3, 3), activation='relu', input_shape=(48,48,1)))
model.add(AveragePooling2D(pool_size=(3,3), strides=(2, 2)))
model.add(Conv2D(128, (3, 3), activation='relu'))
model.add(AveragePooling2D(pool_size=(3,3), strides=(2, 2)))
```

在此迭代中，不对稠密层进行任何更改。计算时间更快，但准确率下降了。

```
Epoch 1/5
 256/256 [=========================] - 99s 386ms/step - loss: 1.6855 - acc:
0.3240
 Epoch 2/5
 256/256 [=========================] - 100s 389ms/step - loss: 1.4532 - acc:
0.4366
 Epoch 3/5
 256/256 [=========================] - 102s 397ms/step - loss: 1.3100 - acc:
0.4958
 Epoch 4/5
 256/256 [=========================] - 103s 402ms/step - loss: 1.1995 - acc:
0.5451
 Epoch 5/5
 256/256 [=========================] - 104s 407ms/step - loss: 1.0831 - acc:
0.5924
```

该结果类似于基线迭代（即迭代 1 和迭代 2）中的结果。

从该实验中，我们可以得出以下有关 CNN 参数优化的结论。

❑　减少 Conv2D 的数量并使用 stride = 2 消除一个池化层的效果最为显著，因为它提高了准确率（约 30%）。但是，这是以速度为代价的，因为 CNN 的大小没有减小。

❑ 池化类型（平均池化与最大池化）对测试准确率的影响不明显。

产生最高准确率的 CNN 架构如图 4-15 所示。

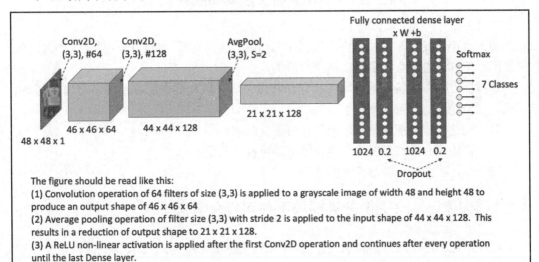

图 4-15

原　　　文	译　　　文
Fully connected dense layer	全连接稠密层
7 Classes	7 类
The figure should be read like this:	对该图的解读如下：
(1) Convolution operation of 64 filters of size (3,3) is applied to a grayscale image of width 48 and height 48 to produce an output shape of 46x46x64	（1）将大小为(3,3)的 64 个滤波器的卷积操作应用于宽度和高度为 48 的灰度图像，以产生 46×46×64 的输出形状
(2) Average pooling operation of filter size (3,3) with stride 2 is applied to the input shape of 44x44x128. This results in a reduction of output shape to 21x21x128.	（2）将大小为(3,3)的滤波器按步幅为 2 执行平均池化操作并应用于 44×44×128 的输入形状。这将导致输出形状减小到 21×21×128
(3) A ReLU non-linear activation is applied after the first Conv2D operation and continues after every operation until the last Dense layer.	（3）在第一个 Conv2D 运算之后应用 ReLU 非线性激活，并在每次运算后一直持续到最后一个稠密层

可以看到，与原始架构（参见图 4-1）相比，该架构要简单得多。在第 5 章 "神经网络架构和模型" 中，你将了解一些最新的卷积模型，以及为什么要使用它们。然后，我们将回到这个优化问题，并学习如何更有效地选择参数以获得更好的优化。

4.3　可视化神经网络的各个层

前面我们已经学习了如何将图像转换为边缘，然后转换为特征图，通过执行该操作，神经网络能够通过组合许多特征图来预测类。

在前面几层中，神经网络将可视化线和角，而在后几层中，神经网络将识别复杂的模式，如特征图。这可以分为以下几类。

❑　构建自定义图像分类器模型并可视化其层。

❑　训练现有的高级图像分类器模型并可视化其层。

接下来，我们将详细讨论这些分类。

4.3.1　构建自定义图像分类器模型并可视化其层

现在，我们将开发自己的家具分类器网络。该网络将识别 3 个类别的家具，即沙发、床和椅子。其基本过程将在后续小节展开详细的介绍。

该示例的详细代码可以在本书配套的 GitHub 存储库中找到。

https://github.com/PacktPublishing/Mastering-Computer-Vision-with-TensorFlow-2.0/blob/master/Chapter04/Chapter4_classification_visualization_custom_model%26VGG.ipynb

🛈 注意：

在第 6 章"迁移学习和视觉搜索"中将执行更高级的编码，并提供更详细的说明。

4.3.2　神经网络输入和参数

我们的模型将输入各种 Keras 库和 TensorFlow，这可以在下面的代码中看到。在第 6 章"迁移学习和视觉搜索"中将提供完整解释。

```
from __future__ import absolute_import, division, print_function,
unicode_literals,
import tensorflow as tf,
from tensorflow.keras.applications import VGG16\n
from keras.applications.vgg16 import preprocess_input,
from keras import models
from tensorflow.keras.models import Sequential, Model
from tensorflow.keras.layers import Dense, Conv2D, Flatten, Dropout,
```

```
GlobalAveragePooling2D, MaxPooling2D
from tensorflow.keras.preprocessing.image import ImageDataGenerator\n",
from tensorflow.keras.optimizers import SGD, Adam
import os
import numpy as np
import matplotlib.pyplot as plt
```

4.3.3　输入图像

现在，我们需要定义训练和验证的目录路径，并使用 os.path.join 功能和类名来定义训练和验证目录中的路径。之后，可使用 len 命令计算每个类目录中的图像总数。

```
train_dir = 'furniture_images/train'
train_bed_dir = os.path.join(train_dir, 'bed')
num_bed_train = len(os.listdir(train_bed_dir))
```

训练目录中的图像总数是通过对每个类别中的图像总数求和而获得的。对于验证集将使用相同的方法，最后产生的输出就是训练和验证目录中图像的总数。在训练过程中，神经网络将使用此信息。

4.3.4　定义训练和验证生成器

训练和验证生成器（generator）使用 ImageDataGenerator 和 flow 方法。在目录上使用这些方法可输入成批的图像作为张量。有关此过程的详细信息，请参阅以下网址中的 Keras 说明文档。

https://keras.io/preprocessing/image/

这里介绍一个典型的示例。如 Keras 说明文档所述，ImageDataGenerator（图像数据生成器）具有许多参数，但这里我们仅使用其中一部分。preprocessing_function 函数可将输入的图像转换为张量。rotation_range 可将图像旋转 90° 并垂直翻转以进行图像增强。我们可以使用在第 1 章"计算机视觉和 TensorFlow 基础知识"中了解到的图像变换知识，并使用 rotation 命令。图像增强（augmentation）会增加训练数据集，从而在不增加测试数据量的情况下提高模型的准确率。

```
train_datagen =
ImageDataGenerator(preprocessing_function=preprocess_input,
rotation_range=90,horizontal_flip=True,vertical_flip=True)
```

4.3.5　开发模型

在准备好图像后，即可开始构建模型。Keras 顺序模型使我们能够做到这一点，它是一个可以彼此堆叠的模型层的列表。

现在，我们可以通过堆叠卷积、激活、最大池化、舍弃和填充来构建顺序模型，具体如下。

```
model = Sequential([Conv2D(96, 11, padding='valid',
activation='relu',input_shape=(img_height, img_width,3)),
MaxPooling2D(),Dropout(0.2),Conv2D(256, 5, padding='same',
activation='relu'),MaxPooling2D(),Conv2D(384, 3, padding='same',
activation='relu'),Conv2D(384, 3, padding='same', activation='relu'),
Conv2D(256, 3, padding='same', activation='relu'),MaxPooling2D(),
Dropout(0.2),Conv2D(1024, 3, padding='same', activation='relu'),
MaxPooling2D(),Dropout(0.2),Flatten(),Dense(4096, activation='relu'),
Dense(3)])
```

该模型的基本思想类似于 AlexNet（在第 5 章"神经网络架构和模型"中将详细介绍 AlexNet）。另外，该模型大约有 16 个层。

4.3.6　编译和训练模型

接下来，我们可以编译模型并开始训练。编译选项可指定以下 3 个参数。

❑ optimizer（优化器）：我们可以使用的优化器是 adam、rmsprop、sgd、adadelta、adagrad、adamax 和 nadam。有关 Keras 优化器的列表，可访问以下网址。

https://keras.io/optimizers

➢ sgd：代表随机梯度下降（stochastic gradient descent，SGD）。顾名思义，它为优化器使用了梯度值。

➢ adam：代表自适应矩（adaptive moment）。它在最后一步中使用梯度来调整梯度下降参数。adam 运作良好，几乎不需要调整。在本书中将经常使用它。

➢ adagrad：适用于稀疏数据，并且也基本上不需要调整。对于 adagrad 来说，不需要默认学习率。

❑ loss（损失）函数：图像处理中最常用的损失函数是二元交叉熵（binary cross-entropy，BCE，也称为二分类交叉熵）、分类交叉熵（categorical cross-entropy，也称为多分类交叉熵)、均方误差（mean squared error，MSE）或稀疏分类交叉熵（sparse categorical cross-entropy）。当分类任务为二选一时（例如识别猫和狗图像，或识别停车标志与禁止停车标志），即可使用二元交叉熵（二分类交叉熵）。当有两个以上的类时（例如，家具店中有床、椅子和沙发等多种家具），则需要使用分类交叉熵（多分类交叉熵）。

稀疏分类交叉熵与分类交叉熵相似，不同之处在于，它的分类被索引所代替。例如，我们不是使用床、椅子和沙发作为分类，而是传递 0、1 和 2 这样的值。当指定分类出现错误时，可以使用稀疏分类交叉熵来解决此问题。

Keras 中还有许多其他损失函数。有关更多详细信息，可访问以下网址。

https:// keras.io/losses/

❑　metrics（指标）：指标用于设置准确率。

以下代码使用的是 adam 优化器。

在编译模型后，即可使用 Keras model.fit()函数开始训练。model.fit()函数将训练生成器作为我们先前定义的输入图像向量。它还需要 Epoch 数（NUM_EPOCHS）、每个 Epoch 的步数（steps_per_epoch）、验证数据（validation_data）和验证步数（validation_steps）。请注意，在第 6 章 "迁移学习和视觉搜索" 中将详细解释每个参数。

```
model.compile(optimizer='adam',loss=tf.keras.losses.BinaryCrossentropy
(from_logits=True), metrics=['accuracy'])

history =
model.fit(train_generator,epochs = NUM_EPOCHS,steps_per_epoch = num_train_
images  // batchsize,validation_data = val_generator,
validation_steps = num_val_images  // batchsize)
```

该训练持续 10 个 Epoch。在训练过程中，模型的准确率会随 Epoch 数的增加而增加。

```
WARNING:tensorflow:sample_weight modes were coerced from
...
to
['...']
Train for 10 steps, validate for 1 steps
Epoch 1/10
10/10 [==============================] - 239s 24s/step - loss: 13.7108 -
accuracy: 0.6609 - val_loss: 0.6779 - val_accuracy: 0.6667
Epoch 2/10
10/10 [==============================] - 237s 24s/step - loss: 0.6559 -
```

```
accuracy: 0.6708 - val_loss: 0.5836 - val_accuracy: 0.6693
 Epoch 3/10
 10/10 [==============================] - 227s 23s/step - loss: 0.5620 -
accuracy: 0.7130 - val_loss: 0.5489 - val_accuracy: 0.7266
 Epoch 4/10
 10/10 [==============================] - 229s 23s/step - loss: 0.5243 -
accuracy: 0.7334 - val_loss: 0.5041 - val_accuracy: 0.7292
 Epoch 5/10
 10/10 [==============================] - 226s 23s/step - loss: 0.5212 -
accuracy: 0.7342 - val_loss: 0.4877 - val_accuracy: 0.7526
 Epoch 6/10
 10/10 [==============================] - 226s 23s/step - loss: 0.4897 -
accuracy: 0.7653 - val_loss: 0.4626 - val_accuracy: 0.7604
 Epoch 7/10
 10/10 [==============================] - 227s 23s/step - loss: 0.4720 -
accuracy: 0.7781 - val_loss: 0.4752 - val_accuracy: 0.7734
 Epoch 8/10
 10/10 [==============================] - 229s 23s/step - loss: 0.4744 -
accuracy: 0.7508 - val_loss: 0.4534 - val_accuracy: 0.7708
 Epoch 9/10
 10/10 [==============================] - 231s 23s/step - loss: 0.4429 -
accuracy: 0.7854 - val_loss: 0.4608 - val_accuracy: 0.7865
 Epoch 10/10
 10/10 [==============================] - 230s 23s/step - loss: 0.4410 -
accuracy: 0.7865 - val_loss: 0.4264 - val_accuracy: 0.8021
```

4.3.7　输入测试图像并将其转换为张量

到目前为止，我们已经有了一个图像目录，并准备和训练了该模型。本节将把图像转换为张量。要从图像中生成张量，可以先将图像转换为数组，然后使用 NumPy 的 expand_dims()函数扩展数组的形状。随后，我们还需要对输入进行预处理以准备图像，使其具有模型所需的格式。

```
img_path = 'furniture_images/test/chair/testchair.jpg'
img = image.load_img(img_path, target_size=(150, 150))
img_tensor = image.img_to_array(img)
img_tensor = np.expand_dims(img_tensor, axis=0)
img_tensor = preprocess_input(img_tensor)
featuremap = model.predict(img_tensor)
```

最后，可以使用 Keras model.predict()函数输入图像张量，然后将张量转换为特征图。

现在你应该知道如何通过模型传递图像张量，然后计算特征图。

4.3.8　可视化第一个激活层

要计算激活层，可以计算每个层的模型输出。在此示例中，共有 16 层，因此可使用 model.layers[:16]指定所有 16 层。用于执行此操作的代码如下。

```
layer_outputs = [layer.output for layer in model.layers[:16]]
activation_modelfig = Model(inputs=model.input, outputs=layer_outputs)
activationsfig = activation_modelfig.predict(img_tensor)
```

要使用激活层，可使用 Keras Model 函数 API，当给定 a 时，该 API 可为 b 计算需要的所有层。

```
model = Model(inputs=[a1, a2], outputs=[b1, b2, b3])
```

对于本示例来说，输入就是先前计算的图像张量，而输出则是激活层。

接下来，我们将使用以下命令可视化第一层，其中 activationsfig[0]表示第一层。要绘制它，可使用 plt.matshow()。在这里，95 是第一个神经网络层的倒数第二个激活滤波器。

```
first_layer_activation = activationsfig[0]
print(first_layer_activation.shape)
plt.matshow(first_layer_activation[0, :, :, 95], cmap='viridis')
```

4.3.9　可视化多个激活层

按照之前的操作，我们可以运行一个 for 循环，并使用 plt.imshow()方法显示激活层（使用给定神经网络层的第一个滤波器、中间滤波器和最后一个滤波器的值）。

```
for i in range(0,12):
    current_layer_activation = activationsfig[i]
    ns = current_layer_activation.shape[-1]
    plt.imshow(current_layer_activation[0, :, :, 0], cmap='viridis')
    plt.imshow(current_layer_activation[0, :, :, int(ns/2)],
cmap='viridis')
    plt.imshow(current_layer_activation[0, :, :, ns-1], cmap='viridis')
```

图 4-16 显示了椅子图像的最终输出值。

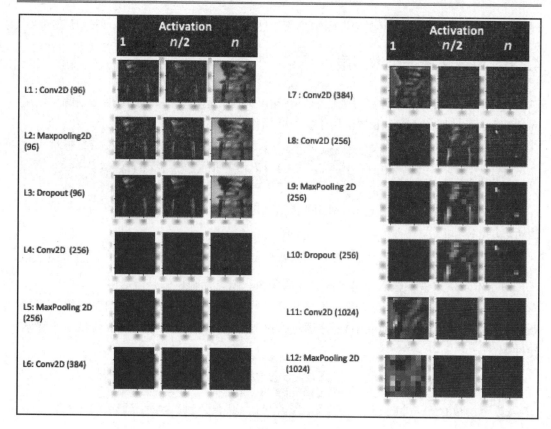

图 4-16

在图 4-16 中，n 表示给定层的最大滤波器数。n 的值对于不同的层可以不一样。例如，对于第一层，n 的值为 96，而对于第四层，n 的值为 256。图 4-17 显示了我们的自定义神经网络的不同层的参数、输出形状和滤波器。

可以看到，每个层都有一些不同的激活滤波器，因此对于我们的可视化来说，要查看的是给定层的第一个滤波器、中间滤波器和最后一个滤波器的可视化值。

第一个层代表椅子，但是随着深入模型的层中，结构变得越来越抽象。这意味着图像看起来不太像椅子，而更像代表其他类的东西。此外，你还可以看到某些层根本没有被激活，这表明模型的结构变得复杂且效率不高。

ℹ️ 注意：

这里自然而然产生的一个大问题是，神经网络如何处理来自最后一层的看似抽象的图像并从中提取出一个类？这是人类无法做到的事情。

```
Model: "sequential"

Layer (type)              Output Shape              Param #
=================================================================
conv2d (Conv2D)           (None, 140, 140, 96)      3494

max_pooling2d (MaxPooling2D) (None, 70, 70, 96)      0

dropout (Dropout)         (None, 70, 70, 96)        0

conv2d_1 (Conv2D)         (None, 70, 70, 256)       614656

max_pooling2d_1 (MaxPooling2 (None, 35, 35, 256)     0

conv2d_2 (Conv2D)         (None, 35, 35, 384)       885120

conv2d_3 (Conv2D)         (None, 35, 35, 384)       1327488

conv2d_4 (Conv2D)         (None, 35, 35, 256)       884992

max_pooling2d_2 (MaxPooling2 (None, 17, 17, 256)     0

dropout_1 (Dropout)       (None, 17, 17, 256)       0

conv2d_5 (Conv2D)         (None, 17, 17, 1024)      2360320

max_pooling2d_3 (MaxPooling2 (None, 8, 8, 1024)      0

dropout_2 (Dropout)       (None, 8, 8, 1024)        0

flatten (Flatten)         (None, 65536)             0

dense (Dense)             (None, 4096)              268439552

dense_1 (Dense)           (None, 3)                 12291
=================================================================
Total params: 274,559,363
Trainable params: 274,559,363
Non-trainable params: 0
```

图 4-17

　　答案在于全连接层。如图 4-17 所示，我们共有 16 层，但是 i 的可视化代码在(0, 12)范围内，因此我们仅可视化前 12 层。如果你尝试可视化更多，则会收到错误消息。在第 12 层之后,我们将展平该层并映射该层的每个元素——这称为全连接层。这本质上是一个映射练习。该神经网络将全连接层的每个元素映射到特定类别。对所有类都重复此过程。

将抽象层映射到类是机器学习练习。通过执行该操作,神经网络能够预测类别。

图 4-18 显示了床图像的输出值。

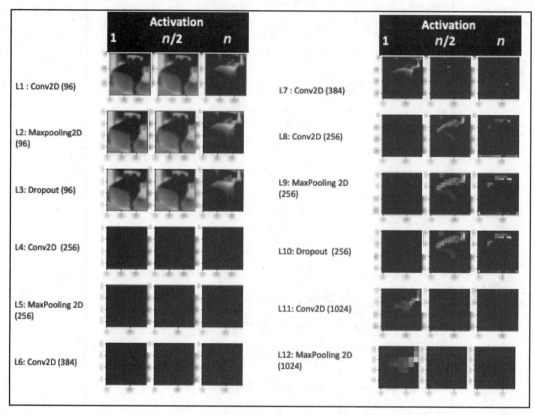

图 4-18

就像椅子的图像一样,初始激活层从类似于床的输出开始,但是当我们深入网络中时,即可开始看到床与椅子相比的鲜明特征。

图 4-19 显示了沙发图像的输出值。

就像椅子和床的示例一样,图 4-19 从具有不同特征的顶层开始,而最后几层则显示了特定于该类的非常抽象的图像。可以看到,第 4、5 和 6 层很容易被替换,因为这些层根本没有被激活。

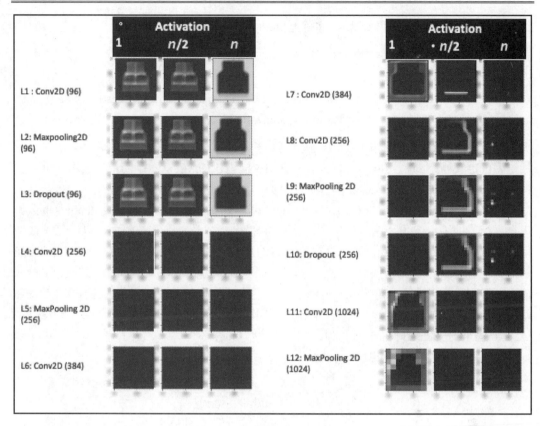

图 4-19

4.3.10　训练现有的高级图像分类器模型并可视化其层

我们开发的模型约有 16 层，其验证准确率约为 80%。对此，我们观察了神经网络如何查看不同层的图像。这引出了以下两个问题。

❑　我们的自定义神经网络与更高级的神经网络相比性能如何？

❑　与我们的自定义神经网络相比，高级神经网络如何查看图像？所有的神经网络都以相似或不同的方式查看图像吗？

为了回答这些问题，我们将对比两个高级网络 VGG16 和 InceptionV3 训练分类器，并在网络的不同层上可视化椅子图像。第 5 章"神经网络架构和模型"提供了这两个网络的详细说明，而第 6 章"迁移学习和视觉搜索"则对代码进行了详细说明。

因此，本节将只专注于可视化部分。在学习完第 5 章"神经网络架构和模型"和第 6

章"迁移学习和视觉搜索"之后，你可能需要回过头来再看编码部分，以加深对代码的理解。VGG16 中的层数为 26。你可以在本书配套的 GitHub 存储库上找到此代码，其网址如下。

https://github.com/PacktPublishing/Mastering-Computer-Vision-with-TensorFlow-2.0/blob/master/Chapter04/Chapter4_classification_visualization_custom_model%26VGG.ipynb

请注意，上述代码会同时运行自定义网络和 VGG16 模型。而在此练习中，请勿运行标记为自定义网络的单元以确保仅执行 VGG16 模型。Keras 有一个简单的 API，可以在其中导入 VGG16 或 InceptionV3 模型。

这里要注意的关键是，VGG16 和 InceptionV3 均在包含 1000 个类的 ImageNet 数据集上进行了训练。但是，在本示例中，我们将使用 3 个类来训练该模型，以便可以仅使用 VGG16 或 InceptionV3 模型。针对不兼容的形状：[128, 1000]与[128, 3]（其中，128 是批大小），Keras 将抛出错误。要解决此问题，可在模型定义中使用 include_top = False，该定义将删除最后一个全连接层，并将它们替换为我们自己的层（仅包含 3 个类）。第 6 章"迁移学习和视觉搜索"对此进行了详细说明。在训练 135 个步骤并验证 15 个步骤后，VGG16 模型的验证准确率约为 0.89。

```
Epoch 1/10
 135/135 [==============================] - 146s 1s/step - loss: 1.8203 -
accuracy: 0.4493 - val_loss: 0.6495 - val_accuracy: 0.7000
 Epoch 2/10
 135/135 [==============================] - 151s 1s/step - loss: 1.2111 -
accuracy: 0.6140 - val_loss: 0.5174 - val_accuracy: 0.8067
 Epoch 3/10
 135/135 [==============================] - 151s 1s/step - loss: 0.9528 -
accuracy: 0.6893 - val_loss: 0.4765 - val_accuracy: 0.8267
 Epoch 4/10
 135/135 [==============================] - 152s 1s/step - loss: 0.8207 -
accuracy: 0.7139 - val_loss: 0.4881 - val_accuracy: 0.8133
 Epoch 5/10
 135/135 [==============================] - 152s 1s/step - loss: 0.8057 -
accuracy: 0.7355 - val_loss: 0.4780 - val_accuracy: 0.8267
 Epoch 6/10
 135/135 [==============================] - 152s 1s/step - loss: 0.7528 -
accuracy: 0.7571 - val_loss: 0.3842 - val_accuracy: 0.8333
 Epoch 7/10
 135/135 [==============================] - 152s 1s/step - loss: 0.6801 -
accuracy: 0.7705 - val_loss: 0.3370 - val_accuracy: 0.8667
```

```
Epoch 8/10
135/135 [==============================] - 151s 1s/step - loss: 0.6716 -
accuracy: 0.7906 - val_loss: 0.4276 - val_accuracy: 0.8800
Epoch 9/10
135/135 [==============================] - 152s 1s/step - loss: 0.5954 -
accuracy: 0.7973 - val_loss: 0.4608 - val_accuracy: 0.8533
Epoch 10/10
135/135 [==============================] - 152s 1s/step - loss: 0.4926 -
accuracy: 0.8152 - val_loss: 0.3550 - val_accuracy: 0.8933
```

图 4-20 显示了对于椅子使用 VGG16 模型后神经网络的可视化效果。

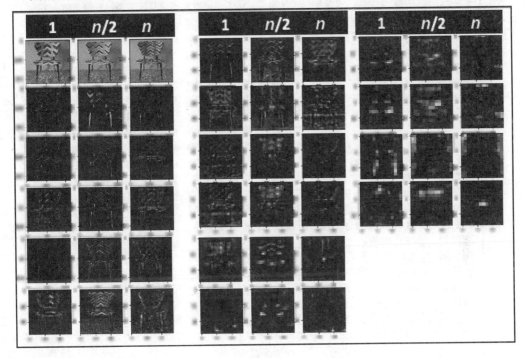

图 4-20

图 4-20 显示了 VGG16 模型在前 16 层是如何查看椅子的。可以看到，与我们的自定义模型相比，VGG16 模型效率更高，因为它的每一层都在执行某种类型的图像激活。不同层的图像特征是不一样的，但总体趋势则是相同的——随着我们深入层中，图像将转换为更抽象的结构。

接下来，我们可以使用 InceptionV3 模型执行相同的练习。第 6 章 "迁移学习和视觉搜索"介绍了此代码。图 4-21 显示了 InceptionV3 模型如何可视化椅子图像。

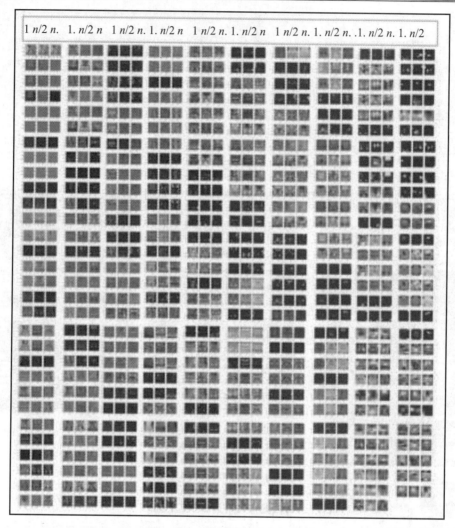

图 4-21

　　InceptionV3 模型的验证准确率约为 99%。可以看到，与 VGG16 相比，InceptionV3 模型中的层数更多。图 4-21 可能难以辨识，图 4-22 显示了 InceptionV3 模型第一层、最后一层和一些中间层。

　　图 4-22 清楚地显示了当我们更深入地进入神经网络中时，椅子图像如何失去锐度并变得越来越模糊。最终图像看起来已经不太像椅子。神经网络可以看到许多相似的椅子图像，并根据它们来解释椅子。

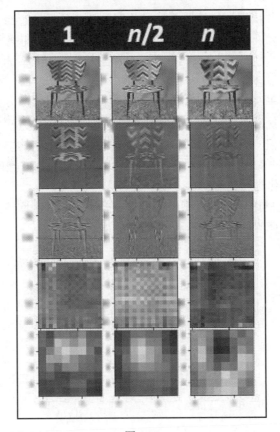

图 4-22

本节描述了如何查看训练过程中的中间激活层，以了解特征图在神经网络上是如何变换的。当然，如果你想理解神经网络如何将特征和隐藏层转换为输出，则可参阅 TensorFlow Neural Network Playground 网站，其网址如下。

https://bit.ly/2VNfkEn

4.4 小 结

CNN 是事实上的图像分类模型，这是因为 CNN 可以自己学习每个类的独特特征，而无须推导输入和输出之间的任何关系。本章详细介绍了 CNN 的组件，这些组件负责学习图像特征，然后将其分类为预定义的类。

　　我们详细解释了卷积层如何彼此叠加以从简单的形状（如边缘）中学习以创建复杂的形状（如眼睛），以及特征图的维数如何由于卷积和池化层而改变。

　　我们还介绍了非线性激活函数、Softmax 和全连接层的功能。本章重点介绍如何优化不同的参数以减少过拟合的问题。

　　我们还构建了用于分类目的的神经网络，并使用我们自己开发的模型来创建图像张量，该图像张量被神经网络用于开发可视化的激活层。可视化方法可帮助我们了解神经网络中的特征图是如何变换的，以及神经网络是如何使用全连接层从变换后的特征图中分配类别的。我们还介绍了如何将自定义神经网络的可视化与高级网络（如 VGG16 和 InceptionV3）的可视化进行比较。

　　在第 5 章"神经网络架构和模型"中将详细介绍一些神经网络模型，以加深读者对卷积神经网络参数选择的理解。

## 第 2 篇

TensorFlow 和计算机视觉的高级概念

本篇将基于在第 1 篇中学到的知识来执行复杂的计算机视觉任务,如视觉搜索(visual search)、对象检测和神经风格迁移(neural style transfer)。我们将巩固对神经网络的理解,并使用 TensorFlow 进行许多实际的编码练习。

学习完本篇之后,你将能够:

❑ 对各种神经网络模型有基本的了解,包括 AlexNet、VGG、ResNet、Inception、Region- specific CNN(RCNN)、生成对抗网络(generative adversarial network,GAN)、强化学习(reinforcement learning)和迁移学习(transfer learning)(第 5 章)。

❑ 了解一些模型的图像识别和对象检测技术(第 5 章)。

❑ 使用 Keras 数据生成器和 tf.data 将图像及其类别输入 TensorFlow 模型中(第 6 章)。

❑ 开发一个 TensorFlow 模型应用家具图像的迁移学习,并使用该模型对家具图像进行视觉搜索(第 6 章)。

❑ 对图像执行边界框注解以生成.xml 文件,并将其转换为.txt 文件格式,以输入 YOLO 对象检测器中(第 7 章)。

- 了解 YOLO 和 RetinaNet 的功能，并学习如何使用 YOLO 检测对象（第 7 章）。
- 训练 YOLO 对象检测器并优化其参数以完成训练（第 7 章）。
- 使用 TensorFlow DeepLab 进行语义分割并编写 TensorFlow 代码，以在 Google Colab 中进行神经风格迁移（第 8 章）。
- 使用 DCGAN 生成人工图像，并使用 OpenCV 进行图像修复（第 8 章）。

本篇包括以 4 章。

- 第 5 章，神经网络架构和模型
- 第 6 章，迁移学习和视觉搜索
- 第 7 章，YOLO 和对象检测
- 第 8 章，语义分割和神经风格迁移

第 5 章　神经网络架构和模型

卷积神经网络（CNN）是计算机视觉中用于分类和检测对象的最广泛使用的工具。CNN 通过堆叠许多不同的线性和非线性函数层，将输入图像映射到输出类或边界框。线性函数由卷积、池化、全连接层和 Softmax 层组成，而非线性层则是激活函数。

神经网络具有许多不同的参数和权重因子，需要针对给定的问题集进行优化。随机梯度下降（stochastic gradient descent，SGD）和反向传播（backpropagation）是训练神经网络的两种方式。

在第 4 章 "图像深度学习" 中，我们介绍了一些构建和训练神经网络的基础知识和编码技巧，并解释了神经网络不同层中特征图的视觉变换。本章将深入阐释神经网络架构和模型背后的理论，并解释诸如神经网络深度饱和、梯度消失问题、由于大参数集而导致的过拟合等关键概念。这将有助于你为自己的研究目的创建自己的有效模型，并在代码中应用已经掌握的理论。

本章包含以下主题。
- AlexNet 概述。
- VGG16 概述。
- Inception 概述。
- ResNet 概述。
- R-CNN 概述。
- 快速 R-CNN 概述。
- 更快的 R-CNN 概述。
- GAN 概述。
- GNN 概述。
- 强化学习概述。
- 迁移学习概述。

5.1　AlexNet 概述

AlexNet 是 2012 年由 Alex Krizhevsky、Ilya Sutskever 和 Geoffrey E.Hinton 在一篇名

为 *ImageNet Classification with Deep Convolutional Neural Networks*（《使用深度卷积神经网络进行 ImageNet 分类》）的论文中提出的。原始论文网址如下。

http://www.cs.utoronto.ca/~ilya/pubs/2012/imgnet.pdf

这是对优化 CNN 模型的首次成功介绍，它可以解决有关许多类别（超过 22000 个分类）的大量图像（超过 1500 万幅图像）分类的计算机视觉问题。在 AlexNet 之前，计算机视觉问题主要是通过传统的机器学习方法解决的，这些方法主要是通过收集更大的数据集并改进模型和技术以最大程度地减少过拟合来进行逐步改进的。

CNN 模型可根据 Top-5 错误率对错误率（error rate）进行分类，ImageNet 图像通常有 1000 个可能的类别，对每幅图像可以猜 5 次结果（即同时预测 5 个类别标签）。当其中有任何一次预测对了，结果都算对；当 5 次全都错了的时候，才算预测错误。这样的分类错误率即 Top-5 错误率。这主要是因为 ImageNet 数据集标签有一定的误差，很多图像在人类看来可以将其归为多个类，因此就用 Top-5 作为一个重要的评测标准。

AlexNet 以 15.3%的 Top-5 错误率赢得了 2012 年 ImageNet 大规模视觉识别挑战赛（ImageNet large-scale visual recognition challenge，ILSVRC），遥遥领先于亚军成绩（Top-5 错误率 26.2%）。图 5-1 显示了 AlexNet 架构。

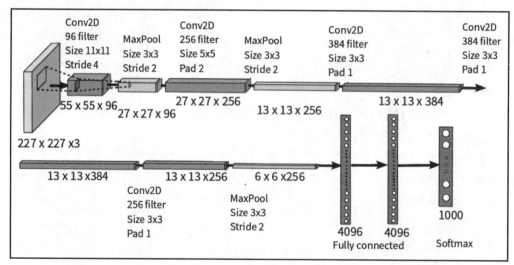

图 5-1

原　　文	译　　文
Fully connected	全连接层

　　在图 5-1 中，Conv2D 是卷积层，96 filter 是滤波器数，Size 11×11 是滤波器大小，Stride 4 是步幅，MaxPool 是最大池化层，Pad 2 是填充，4096 表示展平之后的全连接层，Softmax 是在 CNN 的最后一层中使用的激活函数。有关该图各参数的详细解读，可参考第 4 章 "图像深度学习"。

　　AlexNet 网络模型的基本思想总结如下。

- □　它包含 8 个学习层。5 个卷积层和 3 个全连接层。
- □　它使用了大型内核滤波器。第一层有 96 个大小为 11×11 的滤波器，第二层有 256 个大小为 5×5 的滤波器，第三层和第四层均有 384 个大小为 3×3 的滤波器，第五层则有 256 个大小为 3×3 的滤波器。
- □　ReLU 激活层在每个卷积层和全连接层之后应用。它的训练比 Tanh 快得多。
- □　Dropout 正则化应用于第一和第二个全连接层。
- □　以下两种数据增强技术可减少过拟合。
  - ➢　从 256×256 大小的图像创建 224×224 的随机图块，并执行平移和水平反射。
  - ➢　更改训练图像中 RGB 通道的强度。
- □　训练是在两个 GPU 上进行的，在 5 或 6 天内达到 90 个时期（epoch），这两个 GPU 实际上就是指两个 Nvidia GeForce GTX 580 显卡。
- □　最后 Softmax 层的 1000 个输出映射到 1000 个 ImageNet 类中的每一个，以预测类的输出。

以下代码导入了运行 TensorFlow 后端需要的所有函数。该模型导入了 Sequential 模型，它是 Keras 中的逐层模型结构。

```
from __future__ import print_function
import keras
from keras.models import Sequential
from keras.layers import Dense, Dropout, Activation, Flatten
from keras.layers import Conv2D, MaxPooling2D, ZeroPadding2D
from keras.layers.normalization import BatchNormalization
from keras.regularizers import l2
```

以下代码将加载 CIFAR 数据集。

🛈 注意：

　　CIFAR 数据集具有 10 个不同的类，每个类有 6000 幅图像。这些类别包括飞机、汽车、鸟类、猫、鹿、狗、青蛙、马、船和卡车。TensorFlow 具有内置的逻辑来导入 CIFAR 数据集。其网址如下。

https://www.cs.toronto.edu/~kriz/cifar.html

CIFAR 数据集包含训练和测试图像，这些图像可用于开发模型（训练）并验证其结果（测试）。每个数据集都有两个参数，即 x 和 y，分别代表图像的宽度（x）和高度（y）。

```
from keras.datasets import cifar10
(x_train, y_train), (x_test, y_test) = cifar10.load_data()
```

神经网络具有许多不同的参数，需要对其进行优化——这些参数也被称为模型常数。对于 AlexNet 来说，这些参数如下所示。

- ❑ batch_size：其值为 32，是一次向前或向后传递的训练示例数。
- ❑ num_classes：其值为 2。
- ❑ epochs：其值为 100，是训练将重复的次数。
- ❑ data_augmentation：其值为 True。
- ❑ num_predictions：其值为 20。

下面我们将输入向量转换为二分类矩阵，因为在此示例中有两个类。

```
y_train = keras.utils.to_categorical(y_train, num_classes)
y_test = keras.utils.to_categorical(y_test, num_classes)
# 初始化模型
model = Sequential()
```

表 5-1 描述了 AlexNet 模型各个层的 TensorFlow 代码。在后面的小节中还将介绍其他模型，但是创建模型的基本思路是相似的。

表 5-1　AlexNet 模型各个层的 TensorFlow 代码

卷积和池化层 1	卷积和池化层 5
model.add(Conv2D(96, (11, 11), input_shape=x_train.shape[1:], padding='same', kernel_regularizer=l2(l2_reg))) model.add(BatchNormalization()) model.add(Activation('relu')) model.add(MaxPooling2D(pool_size=(2, 2))	model.add(ZeroPadding2D((1, 1))) model.add(Conv2D(1024, (3, 3), padding='same')) model.add(BatchNormalization()) model.add(Activation('relu')) model.add(MaxPooling2D(pool_size=(2, 2)))
卷积和池化层 2	全连接层 1
model.add(Conv2D(256, (5, 5), padding='same')) model.add(BatchNormalization()) model.add(Activation('relu')) model.add(MaxPooling2D(pool_size=(2, 2)))	model.add(Flatten()) model.add(Dense(3072)) model.add(BatchNormalization()) model.add(Activation('relu')) model.add(Dropout(0.5))

续表

卷积和池化层 3	全连接层 2
model.add(ZeroPadding2D((1, 1))) model.add(Conv2D(512, (3, 3), padding='same')) model.add(BatchNormalization()) model.add(Activation('relu')) model.add(MaxPooling2D(pool_size=(2, 2)))	model.add(Dense(4096)) model.add(BatchNormalization()) model.add(Activation('relu')) model.add(Dropout(0.5))
卷积和池化层 4	全连接层 3
model.add(ZeroPadding2D((1, 1))) model.add(Conv2D(1024, (3, 3), padding='same')) model.add(BatchNormalization()) model.add(Activation('relu'))	model.add(Dense(num_classes)) model.add(BatchNormalization()) model.add(Activation('softmax'))

以下列出了关键模型配置参数。这些参数需要优化以训练神经网络模型。

开发模型后，下一步就是使用 TensorFlow 编译模型。对于模型编译而言，我们需要定义两个参数。

- ❏ loss（损失函数）：损失函数可确定模型值与实际结果的接近程度。分类交叉熵是最常见的损失函数，它使用对数标度（logarithmic scale）来确定损失，输出值为 0～1，其中，很小的输出表示小差异，很大的输出表示大差异。还有一个损失函数是均方根（root mean square，RMS）函数。
- ❏ optimizer（优化器）：优化器可以微调模型的参数，以使损失函数最小化。Adadelta优化器可根据过去梯度的移动窗口微调学习率（learning rate，LR）。常用的其他优化器还包括 Adam 和 RMSprop 等。

以下代码显示了如何在 Keras 的模型编译过程中使用优化器。

```
model.compile(loss = 'categorical_crossentropy',
              optimizer = keras.optimizers.Adadelta(),
              metrics = ['accuracy'])
```

在构建模型之后，必须先使用上述方法编译模型，然后才能将其用于预测（使用model.predict()）。

ℹ️ 注意：

本节研究的是 AlexNet，它在 2012 年赢得了 ILSVRC 挑战赛。2013 年，人们又开发出了一个名为 ZFNet 的 AlexNet 更新版本，它和 AlexNet 一样使用了 8 层，但是滤波器的大小是 7×7 而不是 11×11。

后面你将看到，使用较小的滤波器可以提高模型的准确率，因为它保留了输入图像的像素信息。

5.2　VGG16 概述

自 2012 年 AlexNet 成功以来，越来越多的研究人员致力于改进 AlexNet 的 CNN 架构以提高准确率。改进的焦点转移到更小的窗口大小、更小的滤波器和更小的步幅。VGG16 是由 Karen Simonyan 和 Andrew Zisserman 于 2014 年在题为 *Very Deep Convolutional Networks for Large-Scale Image Recognition*（《用于大规模图像识别的超深度卷积网络》）的论文中提出的。该论文的网址如下。

https://arxiv.org/abs/1409.1556

在 ILSVRC-2014 挑战赛中，该模型在 ImageNet 中的 Top-5 测试准确率达到 92.7%。图 5-2 显示了 VGG16 架构。

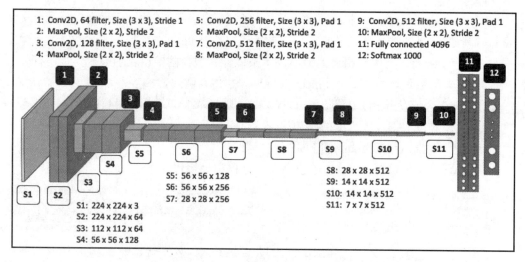

图 5-2

VGG16 的基本思想总结如下。

❑ 最大滤波器大小为 3×3，最小滤波器大小为 1×1。这意味着，与 AlexNet 使用的更大的滤波器和更小的 AlexNet 数量相比，VGG16 使用了更小的滤波器和更大的数量。这减少了参数。

❑ 对于 3×3 卷积层，卷积的步幅为 1，填充为 1。最大池化则在步幅为 2 的 2×2 窗口上执行。

- ❏ VGG16 使用了 3 个非线性 ReLU 函数，而不是每一层中一个，从而减少了梯度消失问题并使网络能够深入学习，从而使决策函数更具判别力。在这里的深入学习意味着学习复杂的形状，如边缘、特征和边界等。

- ❏ 参数总数为 1.38 亿。

5.3　Inception 概述

在引入 Inception 层之前，大多数 CNN 架构都具有标准配置——堆叠（串联）卷积、归一化、最大池化和激活层，然后是全连接层和 Softmax 层。这种架构导致神经网络的深度不断增加，这有两个主要缺点。

- ❏ 过拟合。

- ❏ 增加计算时间。

Inception 模型通过从密集网络转移到稀疏矩阵中，并将它们聚类以形成密集子矩阵来解决了这两个问题。

5.3.1　Inception 网络的工作原理

Inception 模型也被称为 GoogLeNet。它是由 Christian Szegedy、Wei Liu、Yangqing Jia、Pierre Sermanet、Scott Reed、Dragmir Anguelov、Dumitru Erhan、Vincent Vanhoucke 和 Andrew Rabinovich 在题为 *Going Deeper with Convolutions*（《使用卷积网络进行更深的学习》）的论文中提出的。Inception 的英文本意是"创始"，但是这个 Inception 模型的名称其实是来自 Min Lin、Qiang Chen 和 Shuicheng Yan 的论文 *Network in Network*（《网络中的网络》）以及一个互联网流行梗 We need to go deeper。

Going Deeper with Convolutions（《使用卷积网络进行更深的学习》）论文和 *Network in Network*（《网络中的网络》）论文的链接如下。

- ❏ *Going Deeper with Convolutions*：

  https://arxiv.org/abs/1409.4842

- ❏ *Network in Network*：

  https://arxiv.org/abs/1312.4400

　　在 *Network in Network*（《网络中的网络》）论文中，作者不是在输入图像上使用常规的线性滤波器，而是构建了一个微型神经网络，以类似 CNN 的方式在输入图像上滑动了该神经网络。通过将这些层中的若干层堆叠在一起，可以构建一个更深的神经网络。这个微型神经网络也被称为多层感知器（multiLayer perceptron，MLP），由具有激活函数的多个全连接层组成，如图 5-3 所示。

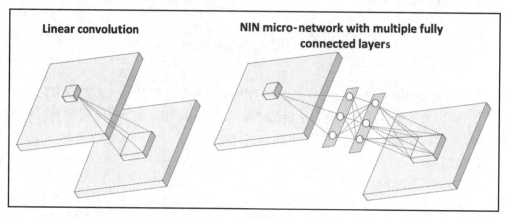

图 5-3

原　　　　文	译　　　　文
Linear convolution	线性卷积
NIN micro-network with multiple fully connected layers	*Network in Network*（NIN）论文中提出的包含多个全连接层的微型网络

　　图 5-3 中的左侧显示了常规 CNN 中的线性滤波器，它将输入图像连接到下一层；右侧则显示了微型网络，它由多个全连接层组成，然后是将输入图像连接到下一层的激活函数。这里的 Inception 层是 *Network in Network*（NIN）论文的逻辑顶点，描述如下。

❑　Inception 架构的主要思想是如何用易于获得的密集分量（3×3 和 5×5）补充 CNN 中的最佳局部稀疏结构（多个 1×1 并行）。Inception 论文的作者找到了答案，方法是将 1×1 卷积与 3×3、5×5 卷积和池化层并行使用。再在 ReLU 后面加上一个 1×1 卷积，可以认为这等同于 NIN 微型网络。
　　1×1 卷积可作为一个降维机制（dimension-reduction mechanism），还有助于增加网络的宽度（通过并排堆叠）以及深度。在同一层（Inception 层）中同时并行部署包含多个滤波器和池化层的多个卷积会导致该层是一个稀疏层，增加其宽度。1×1 卷积基本上不会过拟合，因为它的内核很小。

- ❏ Inception 架构的目的是让神经网络在训练网络时学习最佳权重，并自动选择更有用的特征。

- ❏ 为了进一步降低维度，可在 3×3 和 5×5 卷积之前使用 1×1 卷积，如图 5-4 所示。

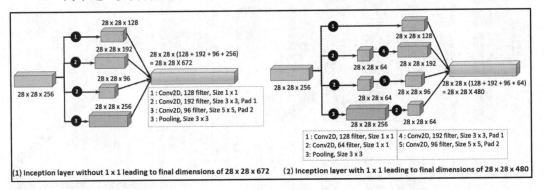

图 5-4

原　　文	译　　文
(1) Inception layer without 1 x 1 leading to final dimensions of 28 x 28 x 672	（1）未使用 1×1 卷积的 Inception 层，最终维度是 28×28×672
(2) Inception layer with 1 x 1 leading to final dimensions of 28 x 28 x 480	（2）使用了 1×1 卷积的 Inception 层，最终维度是 28×28×480

图 5-4 显示，在 3×3 和 5×5 层之前使用 1×1 层会导致维度减小约 30%，即从左侧的 672 减少到右侧的 480。

图 5-5 显示了完整的 Inception 网络。该图中间部分中描述的完整 Inception 层太大，无法放入一页中，因此已被压缩。其实你不必尝试看懂该示意图中的每个元素，只要获得重复内容的整体思路即可。Inception 层的关键重复模块已做了放大处理，分别显示在图 5-5 的两个虚线框内。

该网络包括以下部分。

- ❏ 1×1 卷积，包含 128 个滤波器，用于降维和校正线性激活。

- ❏ 包含 1024 个单元和 ReLU 激活函数的全连接层。

- ❏ Dropout 层，舍弃输出率为 70%。

- ❏ 一个包含 Softmax 损失函数的线性层，它将作为分类器（预测与主分类器相同的 1000 个分类，但在推理时将其删除）。

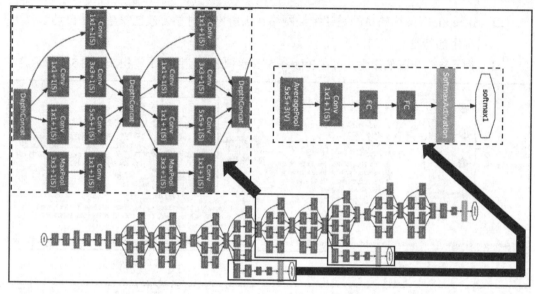

图 5-5

图 5-6 说明了 Inception 网络中的 CNN 滤波器及其对应的连接。

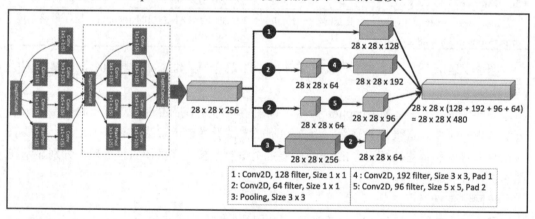

图 5-6

在图 5-6 中，深度连接层与最大池化层连接，或者直接与 1×1 卷积层连接。无论哪种方式，随后的计算都遵循与前面的示意图相同的模式。

5.3.2　GoogLeNet 检测

Inception 网络（也被称为 GoogLeNet）在循环卷积神经网络（recurrent convolutional neural network，RCNN）的两阶段层（基于颜色、纹理、大小和形状的区域提议，然后是用于分类的 CNN）的基础上进行了改进。

首先，它用改进之后的 CNN Inception 替代了 AlexNet。然后，通过将选择性搜索（在 R-CNN 中）方法与多框预测（multi-box prediction）相结合来改进区域提议（region proposal，也将其称为区域建议）步骤，以实现更高的对象边界框召回率（recall）。区域提议减少了约 40%（从 2000 减少到 1200），而覆盖率则从 92%增加到 93%，从而使单个模型用例的平均精确率均值（mean average precision，mAP）提高了 1%。总体而言，其准确率（accuracy）从 40%提高到 43.9%。

5.4　ResNet 概述

ResNet 由 Kaiminh He、Xiangyu Zhang、Shaoquing Ren 和 Jian Sun 在题为 *Deep Residual Learning for Image Recognition*（《用于图像识别的深度残差学习》）论文中提出，旨在解决深度神经网络的准确率下降问题。这种下降不是由过拟合引起的，而是由以下事实造成的：在某个临界深度之后，输出会失去输入的信息，因此输入和输出之间的相关性开始发散，从而导致准确率的下降。该论文的网址如下。

https://arxiv.org/abs/1512.03385

ResNet-34 的 Top-5 验证错误为 5.71%，优于 BN-inception 和 VGG。ResNet-152 的 top-5 验证错误为 4.49%。由 6 个不同深度的模型组成的集合实现了 3.57%的 top-5 验证误差，并在 ILSVRC-2015 挑战赛中获得了第一名。前面已经介绍过，ILSVRC 即 ImageNet 大规模视觉识别挑战赛，它从 2010—2017 年，评估了很多目标检测和图像分类算法。

ResNet 的主要特性描述如下。

❑　通过引入深度残差学习框架来解决准确率下降的问题。

❑　该框架引入了捷径（shortcut）或跳过连接（跳过一个或多个层）的概念。

❑　输入和下一层之间的底层映射为 $H(x)$。

❑　非线性层为 $F(x) = H(x) - x$，可以将其重组为 $H(x) = F(x) + x$，其中，x 是恒等映射（identity mapping）。

❑　捷径连接仅执行恒等映射，其输出被添加到堆叠层的输出中（见图 5-7）。

图 5-7 具有以下特性。

❑　$F(x) + x$ 运算是通过捷径连接和元素添加来执行的。

❑　恒等映射这样的捷径连接既不会增加额外的参数，也不会增加计算复杂度。

图 5-8 显示了完整的 ResNet 模型。

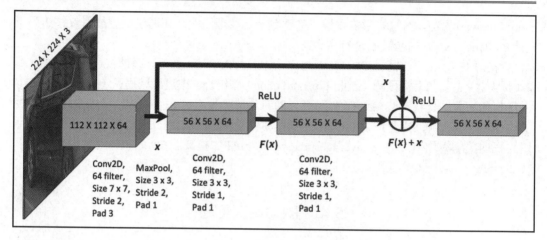

图 5-7

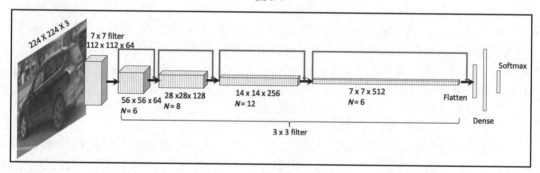

图 5-8

原　　文	译　　文
Flatten	展平
Dense	稠密层

与视觉几何组（visual geometry group，VGG）网络相比，图 5-8 显示的 ResNet 模型具有更少的滤波器和更低的复杂度。另外，没有使用 Dropout 参数。图 5-9 显示了各种神经网络模型之间的性能比较。

图 5-9 显示了以下结果。

❑ ImageNet 大规模视觉识别挑战赛（ILSVRC）的各种 CNN 架构的得分和层数。

❑ 分数越低，性能越好。

❑ AlexNet 的得分比其之前的任何模型都要好得多，然后在随后每一年中，随着层数越来越大，CNN 的质量也不断提高。

❑ ResNet 的性能最高，比 AlexNet 高出 4 倍。

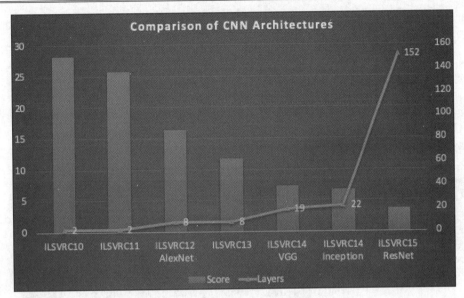

图 5-9

原　文	译　文
Comparison of CNN Architectures	CNN 模型比较
Score	分数
Layers	层数

5.5　R-CNN 概述

　　基于特定区域的 CNN（region-specific CNN，R-CNN）是由 Ross Girshick、Jeff Donahue、Trevor Darrell 和 Jitendra Malik 在题为 *Rich feature hierarchies for accurate object detection and semantic segmentation*（《用于准确的对象检测和语义分割的丰富特征层次结构》）的论文中提出的。它是一种简单且可扩展的对象检测算法，与 VOC2012 挑战赛上的最佳结果相比，其平均精确率均值（mAP）提高了 30%以上。该论文的网址如下。

　　https://arxiv.org/abs/1311.2524

🛈 注意：

　　VOC 代表的是可视对象分类（visual object classes），有关详情可访问：

　　http://host.robots.ox.ac.uk/pascal/VOC

PASCAL 代表的是模式分析统计建模和计算学习（pattern analysis statistical modeling and computational learning）。

2005—2012 年，PASCAL VOC 举办了多届对象类识别挑战赛。 PASCAL VOC 注解广泛用于对象检测，并且使用.xml 格式。

整个对象检测模型分为图像分割（image segmentation）、基于选择性搜索的区域提议、使用 CNN 的特征提取和分类以及使用支持向量机（support vector machine，SVM）的边界框形成，如图 5-10 所示。

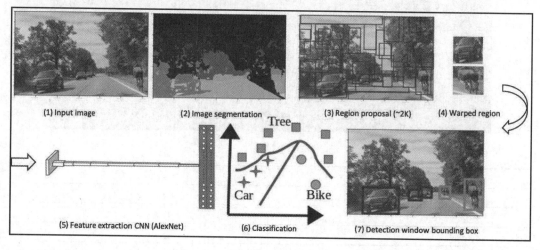

图 5-10

原　　文	译　　文
(1) Input image	（1）输入图像
(2) Image segmentation	（2）图像分割
(3) Region proposal	（3）区域提议
(4) Warped region	（4）变形区域
(5) Feature extraction CNN (AlexNet)	（5）特征提取 CNN（AlexNet）
(6) Classification	（6）分类
(7) Detection window bounding box	（7）检测窗口边界框
Tree	树
Car	车
Bike	自行车

图 5-10 显示了将道路上的汽车和自行车的输入图像转换为对象检测边界框的各个步骤。

接下来，我们将详细讨论每个步骤。

5.5.1　图像分割

图像分割就是将图像划分为多个区域。分割图像中的每个区域都具有相似的特征，如颜色、纹理和强度。

图像分割可采用以下两种方式。

❑　基于聚类的分割。

❑　基于图的分割。

5.5.2　基于聚类的分割

K-means 是一种无监督的机器学习技术，它可以基于质心（centroid）将相似的数据分为若干个组。*K*-means 聚类算法的关键步骤概述如下。

（1）在任意位置选择 *K* 个数据点作为聚类的初始数目。

（2）找到每个聚类的质心和每个像素之间的距离，并将其分配给最近的聚类。

（3）更新每个聚类的平均值。

（4）通过更改聚类的质心重复此过程，直到每个像素及其关联的聚类之间的总距离达到最小化。

5.5.3　基于图的分割

有许多基于图的分割（graph-based segmentation）方法可用，本节要为 R-CNN 介绍的一种方法是由 Pedro Felzenszwalb 和 Daniel Huttenlocher 在题为 *Efficient Graph-Based Image Segmentation*（《基于图的有效图像分割》）的论文中提出的。该论文的网址如下。

http://people.cs.uchicago.edu/~pff/papers/seg-ijcv.pdf

此方法涉及将图像表示为图（有关图的详细说明将在 5.9 节"GNN 概述"中给出），然后从图中选择边（edge），其中的每个像素都链接到图中的节点（node），并通过边连接到相邻像素。边上的权重表示像素之间的差异。分割的标准基于被边界（boundary）分开的图像的相邻区域的变化的度（degree）。边界是通过评估阈值函数来定义的，该阈值函数将表示与相邻像素之间的强度差相比，沿着边界的像素之间的强度差。基于区域之间边界的存在，分割将被定义为粗略（coarse）分割或精细（fine）分割。

5.5.4　选择性搜索

对象检测的主要挑战是在图像中找到对象的精确位置。图像中往往会有多个对象在不同的空间方向上，这使要找到图像中对象的边界变得比较困难。某个对象可能被遮盖并且只有部分可见。例如，一个人站在汽车后面，那么我们只能看到汽车和汽车上方的人的身体。选择性搜索（selective search）就是用于解决此问题的。

选择性搜索将整幅图像分为多个分割区域。然后，它使用自下而上（bottom-up）方法将相似的区域组合成较大的区域。选择性搜索将使用已生成的区域来找到对象的位置。

选择性搜索使用贪婪算法，根据大小、颜色和纹理以迭代方式将区域组合在一起。选择性搜索中使用的步骤说明如下。

（1）对两个最相似的区域进行评估并将其组合在一起。

（2）在结果区域和新区域之间计算新的相似度以形成新的组。

（3）重复对最相似区域进行分组的过程，直到区域覆盖整个图像。

选择性搜索之后是区域提议，接下来将展开对它的讨论。

5.5.5　区域提议

在区域提议（region proposal）阶段，算法将使用上面所介绍的选择性搜索方法来提取大约 2000 个与类别无关（category-independent）区域提议。与类别无关的区域提议可用于识别图像中的多个区域，以使每个对象都可以由图像中的至少一个区域很好地表示。人类可以通过在图像中找到对象来很自然地做到这一点，但是对于机器而言，则需要确定对象的位置，然后将其与图像中的适当区域进行匹配以检测对象。

与图像分类不同，检测涉及图像定位，因此可以创建一个适当的区域来包围对象以检测该区域内的特征。这个适当的区域将基于选择性搜索方法进行选择，具体做法可以是基于颜色进行搜索，然后基于纹理、大小和形状等进行搜索来计算相似区域。

5.5.6　特征提取

特征提取是将相似特征（如边、角和线）分组为特征向量。特征向量将图像的维数从 227×227（～51529）降低到 4096。对于每个区域提议，无论其大小如何，都首先通过膨胀和变形将其转换为 227×227 的大小。这是必需的，因为 AlexNet 的输入图像大小为 227×227。使用 AlexNet 可从每个区域提取 4096 个特征向量。特征矩阵为 4096×2000，因为每幅图像有 2000 个区域提议。

原则上，只要修改输入图像的大小以适合网络的图像大小，R-CNN 就可以采用任何 CNN 模型（如 AlexNet、ResNet、Inception 或 VGG）作为输入。R-CNN 论文的作者比较了 AlexNet 和 VGG16 作为 R-CNN 输入的情况，发现 VGG16 的准确率高 8%，但计算耗费的时间则比 AlexNet 长 7 倍。

5.5.7　图像分类

通过 AlexNet 提取特征后，图像的分类包括将特征向量传递到与类别相关的线性支持向量机（SVM）中，以对区域提议中对象的存在进行分类。

使用支持向量机是一种有监督的机器学习方法，该方法将权重和偏置分配给每个特征向量，然后画一条线将对象分成特定的类。图像分割的完成方式是，确定每个向量和这条线之间的距离，然后定位这条线以使分隔距离最大。

5.5.8　边界框回归

边界框回归（bounding box regression）可预测对象在图像中的位置。在支持向量机之后，人们开发了线性回归模型以预测边界框检测窗口的位置和大小。对象的边界框由 4 个锚点值$[x, y, w, h]$定义，其中，x 是边界框原点的 x 坐标，y 是边界框原点的 y 坐标，w 是边界框的宽度，h 是边界框的高度。

回归技术试图使边界框预测中的误差最小化，方法是调整 4 个锚点值中的每一个，将预测值与真实（目标）值进行比较。

5.6　快速 R-CNN 概述

与以前的任何一种方法相比，R-CNN 在对象检测方面都取得了更显著的进步，但是它很慢，因为它对每个区域提议都需要在 CNN 上执行前向传递。此外，R-CNN 的训练是一个多阶段的流程，具体包括：首先针对区域提议优化 CNN，然后运行支持向量机进行对象分类，再使用边界框回归器绘制边界框。R-CNN 的创建者 Ross Girschick 为此另外提出了一种称为快速 R-CNN（fast R-CNN）的模型，以使用单阶段训练方法来改进检测。图 5-11 显示了快速 R-CNN 的架构。

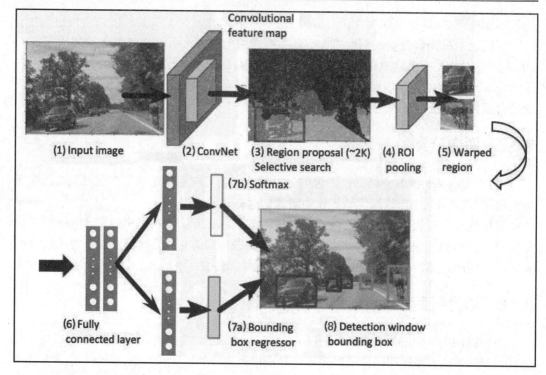

图 5-11

原　　文	译　　文
Convolutional feature map	卷积特征图
(1) Input image	（1）输入图像
(3) Region proposal(~2K)	（3）区域提议（~2000）
Selective search	选择性搜索
(4) ROI pooling	（4）感兴趣区域（ROI）池化
(5) Warped region	（5）变形区域
(6) Fully connected layer	（6）全连接层
(7a) Bounding box regressor	（7a）边界框回归器
(8) Detection window bounding box	（8）检测窗口边界框

快速 R-CNN 中使用的步骤如下。

（1）快速 R-CNN 网络使用多个卷积层和最大池化层处理整幅图像，以生成特征图。

（2）将特征图输入选择性搜索中以生成区域提议。

（3）对于每个区域提议，使用感兴趣区域（region-of-interest，ROI）最大池化提取固定长度（$h = 7 \times w = 7$）的特征向量。

（4）此特征向量值变成由以下两个分支分隔的全连接（FC）层的输入。

❑　用于分类概率的 Softmax。

❑　每个对象类的边界框位置和大小(x, y, 宽度, 高度)。

所有网络权重都使用反向传播进行训练，并且在前向和后向路径之间共享计算和内存，以进行损失和权重的计算。这可以将大型网络中的训练时间从 84h（R-CNN）减少到 9.5h（快速 R-CNN）。

快速 R-CNN 使用 Softmax 分类器而不像 R-CNN 那样使用支持向量机。表 5-2 显示，对于小型（S）、中型（M）和大型（L）网络来说，Softmax 的平均精确率均值（mAP）略胜于支持向量机的平均精确率均值。

表 5-2　Softmax 的平均精确率均值

VOC07	S	M	L
支持向量机（SVM）	56.3	58.7	66.8
Softmax	57.1	59.2	66.9

支持向量机（SVM）和 Softmax 的结果差异很小，这说明与使用 SVM 的多阶段训练相比，使用 Softmax 进行单次微调就足够了。当提议数量超过 4000 个时，导致平均精确率均值（mAP）降低了大约 1%，而当提议数量为 2000～4000 个时，实际上会使精确率提高大约 0.5%。

5.7　更快的 R-CNN 概述

R-CNN 和 Fast R-CNN 都依赖于选择性搜索方法来生成 2000 个区域提议，这导致每幅图像的检测速度为 2s，而相较之下，最有效的检测方法为每幅图像 0.2s。Shaoquing Ren、Kaiming He、Ross Girshick 和 Jian Sun 写了一篇名为 *Faster R-CNN: Towards Real-Time Object Detection with Region Proposal Networks to Improve the R-CNN Speed and Accuracy for Object Detection*（《更快的 R-CNN：利用区域提议网络实现实时对象检测，以提高对象检测的 R-CNN 速度和准确率》）的论文。其网址如下。

https://arxiv.org/abs/1506.01497

图 5-12 显示了更快的 R-CNN（faster R-CNN）的架构。

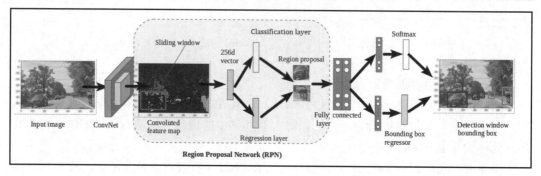

图 5-12

原　　文	译　　文
Input image	输入图像
Sliding window	滑动窗口
Convoluted feature map	卷积特征图
256d vector	256 维向量
Classification layer	分类层
Region proposal	区域提议
Regression layer	回归层
Region Proposal Network (RPN)	区域提议网络（RPN）
Fully connected layer	全连接层
Bounding box regressor	边界框回归器
Detection window bounding box	检测窗口边界框

其中的关键概念如下。

❑　将输入图像引入区域提议网络（region proposal network，RPN），该网络可为给定图像输出一组矩形区域提议。

❑　区域提议网络（RPN）与最新的对象检测网络共享卷积层。

❑　RPN 通过反向传播和随机梯度下降（SGD）进行训练。

更快的 R-CNN（faster R-CNN）中的对象检测网络类似于快速 R-CNN（fast R-CNN）。图 5-13 显示了使用更快的 R-CNN 执行的一些对象检测输出。

图 5-13 显示了使用更快的 R-CNN 模型执行的推论。在第 10 章“使用 R-CNN、SSD 和 R-FCN 进行对象检测”中，将详细介绍如何生成这种类型的图形。图 5-13 左侧的推断是使用 TensorFlow Hub 中的预训练模型生成的，而右侧的推断则是通过训练我们自己的图像然后开发自己的模型来生成的。

Faster R-CNN + Inception ResNet backend
- inference done using pretrained model from TensorFlow Hub

Faster R-CNN + Inception backend
- inference done by training custom model

图 5-13

原　　文	译　　文
Faster R-CNN + Inception ResNet backend - inference done using pretrained model from TensorFlow Hub	更快的 R-CNN + Inception ResNet 后端 ——使用来自 TensorFlow Hub 的预训练模型完成推断
Faster R-CNN + Inception backend - inference done by training custom model	更快的 R-CNN + Inception 后端 ——通过训练自定义模型完成推断

通过遵循以下列表中描述的技术，即可获得图 5-13 中显示出来的高准确率。

❑ 在两个网络之间共享卷积层：RPN 用于区域提议，快速 R-CNN 则用于检测。

❑ 对于更快的 R-CNN，输入图像大小为 1000×600。

❑ 通过在卷积特征图输出上滑动一个大小为 60×40 的小窗口来生成 RPN。

❑ 每个滑动窗口都映射到 9 个锚点框（这有 3 个尺度，框的区域分别为 128、256 和 512 像素，而 3 个长宽比则分别为 1∶1、1∶2 和 2∶1）。

❑ 每个锚点框都映射到一个区域提议。

❑ 每个滑动窗口都映射到 ZFNet 网络的 256 维特征向量和 VGG 网络的 512 维特征向量。

❑ 然后将此向量输入两个全连接层中。这两个全连接层是边界框回归层和边界框分类层。

❑ 区域提议的总数为 21500（60×40×9）。

为了训练 RPN，可使用训练数据基于交并比（intersection-over-union，IoU）重叠为每个锚点框分配一个二元类别标签。

交并比（IoU）用于衡量对象检测的准确率。在第 7 章 "YOLO 和对象检测"中对此进行了详细介绍。当前你只需要知道，IoU 是以两个边界框之间的重叠面积与其并集面积之比来衡量的。这意味着，当 IoU = 1 时，表示两个完整重叠的边界框，因此你只能看到一个边界框；而当 IoU = 0 时，则表示两个边界框彼此完全分开。

二元类级别具有正（阳性）样本和负（阴性）样本，它们具有以下属性。

❑ 　正样本：IoU 为最大值或大于 0.7。

❑ 　负样本：IoU 小于 0.3。

用于回归的特征具有相同的空间大小（高度和宽度）。在实际图像中，特征大小可以是不同的。考虑到这一点，可使用具有不同回归尺度和纵横比的可变边界框大小。RPN和对象检测之间的卷积特征可使用以下原则共享。

❑ 　RPN 使用二元类级别进行训练。

❑ 　检测网络通过快速 R-CNN 方法进行训练，并通过使用 RPN 训练的 ImageNet 预训练模型进行初始化。

❑ 　通过保持共享卷积层固定并仅微调 RPN 唯一的层来初始化 RPN 训练。

❑ 　上述步骤会产生两个共享的网络。

❑ 　通过保持共享卷积层固定，可以对快速 R-CNN 的全连接层进行微调。

❑ 　所有上述步骤的组合将导致两个网络共享相同的卷积层。

表 5-3 显示了 R-CNN、快速 R-CNN 和更快的 R-CNN 之间的比较。

表 5-3　R-CNN、快速 R-CNN 和更快的 R-CNN 之间的比较

参　　数	R-CNN	快速 R-CNN	更快的 R-CNN
输入	图像	图像	图像
输入图像的处理	基于像素相似性的图像分割	将输入图像馈送到 CNN 以生成卷积特征图	输入图像被馈送到 CNN 以生成卷积特征图
区域提议	使用选择性搜索在分割图像上生成 2000 个区域提议	使用卷积特征图的选择性搜索生成 2000 个区域提议	区域提议是使用区域提议网络（RPN）生成的。此 CNN 使用 60×40 滑动窗口，用于带有 9 个锚点框（3 个尺度和 3 个宽高比）的特征图的每个位置
变形为固定大小	来自区域提议，每个区域都将被变形为固定大小，以输入 CNN 中	使用 ROI 池化层中的最大池化，将区域提议变形为固定大小的正方形	使用 ROI 池化层将区域提议变形为固定大小的正方形
特征提取	将每幅图像固定大小的 2000 个变形的区域提议输入 CNN 中	将 2000 个变形区域馈送到两个分支中，每个分支都包含一个全连接层	2000 个变形区域被馈送到全连接层中

续表

参　　数	R-CNN	快速 R-CNN	更快的 R-CNN
检测	CNN 的输出将被传递到 SVM 中以进行分类，通过边界框回归器以生成边界框	全连接层的一个输出将被传递到 Softmax 层中以进行分类，另一个输出将被传递到边界框回归器中以生成边界框	全连接层的一个输出将被传递到 Softmax 层中以进行分类，另一个输出将被传递到边界框回归器中以生成边界框
CNN 类型	AlexNet	VGG16	ZFNet 或 VGGNet。ZFNet 是 AlexNet 的修改版本
区域提议	使用选择性搜索可生成约 2000 个区域提议	选择性搜索用于生成约 2000 个区域提议	CNN 用于生成约 21500 个区域提议（～60×40×9）
卷积操作	每幅图像被执行 2000 次卷积操作	每幅图像被执行一次卷积操作	每幅图像被执行一次卷积操作
区域提议和检测	区域提议和检测是分离的	区域提议和检测是分离的	区域提议和检测是耦合的
训练时间	84h	9h	150h
测试时间	49s	2.43s	0.2s
mAP（VOC 2007）	66	66.9	66.9

表 5-3 清楚地显示了 R-CNN 算法的演变过程，以及在提高其准确率的同时加快其速度的方法。以下是从表 5-3 中了解到的一些关键点。

❑　图像分割和通过选择性搜索以确定像素相似性是一项耗时的操作，因为该操作是逐像素操作的。

❑　与选择性搜索方法相比，使用滑动窗口的 CNN 操作在生成区域提议时要快得多。

❑　将 CNN 应用于整幅图像要比将 CNN 应用于图像中的区域，然后对给定图像重复此过程 2000 次要快得多。

5.8　GAN 概述

生成对抗网络（generative adversarial network，GAN）是卷积神经网络中的一个类型，它可以进行学习以估计数据的概率分布。

GAN 由两个相互竞争和连接的神经网络组成，这两个网络分别被称为生成器（generator）和鉴别器（discriminator，也称为判别器）。生成器可基于图像特征的噪声输入生成人工图像（artificial image，也称为伪造图像或假图像），例如，给定一系列猫的图像，它可以生成一幅新的不在数据集中的猫咪图像。鉴别器则可以将人工图像与真实图像进行比较，以确定图像的真实概率。概率信息被传递到图像输入中，以在下一阶段中进行学习。

图 5-14 说明了生成对抗网络（GAN）的机制。

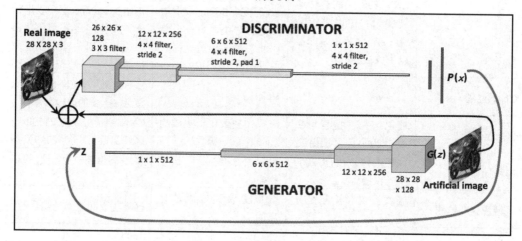

图 5-14

原　　文	译　　文
DISCRIMINATOR	鉴别器
Real image	真实图像
Artificial image	人工图像
GENERATOR	生成器

GAN 算法的分步骤说明如下。

（1）给定训练集 z，生成器网络 G 接收代表图像特征的随机向量 z，并通过 CNN 生成人工图像 $G(z)$。

（2）鉴别器网络是一个二元分类器。它的输入参数是 x，x 代表一幅图像，输出 $P(x)$ 代表 x 为真实图像的概率。如果输出为 1，就代表 100% 是真实的图像；而如果输出为 0，就代表不可能是真实的图像。

（3）鉴别器将这个概率信息提供给生成器，生成器网络使用该信息来改进其对图像 $G(z)$ 的预测。

二元分类器损失函数被称为交叉熵损失函数，用 $-(y \log(p) + (1-y) \log(1-p))$ 表示，其中，p 是概率，y 是期望值。

❏　鉴别器目标函数：
$$\max V(D) = E(x)[\log D(x)] + E(z)[\log(1 - D(z)]$$

❑　生成器目标函数：

$$\min V(G) = E(z)[\log(1 - D(z)]$$

GAN 已经存在多种类型（超过 20 种），并且几乎每个月都会开发出更多类型的 GAN。以下列表涵盖了 GAN 的两个主要变体。

❑　深度卷积 GAN（deep convolutional GAN，DCGAN）：和原始 GAN 一样，CNN 既用于鉴别器，又用于生成器。

❑　条件 GAN（conditional GAN，CGAN）：代表标记（label）的条件向量将用作生成器网络和鉴别器网络的附加输入。如前文所述，噪声会被添加到生成器网络中，而在条件 GAN 中，标记向量将和特征噪声一起被添加到生成器网络中，并且标记向量还将检测到标记中的变化。

GAN 的一些实际用例如下。

❑　生成伪造的人脸图像和图像数据集。

❑　组合图像以形成新的数据集。

❑　生成卡通角色。

❑　从 2D 图像生成 3D 面部和对象。

❑　语义图像转换。

❑　从不同的彩色图像生成一组彩色图像。

❑　从文本到图像的翻译。

❑　人体姿势估计。

❑　照片编辑和修复。

5.9　GNN 概述

图（graph）是一种用来描述现实世界中个体和个体之间网络关系的数据结构。图数据库就是以这种数据结构存储和查询数据的。由于社交、电子商务、金融、零售和物联网等行业的快速发展，现实社会织起了一张庞大而复杂的关系网，传统数据库很难处理这种关系运算，而大数据分析需要处理的数据之间的关系随着数据量的增加呈几何级数增长，因此，图数据库逐步发展成为一种支持海量复杂数据关系运算的数据库。Neo4J 就是一种原生图数据库。

卷积神经网络模型是基于矩阵计算的，前面介绍的图像特征就是以向量的形式呈现的。采用图嵌入技术，即可将文本和图之类的复杂对象表示为大小合理的矩阵，而这也促进了图神经网络的诞生和发展。

5.9.1　有关图神经网络的基础知识

图神经网络（graph neural network，GNN）将 CNN 学习扩展到图数据。在图神经网络中，将图表示为节点（node）和边（edge）的组合，其中，节点代表图的特征，边连接相邻节点，如图 5-15 所示。

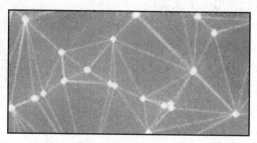

图 5-15

在此图像中，节点用实心白色点表示，边用连接各点的线表示。

以下方程式描述了图的关键参数。

❑　$H = (N, E)$。

❑　$N = \{n1, n2, n3, \cdots\}$。

❑　$E \subseteq N \times N$。

将图转换为由节点、边以及节点之间的关系组成的向量的过程称为图嵌入（graph embedding）。嵌入向量可以由以下公式表示。

$$h_{[n]} = f(x_{[n]}, x_{e[n]}, h_{ne[n]}, x_{ne[n]})$$
$$o_{[n]} = g(h_{[n]}, x_{[n]})$$

上述公式中的元素解释如下。

❑　$h_{[n]}$：当前节点 n 的状态嵌入。

❑　$h_{ne[n]}$：节点 n 邻域的状态嵌入。

❑　$x_{[n]}$：节点 n 的特征。

❑　$x_{e[n]}$：节点 n 的边的特征。

❑　$x_{ne[n]}$：节点 n 的邻域的特征。

❑　$o_{[n]}$：节点 n 的输出。

如果 H、X 是通过堆叠所有状态和所有特征构造的向量，则可以为 GNN 迭代状态编写以下公式。

$$H^{l+1} = F(H^l, X)$$

根据 GNN 的类型，可以将上面的一般性公式推导出各种形式。主要有两种分类，即频谱 GNN（spectral GNN）和非频谱 GNN（nonspectral GNN）。

5.9.2　频谱 GNN

频谱 GNN 最初是由 Joan Bruna、Wojciech Zaremba、Arthus Szlam 和 Yann LeCun 在题为 *Spectral Networks and Deep Locally Connected Networks on Graphs*（《图上的频谱网络和深度局部连接网络》）的论文中提出的。该论文的网址如下。

https://arxiv.org/pdf/1312.6203v3.pdf

频谱 GNN 是傅立叶域中的卷积。频谱 GNN 可用以下公式表示。

$$g_\theta * x = U g_\theta U^T x$$

上述公式中的元素解释如下。

❏　g_θ：滤波器参数，也可以视为卷积权重。

❏　x：输入信号。

❏　U：归一化图的拉普拉斯算子（Laplacian）的特征向量矩阵。

$$L = I_N - D^{-1/2} A D^{-1/2} = U \times \Lambda U^T$$

Kipf 和 Welling 在他们的文章 *Semi-Supervised Classification With Graph Convolution Networks*（《图卷积网络的半监督分类》）（ICLR 2017）中进一步简化了该公式，以解决过拟合问题。具体如下。

$$g_\theta * h \approx \theta \left(I_N + D^{-1/2} A D^{-1/2} \right) h$$

再次进行归一化，可以进一步简化上述公式。

$$H^{l+1} = \sigma [D^{-1/2} A D^{-1/2} H^l W]$$

其中，σ 代表激活函数。

图 5-16 说明了 GNN 的架构。

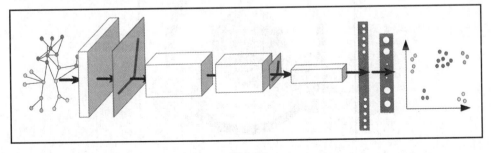

图 5-16

GNN 层汇总了来自其邻居的特征信息，并应用 ReLU 激活、池化、全连接层和 Softmax 层，以对图像中的不同特征进行分类。

5.10　强化学习概述

强化学习（reinforcement learning）是机器学习的一种类型，其中，Agent（代理）根据来自过去的累积奖励信号的反馈来预测奖励（或结果），从而学会在当前环境中采取行动。请注意，Agent 通常是指驻留在某一环境下，能持续自主地发挥作用，具备驻留性、反应性、社会性和主动性等特征的计算实体。Agent 既可以是软件实体，也可以是硬件实体，所以可以这样理解：Agent 是人在 AI 环境中的代理，是完成各种任务的载体。

Christopher Watkins 在题为 *Learning from Delayed Rewards*（《从延迟奖励中学习》）的论文中介绍的 Q-Learning 是强化学习中最受欢迎的算法之一。Q 指的是质量（quality），这是给定操作在产生奖励中的值。

- ❑　在每个学习状态下，Q 表（Q table）存储状态（state）、动作（action）和相应奖励（reward）的值。
- ❑　代理在 Q 表中进行搜索以做出使长期累积奖励最大化的下一个动作。
- ❑　强化学习与有监督学习和无监督学习的主要不同之处在于，它不需要输入标签（有监督学习）或底层结构（无监督学习）就可以将对象分类。

图 5-17 说明了深度 Q 网络（deep Q network，DQN）的概念。强化学习就是一种融合了神经网络和 Q-Learning 的方法。代理在某种状态下行动以产生动作，从而产生奖励。动作的价值会随着时间的推移而提高，以最大化奖励。

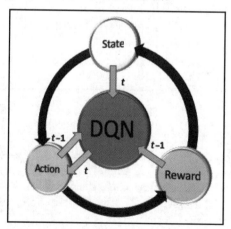

图 5-17

原　文	译　文
State	状态
Action	动作
Reward	奖励

代理以状态（s_t）开始，观察一系列观测值，然后再采取行动（a_t），并获得奖励。

因此，我们的目标就是使以下累积值函数的值最大化，以在 Q-Learning 方法中找到所需的输出。

$$Q^{\text{new}}(s_t, a_t) \leftarrow (1-\alpha).Q(s_t, a_t) + \alpha.(r_t + \gamma.\max\{Q(s_{t+1}, a)\})$$

上述公式中的主要特征解释如下。

❑　$Q(s_t, a_t)$：这是旧值。

❑　α：这是学习率。

❑　γ：这是立即奖励与延迟奖励之间折衷的折扣因子。

❑　r_t：这是奖励。

❑　$\max\{Q(s_{t+1}, a)\}$：这是学习的值。

由于 Q-Learning 包括对估计的动作值的最大化步长，因此它倾向于过高估计值。

在强化学习中，可使用卷积网络来创建能够在复杂情况下获得正奖励的 Agent 的动作。这个概念最早是由 Mnih 等人在 2015 年发表的题为 *Human-level control through deep reinforcement learning*（《通过深度强化学习实现人类水平的控制》）的论文中提出的。该论文的网址如下。

https://web.stanford.edu/class/psych209/Readings/MnihEtAlHassibis15NatureControlDeepRL.pdf

这包括 3 个卷积层和一个全连接的隐藏层。请注意，在强化学习中，卷积网络得出的解释与有监督学习中得出的解释不同。在有监督学习中，CNN 用于将图像分类为不同的类别；而在强化学习中，图像代表一种状态，而 CNN 则用于创建 Agent 在该状态下执行的动作。

5.11　迁移学习概述

到目前为止，我们已经学会了通过设计单独的工作来解决特定任务的方式构建 CNN 架构。神经网络模型是深度密集型的，需要大量的训练数据、长时间的训练以及进行调优的专业知识才能获得比较高的准确率，这和人类的学习方式有所不同，人类通常不会从头开始学习所有知识，而是向他人学习，或从云端（互联网）学习。当现有数据不足以供我们尝试分析的新类使用时，迁移学习（transfer learning）非常有用，因为在相似的类中存在大量预训练的数据。每个 CNN 模型（如 AlexNet、VGG16、ResNet 和 Inception）均已在 ImageNet ILSVRC 挑战赛数据集中进行了训练。ImageNet 是一个数据集，它有22000 个分类，总共包含超过 1500 万幅带标签的图像。ILSVRC 挑战赛使用的是 ImageNet 的子集，它有 1000 个分类，每个分类中都有大约 1000 幅图像。

在迁移学习中，可以修改针对其他情况开发的预训练模型，以用于我们的特定任务，预测我们自己的类。其主要思路是，选择我们已经讨论过的 CNN 架构，如 AlexNet、VGG16、ResNet 和 Inception，冻结一层或两层，更改一些权重，并输入我们自己的数据来对类进行预测。在第 4 章"图像深度学习"中，已经介绍了 CNN 如何查看和解释图像。

上述学习模型均可用于构建迁移学习，例如，在第 4 章"图像深度学习"中有关 CNN 可视化内容的介绍的是床、椅子和沙发图像特征的可视化，在此基础上，我们可以将它迁移到汽车图像上，并总结出以下关键点。

❑　前几层基本上是汽车的一些通用特征（如边缘检测、斑点检测等），中间层则是将边缘结合起来以形成汽车的特征，如轮胎、门把手、车灯和仪表板等，最后几层是非常抽象的，并且完全与特定对象相关。

❑　全连接层可将上一层的输出展平为单个向量，并将其乘以不同的权重，然后在其上应用激活系数。它可以使用机器学习支持向量机（SVM）类型的方法进行分类。

在理解了这些概念之后，即可理解以下用于迁移学习的常用方法。

（1）删除并交换 Softmax 层。

① 使用 TensorFlow 取得在 ImageNet 上预训练的 CNN，如 VGG16、AlexNet、ResNet 或 Inception。

② 删除最后一个 Softmax 层，并将 CNN 的其余部分视为新数据集的固定特征提取器。

③ 用自定义 Softmax 替换掉原来的 Softmax 层，并使用数据集训练结果模型。

（2）微调 ConvNet。为了减少过拟合现象，可让一些较早的层保持固定，而仅微调网络的较高层部分。正如在第 4 章"图像深度学习"的可视化示例中所看到的那样，最后一层非常抽象并且针对特定数据集进行了调整，因此冻结整个模型并将步骤（1）中的 Softmax 更改为新的 Softmax 可能会导致较低的准确率。为了提高准确率，最好从 CNN 的中间训练你的自定义图像，这样，在全连接层之前的最后几层将具有特定于你的应用的特征，这将获得更高的预测准确率。在第 6 章"迁移学习和视觉搜索"中将在此概念上进行编码，并从 CNN 中部附近开始训练，这样做可以明显看到准确率的提高。

5.12　小　　结

本章介绍了不同卷积网络（ConvNet）的架构，以及如何将 ConvNet 的不同层堆叠在一起以将各种输入分类为预定义的类。

我们分别介绍了不同的图像分类模型，如 AlexNet、VGGNet、Inception 和 ResNet，它们为何不同，它们解决了哪些问题以及它们的整体相似性。

我们详细解释了诸如 R-CNN 之类的对象检测方法，以及它如何发展为快速 R-CNN 和更快的 R-CNN（用于边界框检测）。本章还介绍了两个新模型 GAN 和 GNN。

最后，本章还介绍了强化学习和迁移学习。在强化学习中，Agent 可与环境交互以基于奖励学习最佳策略（例如，在十字路口向左或向右转）；而在迁移学习中，预训练的模型（如 VGG16）可以通过优化 CNN 比较靠后的层预测新数据中的类。

在第 6 章"迁移学习和视觉搜索"中将学习如何使用迁移学习来训练自己的神经网络，然后使用经过训练的网络执行视觉搜索。

第 6 章 迁移学习和视觉搜索

视觉搜索（visual search）是一种显示与用户上传到电子商务网站的图像相似图像的方法。例如，你在地铁上看到某位乘客穿的一双鞋正是你喜欢的款式，那么你只要拍一张照片就可以通过视觉搜索在淘宝上找到同款产品。

视觉搜索通过使用 CNN 将图像转换为特征向量，即可找到相似的图像。视觉搜索在网上购物中具有许多应用，因为它与文本搜索相辅相成，可以更好地表达用户对产品的选择。逛街购物族会喜欢视觉发现，因为它能够提供传统购物所没有的独特体验。

本章将使用在第 4 章"图像深度学习"和第 5 章"神经网络架构和模型"中详细阐释过的深度神经网络的概念。我们将使用迁移学习（transfer learning）为图像类别开发神经网络模型，并将其应用于视觉搜索。本章中的练习将使你获得足够的实践知识，以编写自己的神经网络和迁移学习代码。

本章包含以下主题。

❑ 使用 TensorFlow 编写深度学习模型代码。

❑ 使用 TensorFlow 开发迁移学习模型。

❑ 理解视觉搜索的架构和应用。

❑ 使用 tf.data 处理视觉搜索输入数据管道。

6.1 使用 TensorFlow 编写深度学习模型代码

在第 5 章"神经网络架构和模型"中，我们已经了解了各种深度学习模型的架构。本节将学习如何使用 TensorFlow/Keras 加载图像、浏览和预处理数据，然后应用 3 个 CNN 模型（VGG16、ResNet 和 Inception）的预训练权重来预测对象的类。

ℹ️ **注意:**

本节不需要训练，因为我们不是在构建模型，而是使用已构建的模型（即具有预训练权重的模型）来预测图像类别。

本节示例代码可在本书配套的 GitHub 存储库中找到，其网址如下。

https://github.com/PacktPublishing/Mastering-Computer-Vision-with-TensorFlow-2.0/blob/

master/Chapter06/Chapter6_ CNN_PretrainedModel.ipynb

接下来，我们将深入研究该代码。

6.1.1　下载权重

下载权重的代码如下。

```
from tensorflow.keras.applications import VGG16
from keras.applications.vgg16 import preprocess_input
from tensorflow.keras.applications.resnet50 import ResNet50,
preprocess_input
from tensorflow.keras.applications import InceptionV3
from keras.applications.inception_v3 import preprocess_input
```

上述代码可执行以下两个任务。

（1）权重将按以下方式下载，它是以下代码的输出的一部分。

```
Download VGG16 weight, the *.h5 file
Download Resnet50 weight, the *.h5 file
Download InceptionV3 weight, the *.h5 file
```

（2）它会对图像进行预处理，以将当前图像标准化为 ImageNet RGB 数据集。由于该模型是在 ImageNet 数据集上开发的，因此，如果没有此步骤，那么该模型可能会导致错误的类别预测。

6.1.2　解码预测结果

ImageNet 数据具有 1000 个不同的类别。在 ImageNet 上训练的诸如 Inception 之类的神经网络将以整数形式输出该类。我们需要通过解码将整数结果转换为相应的类名称。例如，如果输出的整数值为 311，则需要对 311 的含义进行解码。通过解码，我们就可以知道 311 对应于折叠椅。

用于解码预测结果的代码如下。

```
from tensorflow.keras.applications.vgg16 import decode_predictions
from tensorflow.keras.applications.resnet50 import decode_predictions
from tensorflow.keras.applications.inception_v3 import decode_predictions
```

上面代码使用了 decode_predictions 命令将类的整数映射到类名称。没有此步骤，你将无法获得预测的类名称。

6.1.3　导入其他常用功能

这一部分是关于导入 Keras 和 Python 的通用包的。Keras preprocessing 是 Keras 的图像处理模块。其他常用功能的导入代码如下。

```
from keras.preprocessing import image
import numpy as np
import matplotlib.pyplot as plt
import os
from os import listdir
```

在上述代码中可以看到以下内容。

- ❑　我们加载了 Keras 图像预处理函数。
- ❑　NumPy 是 Python 数组处理函数。
- ❑　Matplotlib 是一个 Python 绘图函数。
- ❑　需要 os 模块访问目录以进行文件输入。

6.1.4　构建模型

在本节中将导入一个模型。用于模型构建的代码如下（每个代码段的说明都在代码下方）。

```
model = Modelx(weights='imagenet',
include_top=True,input_shape=(img_height, img_width, 3))
Modelx = VGG16 or ResNet50 or InceptionV3
```

该模型的构建具有以下 3 个重要参数。

- ❑　weights：这是在之前下载的 ImageNet 图像上使用的预训练模型。
- ❑　include_top：指示是否应包含最终的稠密层。对于预训练模型的类别预测，这始终为 True；但是，在 6.2 节"使用 TensorFlow 开发迁移学习模型"中你将看到，在迁移学习期间，此函数应被设置为 False，即迁移学习仅包括卷积层。
- ❑　input_shape：这是通道的高度、宽度和数量。由于我们要处理彩色图像，因此通道数被设置为 3。

6.1.5　从目录输入图像

从目录中输入图像的代码如下。

```
folder_path = '/home/…/visual_search/imagecnn/'
images = os.listdir(folder_path)
fig = plt.figure(figsize=(8,8))
```

上述代码指定了图像文件夹路径，并定义了图像属性，以便能够在后续部分中下载图像。它还将图形大小指定为 8×8。

6.1.6　使用 TensorFlow Keras 导入和处理多幅图像的循环函数

本节介绍如何批量导入多幅图像以一起处理所有图像，而不是一幅一幅地导入它们。这是网络学习的一项关键技能，因为在大多数生产环境的实际应用程序中，你不会一幅一幅地导入图像。使用 TensorFlow Keras 导入和处理多幅图像的循环函数的代码如下。

```
for image1 in images:
 i+=1
 im = image.load_img(folder_path+image1, target_size=(224, 224))
 img_data = image.img_to_array(im)
 img_data = np.expand_dims(img_data, axis=0)
img_data = preprocess_input(img_data)
resnet_feature = model_resnet.predict(img_data,verbose=0)
label = decode_predictions(resnet_feature)
 label = label[0][0]
 fig.add_subplot(rows,columns,i)
 fig.subplots_adjust(hspace=.5)
 plt.imshow(im)
 stringprint ="%.1f" % round(label[2]*100,1)
 plt.title(label[1] + " " + str(stringprint) + "%")
plt.show()
```

上述代码可执行以下步骤。

（1）以 image1 作为循环的中间值，循环遍历 images 属性。

（2）image.load 函数将每幅新图像添加到文件夹路径中。需要注意的是，对于 VGG16 和 ResNet 模型来说，目标大小是 224；而对于 Inception 模型来说，目标大小是 299。

（3）使用 NumPy 数组将图像转换为数组函数并扩展其维度，然后按照 6.1.1 节 "下载权重" 中的说明应用 preprocessing 函数。

（4）使用 model.predict()函数计算特征向量。

（5）将预测结果解码为类别标签名称。

（6）label 函数被存储为数组，它具有两个元素：类名称和置信度%。

（7）使用 Matplotlib 库进行绘图。

❑　fig.add_subplot 具有 3 个元素：rows、columns 和 i。例如，总共 9 幅图像可排列
　　为 3 列和 3 行，i 项将从 1 数到 9，其中 1 是第一幅图像，9 是最后一幅图像。

❑　fig.subplots_adjust：在图像之间添加垂直空间。

❑　plt.title：为每幅图像添加标题。

🛈 注意：

可以在本书配套的 GitHub 存储库中找到完整的代码，网址如下。

https://github.com/PacktPublishing/Mastering-Computer-Vision-with-TensorFlow-2.0/blob/
master/Chapter06/Chapter6_CNN_PretrainedModel.ipynb

为了验证模型，可以将 9 幅不同的图像存储在目录中，并逐一通过每个模型生成预
测。表 6-1 显示了使用 3 种不同的神经网络模型对每幅目标图像的最终预测输出。

表 6-1　3 种不同神经网络模型的预测输出结果对比

目 标 图 像	VGG16	ResNet	Inception
餐桌	餐桌 58%	台球桌 30.1%	桌子 51%
炒锅	汤勺 55%	汤勺 87%	汤勺 30%
沙发	沙发床 42%	沙发床 77%	沙发床 58%
床	沙发床 35%	四人沙发 53%	沙发床 44%
水瓶	水瓶 93%	水瓶 77%	水瓶 98%
行李包	折叠椅 39%	背包 66%	邮袋 35%
背包	背包 99.9%	背包 99.9%	背包 66%
沙发椅	沙发床 79%	沙发床 20%	沙发床 48%
SUV	小型货车 74%	小型货车 98%	小型货车 52%

图 6-1 显示了 VGG16 对这 9 个类别的输出。

在图 6-1 中，可以观察到以下内容。

❑　每个图形的维度为 224×224，顶部有标签和置信度百分比。

❑　该模型有 3 个错误的预测：炒锅（预测为汤勺）、床（预测为沙发床）和行李
　　包（预测为折叠椅）。

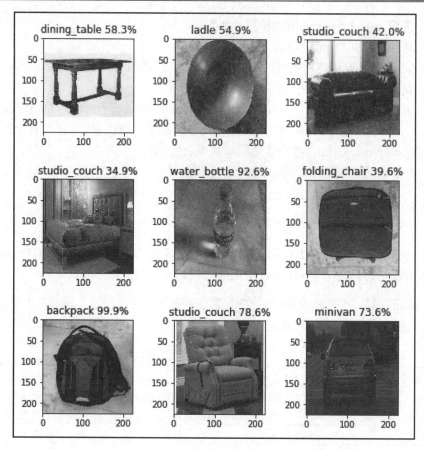

图 6-1

原　　文	译　　文
dining_table 58.3%	餐桌 58.3%
ladle 54.9%	汤勺 54.9%
studio_couch 42.0%	沙发床 42.0%
studio_couch 34.9%	沙发床 34.9%
water_bottle 92.6%	水瓶 92.6%
folding_chair 39.6%	折叠椅 39.6%
backpack 99.9%	背包 99.9%
studio_couch 78.6%	沙发床 78.6%
minivan 73.6%	小型货车 73.6%

图 6-2 显示了 ResNet 对这 9 个类别的预测结果。

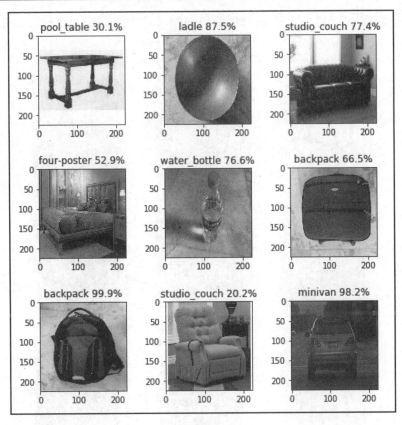

图 6-2

原　　文	译　　文
pool_table 30.1%	台球桌 30.1%
ladle 87.5%	汤勺 87.5%
studio_couch 77.4%	沙发床 77.4%
four-poster 52.9%	四人沙发 52.9%
water_bottle 76.6%	水瓶 76.6%
backpack 66.5%	背包 66.5%
backpack 99.9%	背包 99.9%
studio_couch 20.2%	沙发床 20.2%
minivan 98.2%	小型货车 98.2%

在图 6-2 中，可以观察到以下内容。

❑　每个图形的维度为 224×224，顶部有标签和置信度百分比。

❑   该模型有两个错误的预测：炒锅（预测为汤勺）和行李包（预测为背包）。
图 6-3 显示了 Inception 对这 9 个类别的预测结果。

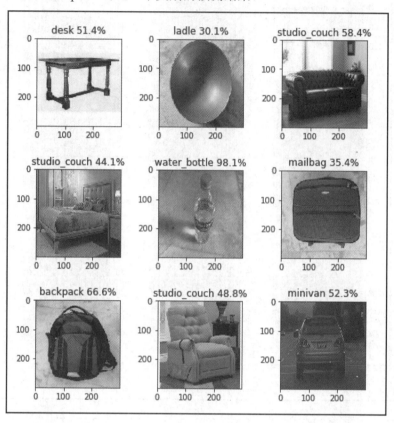

图 6-3

原　　文	译　　文
desk 51.4%	桌子 51.4%
ladle 30.1%	汤勺 30.1%
studio_couch 58.4%	沙发床 58.4%
studio_couch 44.1%	沙发床 44.1%
water_bottle 98.1%	水瓶 98.1%
mailbag 35.4%	邮袋 35.4%
backpack 66.6%	背包 66.6%
studio_couch 48.8%	沙发床 48.8%
minivan 52.3%	小型货车 52.3%

在图 6-3 中可以观察到以下内容。

❑　每个图形的维度为 299×299，顶部有标签和置信度百分比。

❑　该模型有两个错误的预测：炒锅（预测为汤勺）和床（预测为沙发床）。

通过本练习，我们现在理解了如何在不训练单幅图像的情况下，使用预训练的模型来预测已知的类别对象。我们之所以能够这样做，是因为每个图像模型都已经使用 ImageNet 数据库中的 1000 个类别进行了训练，并且计算机视觉社区可以使用该模型产生的权重，以供其他模型使用。

在 6.2 节"使用 TensorFlow 开发迁移学习模型"中将学习如何使用迁移学习为我们自己的图像训练模型以进行预测，而不是直接从通过 ImageNet 数据集开发的模型中进行推断。

6.2　使用 TensorFlow 开发迁移学习模型

在第 5 章"神经网络架构和模型"中已经详细阐述了迁移学习的概念，并在 6.1 节"使用 TensorFlow 编写深度学习模型代码"中演示了如何基于预训练的模型预测图像类别。我们已经观察到，经过预训练的模型在大型数据集上具有比较合理的准确率，但是我们还可以通过在我们自己的数据集上训练模型来对此进行改进。一种方法是构建整个模型（如 ResNet）并在我们自己的数据集上对其进行训练，但是此过程可能需要大量时间才能运行模型，然后为我们自己的数据集优化模型参数。

另一种更有效的方法就是迁移学习，即在不对最上层进行 ImageNet 数据集训练的情况下，从基本模型中提取特征向量，然后添加我们的自定义全连接层（包括激活、Dropout 和 Softmax）来构成最终模型。

我们冻结了基础模型，但是新添加的组件的最上层仍未冻结。我们可以在自己的数据集上训练新创建的模型以生成预测结果。

迁移学习的整个过程是，从大型模型迁移学习的特征图，然后通过微调高阶模型参数在我们自己的数据集上对其进行自定义训练。

接下来，我们将详细阐释迁移学习的工作流程以及相关的 TensorFlow/Keras 代码。首先要了解的就是分析和存储数据。

6.2.1　分析和存储数据

首先，我们将从分析和存储数据开始。在本示例中，我们要构造的是一个具有 3 个不同类别的家具模型：bed（床）、chair（椅子）和 sofa（沙发）。本示例中的每幅图像都是大小为 224×224 的彩色图像。我们的目录结构如下。

Furniture_images（家具图像）。

- ❏ train（训练集，2700 幅图像）。
  - ➢ bed（900 幅图像）。
  - ➢ chair（900 幅图像）。
  - ➢ sofa（900 幅图像）。
- ❏ val（验证集，300 幅图像）。
  - ➢ bed（100 幅图像）。
  - ➢ chair（100 幅图像）。
  - ➢ sofa（100 幅图像）。

🛈 注意：

这里的图像数量仅是一个示例。值得一提的是，为了获得良好的检测结果，每个类别需要约 1000 幅图像，并且训练和验证的比例为 90%：10%。

6.2.2　导入 TensorFlow 库

下一步要做的是导入 TensorFlow 库。以下代码可导入 ResNet 模型权重和预处理的输入，这与 6.1 节"使用 TensorFlow 编写深度学习模型代码"中的操作类似。在第 5 章"神经网络架构和模型"中已经解释过每个概念。

```
from tensorflow.keras.applications.resnet50 import ResNet50,
preprocess_input
from tensorflow.keras.layers import Dense, Activation, Flatten, Dropout
from tensorflow.keras.models import Sequential, Model
from tensorflow.keras.optimizers import SGD, Adam
img_width, img_height = 224, 224
```

该代码还导入了多个深度学习参数，如 Dense（全连接层）、Activation、Flatten 和 Dropout。然后，我们又导入了 Sequential 模型 API，以创建逐层模型、随机梯度下降（SGD）和 Adam 优化器。ResNet 和 VGG 模型的图像高度和宽度分别为 224，Inception 模型的图像高度和宽度分别为 299。

6.2.3　设置模型参数

为进行分析，还需要设置模型参数，如以下代码块所示。

```
NUM_EPOCHS = 5
batchsize = 10
num_train_images = 900
num_val_images = 100
```

基础模型的构建类似于 6.1 节"使用 TensorFlow 编写深度学习模型代码"中的示例，不同之处在于，需设置 include_top = False 来排除最上面的层。

```
base_model =
ResNet50(weights='imagenet',include_top=False,input_shape=(img_height,
img_width, 3))
```

在上面代码中，使用了 base_model（基本模型）通过仅使用卷积层来生成特征向量。

6.2.4　建立数据输入管道

我们将导入一个图像数据生成器，该图像数据生成器可使用诸如旋转、水平翻转、垂直翻转和数据预处理之类的数据增强来生成张量图像。

数据生成器将分别针对训练集和验证集重复运行。

6.2.5　训练数据生成器

以下是用于训练数据生成器的代码。

```
from keras.preprocessing.image import ImageDataGenerator
train_dir = '/home/…/visual_search/furniture_images/train'
train_datagen =
ImageDataGenerator(preprocessing_function=preprocess_input,
rotation_range=90,horizontal_flip=True,vertical_flip=True)
```

上述代码可从目录中导入数据。它具有以下参数。

❑ Directory：这是一个文件夹路径，应设置为包含所有 3 个类的图像的路径。在本示例中，这就是 train 目录的路径。要获取该路径，可以将文件夹拖曳到终端，它会显示路径，并允许复制并粘贴。

❑ Target_size：将其设置为等于模型所采用图像的大小。例如，对于 Inception 模型来说，该参数为 299×299；对于 ResNet 和 VGG16 模型来说，该参数为 224×224。

❑ Color_mode：对于黑白图像，设置为 grayscale；对于彩色图像，设置为 RGB。

❑ Batch_size：每批图像的数量。

❑ class_mode：如果只有两个要预测的类，则设置为 binary；如果不是，则设置为 categorical。

❑ shuffle：如果要重新排序图像，则设置为 True；否则设置为 False。

❑ seed：用于应用随机图像增强和打乱图像顺序的随机种子。

以下代码显示了如何编写最终的训练数据生成器，该数据将被导入模型中。

```
train_generator =
train_datagen.flow_from_directory(train_dir,target_size=(img_height,
img_width), batch_size=batchsize)
```

6.2.6　验证数据生成器

接下来，我们将在以下代码中为验证集重复该过程。该过程与训练生成器的过程相同，唯一不同的是将使用验证图像目录而不是训练图像目录。

```
from keras.preprocessing.image import ImageDataGenerator
val_dir = '/home/…/visual_search/furniture_images/val'
val_datagen =
ImageDataGenerator(preprocessing_function=preprocess_input,
rotation_range=90,horizontal_flip=True,vertical_flip=True)
val_generator =
val_datagen.flow_from_directory(val_dir,target_size=(img_height,
img_width),batch_size=batchsize)
```

上述代码显示了最终的验证数据生成器。

6.2.7　使用迁移学习构建最终模型

首先需要定义一个名为 build_final_model() 的函数，该函数采用 base_model 和模型参数，如 dropout、fc_layers（全连接层）和 num_classes（类的数量）。

该函数首先使用 layer.trainable = False 冻结基本模型；然后，将基础模型输出特征向量展平，以进行后续处理；接下来，添加一个全连接层，舍弃已经展平的特征向量，以使用 Softmax 层预测新类。

```
def build_final_model(base_model, dropout, fc_layers, num_classes):
 for layer in base_model.layers:
    layer.trainable = False
    x = base_model.output
    x = Flatten()(x)
    for fc in fc_layers:
    # 新建全连接层，随机初始化
    x = Dense(fc, activation='relu')(x)
    x = Dropout(dropout)(x)
    # 新建 Softmax 层
    predictions = Dense(num_classes, activation='softmax')(x)
    final_model = Model(inputs=base_model.input, outputs=predictions)
        return final_model
    class_list = ["bed", "chair", "sofa"]
    FC_LAYERS = [1024, 1024]
    dropout = 0.3
    final_model =
build_final_model(base_model,dropout=dropout,fc_layers=FC_LAYERS,
num_classes=len(class_list))
```

使用包含分类交叉熵损失的 Adam 优化器编译该模型。

```
adam = Adam(lr=0.00001)
final_model.compile(adam, loss='categorical_crossentropy',
metrics=['accuracy'])
```

使用 model.fit_generator 命令开发并运行最终模型。history 将存储训练的 Epoch、每个 Epoch 的步数、损失、准确率、验证损失和验证准确率。

```
history =
final_model.fit(train_dir,epochs = NUM_EPOCHS,steps_per_epoch = num_train_
images // batchsize,callbacks =[checkpoint_callback],validation_data =
val_dir, validation_steps = num_val_images // batchsize)
```

请注意，mode.fit_generator 将来会被弃用，并将由 model.fit()函数代替。

model.fit()的各种参数说明如下。

❑　train_dir：输入训练数据。

❑　epochs：一个整数，指示训练模型的 Epoch 数。epochs 的值从 1 开始递增，直至 NUM_EPOCHS 结束。

❑　steps_per_epoch：这是一个整数。它显示了一个 Epoch 训练完成和下一个 Epoch 训练开始之前的总步数。其最大值等于(训练图像数/batch_size)。因此，如果有 900 幅训练图像且批大小为 10，那么每个 Epoch 的步数为 90。

- ❑ workers：较高的值可确保 CPU 创建足够的批供 GPU 处理，并且 GPU 永远不会保持空闲状态。
- ❑ shuffle：这是一个布尔类型的值。它指示在每个 Epoch 开始时批的重新排序。仅与 Sequence(keras.utils.Sequence) 一起使用。当 steps_per_epoch 不为 None 时，则无效。
- ❑ validation_data：这是一个验证生成器。
- ❑ validation_steps：这是 validation_data 生成器中使用的总步数，等于验证数据集中的样本数目除以批大小。

6.2.8　使用 Checkpoint 保存模型

TensorFlow 模型可以运行很长时间，因为每个 Epoch 可能需要若干分钟才能完成。TensorFlow 有一个称为 Checkpoint 的命令，使我们能够在每个 Epoch 完成时保存中间模型。这样，如果由于损失已经饱和而不得不在中间中断模型或将计算机用于其他用途，则不必从头开始，你可以使用到目前为止已经获得的模型继续进行分析。

以下代码块是对上一个代码块的补充，它可以执行检查点保存。

```
from tensorflow.keras.callbacks import ModelCheckpoint
filecheckpath="modelfurn_weight.hdf5"
checkpointer = ModelCheckpoint(filecheckpath, verbose=1,
save_best_only=True)

history = final_model.fit_generator(train_generator, epochs=NUM_EPOCHS,
workers=0,steps_per_epoch=num_train_images // batchsize, shuffle=True,
validation_data=val_generator, validation_steps=num_val_images // batchsize,
callbacks = [checkpointer])
```

上述代码的输出如下。

```
89/90 [=============================>.] - ETA: 2s - loss: 1.0830 - accuracy:
0.4011 Epoch 00001: val_loss improved from inf to 1.01586, saving model
to modelfurn_weight.hdf5 90/90 [==============================] - 257s
3s/step - loss: 1.0834 - accuracy: 0.4022 - val_loss: 1.0159 - val_accuracy:
0.4800
 Epoch 2/5 89/90 [=============================>.] - ETA: 2s - loss: 1.0229
- accuracy: 0.5067 Epoch 00002: val_loss improved from 1.01586 to 0.87938,
saving model to modelfurn_weight.hdf5 90/90
[==============================] - 253s 3s/step - loss: 1.0220 - accuracy:
0.5067 - val_loss: 0.8794 - val_accuracy: 0.7300
```

```
 Epoch 3/5 89/90 [=============================>.] - ETA: 2s - loss: 0.9404
- accuracy: 0.5719 Epoch 00003: val_loss improved from 0.87938 to 0.79207,
saving model to modelfurn_weight.hdf5 90/90
[=============================] - 256s 3s/step - loss: 0.9403 - accuracy:
0.5700 - val_loss: 0.7921 - val_accuracy: 0.7900
 Epoch 4/5 89/90 [=============================>.] - ETA: 2s - loss: 0.8826
- accuracy: 0.6326 Epoch 00004: val_loss improved from 0.79207 to 0.69984,
saving model to modelfurn_weight.hdf5 90/90
[=============================] - 254s 3s/step - loss: 0.8824 - accuracy:
0.6322 - val_loss: 0.6998 - val_accuracy: 0.8300
 Epoch 5/5 89/90 [=============================>.] - ETA: 2s - loss: 0.7865
- accuracy: 0.7090 Epoch 00005: val_loss improved from 0.69984 to 0.66693,
saving model to modelfurn_weight.hdf5 90/90
[=============================] - 250s 3s/step - loss: 0.7865 - accuracy:
0.7089 - val_loss: 0.6669 - val_accuracy: 0.7700
```

该输出显示了每个 Epoch 的损失和准确率，并且将相应的文件另存为 hdf5 文件。

6.2.9　给训练的历史记录绘图

使用 Python Matplotlib 函数绘制折线图可以显示训练准确率和每个 Epoch 的训练损失。首先需要导入 Matplotlib，然后为训练/验证的损失和准确率定义参数。

```
import matplotlib.pyplot as plt
acc = history.history['accuracy']
val_acc = history.history['val_accuracy']
loss = history.history['loss']
val_loss = history.history['val_loss']
```

以下代码是使用 Keras 和 TensorFlow 绘制模型输出的标准代码。我们首先定义图形大小(8×8)，然后使用子图函数显示(2, 1, 1)和(2, 1, 2)，最后定义 label（标签）、limit（限制线）和 title（标题）。

```
plt.figure(figsize=(8, 8))
plt.subplot(2, 1, 1)
plt.plot(acc, label='Training Accuracy')
plt.plot(val_acc, label='Validation Accuracy')
plt.legend(loc='lower right')
plt.ylabel('Accuracy')
plt.ylim([min(plt.ylim()),1])
plt.title('Training and Validation Accuracy')
plt.subplot(2, 1, 2)
```

```
plt.plot(loss, label='Training Loss')
plt.plot(val_loss, label='Validation Loss')
plt.legend(loc='upper right')
plt.ylabel('Cross Entropy')
plt.ylim([0,5.0])
plt.title('Training and Validation Loss')
plt.xlabel('epoch')
plt.show()
```

现在来看上述代码的输出。我们将显示不同模型之间的准确率（accuracy）比较。图 6-4
显示了 Inception 的训练参数。

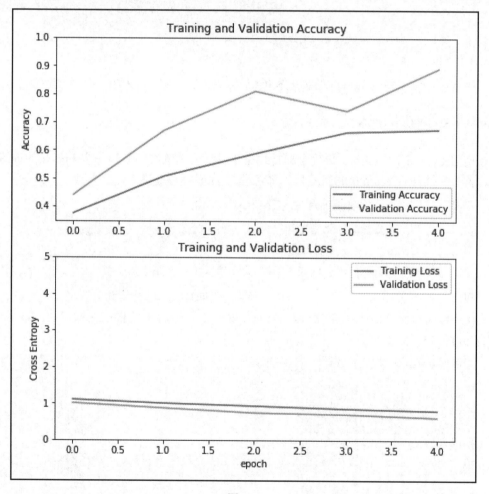

图 6-4

在图 6-4 中可以观察到，Inception 的准确率在 5 个 Epoch 内达到了约 90%。

接下来，我们可以绘制 VGG16 的训练参数，如图 6-5 所示。

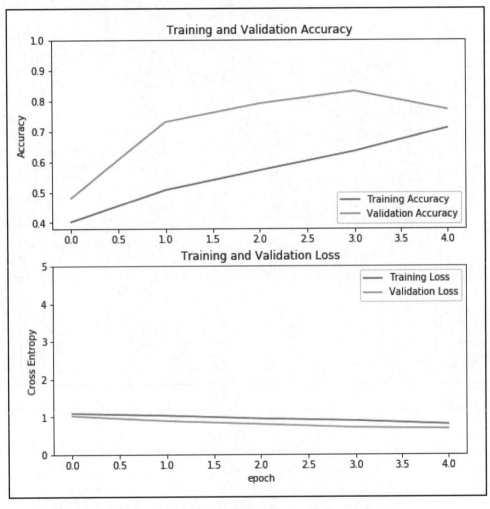

图 6-5

图 6-5 显示了 VGG16 的准确率在 5 个 Epoch 内达到了约 80%。

接下来，可以为 ResNet 绘制训练参数，如图 6-6 所示。

图 6-6 显示 ResNet 的准确率在 4 个 Epoch 内达到了 80%左右。

对于所有 3 个模型，在 4 个 Epoch 内，准确率都至少达到 80%。Inception 模型的结果具有最高的准确率。

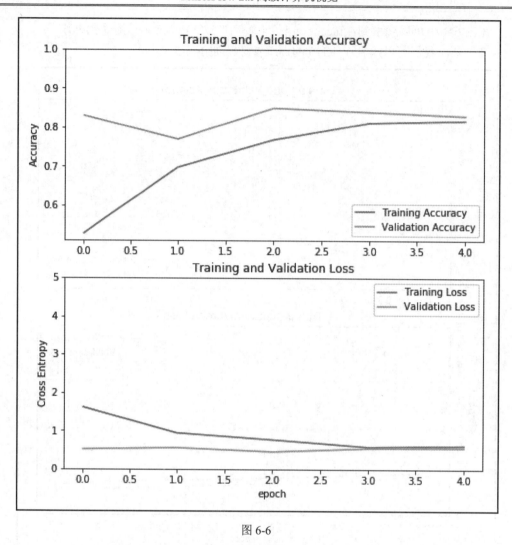

图 6-6

6.3　理解视觉搜索的架构和应用

　　视觉搜索可使用深度神经网络技术来检测和分类图像及其内容，并使用它在图像数据库中搜索以返回匹配结果列表。视觉搜索在零售领域特别受欢迎，因为它允许电子商务网站显示和客户上传图像类似的图像，从而增加销售收入。

　　视觉搜索可以与语音搜索结合使用，从而进一步增强搜索效果。视觉信息比文本信息更有说服力，这导致视觉搜索更加受欢迎。许多不同的公司，包括 Google、Amazon、Pinterest、Wayfair、Walmart、Bing、ASOS、Neiman Marcus、IKEA、Argos 等，都建立了强大的视觉搜索引擎来改善客户体验。

6.3.1　视觉搜索的架构

诸如 ResNet、VGG16 和 Inception 之类的深度神经网络模型基本上可分为以下两个组成部分。

❑ 第一个组成部分标识图像的低级内容，如特征向量（边缘）。

❑ 第二个组成部分表示图像的高级内容，如最终的图像特征，它们是各种低级内容的集合。图 6-7 说明了将 7 个类别分类的卷积神经网络。

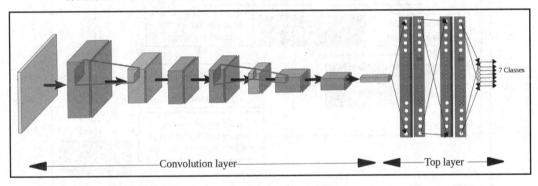

图 6-7

原　　文	译　　文
Convolution layer	卷积层
Top layer	最上层
7 Classes	7 类

在图 6-7 中可以看到，整个图像分类神经网络模型可以分为两个部分：卷积层和最上层。全连接层之前的最后一个卷积层是形状的特征向量(图像数量, X, Y, 通道数量)，该特征向量被展平变成(图像数量, $X \times Y \times$通道数量)以生成 n 维向量。

ℹ️ 注意：

特征向量形状具有以下 4 个组成部分。

❑ 图像数量：表示训练图像的数量。例如，如果有 1000 幅训练图像，则该值为 1000。

❑ X：表示层的宽度。典型值为 14。

❑　*Y*：表示层的高度，可以是 14。

❑　通道数量：表示 Conv2D 的滤波器数量或深度。典型值为 512。

　　在视觉搜索中，可通过使用欧几里得距离或余弦相似性（cosine similarity）等工具比较两个特征向量的相似性来计算两幅图像的相似度。视觉搜索的架构如图 6-8 所示。

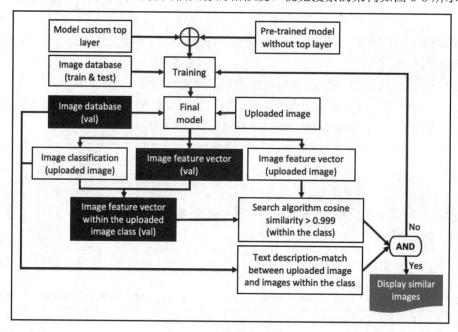

图 6-8

原　　文	译　　文
Model custom top layer	模型自定义的最上层
Pre-trained model without top layer	预训练的模型（排除最上层）
Image database (train&test)	图像数据库（训练集和测试集）
Training	训练
Final model	最终模型
Image database (val)	图像数据库（验证）
Uploaded image	上传的图像
Image feature vector (val)	图像特征向量（验证）
Image classification (uploaded image)	图像分类（上传的图像）
Image feature vector (uploaded image)	图像特征向量（上传的图像）
Image feature vector within the uploaded image class (val)	上传的图像类中的图像特征向量（验证）

续表

原　文	译　文
Search algorithm cosine similarity > 0.999 (within the class)	搜索算法余弦相似性大于 0.999（在类中）
Text description-match between uploaded image and images within the class	上传图像和类中图像的文本描述匹配
No	否
Yes	是
Display similar images	显示相似图像

图 6-8 列出了以下步骤。

（1）使用迁移学习的方式开发出一个新模型。具体做法是，将 ResNet、VGG16 或 Inception 等已知模型的最上层分离出来，然后添加自定义的最上层（包括全连接层、Dropout、激活和 Softmax 层）等。

（2）使用新的数据集训练新模型。

（3）上传图像，并通过我们刚开发的新模型运行图像，以找到其特征向量和图像类。

（4）为了节省搜索的时间，可仅在与上传图像相对应的目录类中进行搜索。

（5）使用诸如欧几里得距离或余弦相似性之类的算法进行搜索。

（6）如果余弦相似性大于 0.999，则显示搜索结果；否则，可使用上传的图像重新训练模型，或者调整模型参数并重新运行该过程。

（7）为了进一步加快搜索速度，可使用生成的边界框检测上传图像内对象的位置，并搜索图像数据库和目录。

上述流程图包含几个关键组成部分。

❑　模型开发：这包括选择一个合适的预训练模型，删除其最上层，冻结前面的所有层，并添加新的最上层来匹配我们的类。这意味着，如果使用了在 1000 个类的 ImageNet 数据集上训练的预训练模型，则需要删除其最上层，然后用只有 3 个类（床、椅子和沙发）的新的最上层替换它。

❑　模型训练：首先编译模型，然后使用 model.fit()函数开始训练。

❑　模型输出：将上传的图像和测试图像数据库中的每幅图像传递给模型，以生成特征向量。上传的图像还将用于确定模型类别。

❑　搜索算法：搜索算法在给定类指定的测试图像文件夹中执行，而不是在整个测试图像集中执行，从而节省了时间。搜索算法依赖于 CNN 模型选择的正确类别。如果类别匹配不正确，则最终的视觉搜索将导致错误的结果。要解决此问题，可以采取以下几个步骤。

> ➢ 使用新的图像集重新运行模型，增加训练图像的大小，或改善模型参数。
> ➢ 当然，无论使用多少数据，CNN 模型都永远不会具有 100%的准确率。因此，为解决此问题，视觉搜索结果通常以文本关键字搜索作为补充。例如，客户可能在搜索留言中写道："我要找到的是一张与上传图像类似的床。"在这种情况下，我们就知道上传的图像其分类是床。这是使用自然语言处理（natural language processing，NLP）技术完成的。
> ➢ 解决该问题的另一种方法是针对相同的上传图像运行多个预先训练的模型，如果类别的预测互不相同，则按少数服从多数的原则采用模式值。

接下来，我们将详细解释用于视觉搜索的代码。

6.3.2　视觉搜索代码和说明

在本节中将解释用于视觉搜索的 TensorFlow 代码及其功能。

（1）为上传的图像指定一个文件夹（共有 3 个文件夹，我们将针对每个图像类型进行切换）。请注意，此处显示的图像仅是示例，你的图像可能会有所不同。

```
#img_path = '/home/…/visual_search/ test/bed/bed1.jpg'
#img_path = '/home/…/visual_search/test/chair/chair1.jpg'
#img_path = '/home/…/visual_search/test/sofa/sofa1.jpg'
```

（2）上传图像，将图像转换为数组，并像之前一样对图像进行预处理。

```
img = image.load_img(img_path, target_size=(224, 224))
img_data = image.img_to_array(img)
img_data = np.expand_dims(img_data, axis=0)
img_data = preprocess_input(img_data)
```

上述代码是在进一步处理之前将图像转换为数组的标准代码。

6.3.3　预测上传图像的类别

一旦上传了新图像，我们的任务就是找出它属于哪个类。为此，我们将计算图像可能属于每个类别的概率，然后选择概率最高的类别。以下代码演示的是使用 VGG 预训练模型进行计算，但相同的概念在其他模型中也适用。

```
vgg_feature = final_model.predict(img_data,verbose=0)
vgg_feature_np = np.array(vgg_feature)
vgg_feature1D = vgg_feature_np.flatten()
```

```
print (vgg_feature1D)
y_prob = final_model.predict(img_data)
y_classes = y_prob.argmax(axis=-1)
print (y_classes)
```

在上述代码中，使用 model.predict()函数计算了图像属于特定类别的概率，并使用 probability.argmax 计算了类别名称，以指示具有最高概率的类别。

6.3.4　预测所有图像的类别

以下函数将导入必要的软件包，以从目录中获取文件。然后，根据上传图像的输入类别指定目标文件夹。

```
import os
from scipy.spatial import distance as dist
from sklearn.metrics.pairwise import cosine_similarity
if y_classes == [0]:
    path = 'furniture_images/val/bed'
elif y_classes == [1]:
    path = 'furniture_images/val/chair'
else:
    path = 'furniture_images/val/sofa'
```

以下函数将循环遍历测试目录中的每幅图像，并将该图像转换为数组，然后使用训练后的模型将其用于预测特征向量。

```
mindist=10000
maxcosine =0
i=0
for filename in os.listdir(path):
    image_train = os.path.join(path, filename)
    i +=1
    imgtrain = image.load_img(image_train, target_size=(224, 224))
    img_data_train = image.img_to_array(imgtrain)
    img_data_train = np.expand_dims(img_data_train, axis=0)
    img_data_train = preprocess_input(img_data_train)
    vgg_feature_train = final_model.predict(img_data_train)
    vgg_feature_np_train = np.array(vgg_feature_train)
    vgg_feature_train1D = vgg_feature_np_train.flatten()
    eucldist = dist.euclidean(vgg_feature1D,vgg_feature_train1D)
    if mindist > eucldist:
        mindist=eucldist
```

```
    minfilename = filename
    #print (vgg16_feature_np)
dot_product = np.dot(vgg_feature1D,vgg_feature_train1D)
# 对结果进行归一化，以实现与向量的大小无关的相似性度量
norm_Y = np.linalg.norm(vgg_feature1D)
norm_X = np.linalg.norm(vgg_feature_train1D)
cosine_similarity = dot_product / (norm_X * norm_Y)
if maxcosine < cosine_similarity:
    maxcosine=cosine_similarity
    cosfilename = filename
print ("%s filename %f euclediandist %f cosine_similarity"
%(filename,eucldist,cosine_similarity))
    print ("%s minfilename %f mineuclediandist %s cosfilename %f
maxcosinesimilarity" %(minfilename,mindist, cosfilename, maxcosine))
```

在上述代码中，可观察到以下内容。

❏　每个特征向量都将与上传的图像的特征向量进行比较，以计算出欧几里得距离和余弦相似性。

❏　通过确定欧几里得距离的最小值和余弦相似性的最大值来计算图像的相似度。

❏　确定并显示与最小距离相对应的图像文件。

在本书配套的 GitHub 存储库中可以找到包括迁移学习和视觉搜索在内的完整代码，其网址如下。

https://github.com/PacktPublishing/Mastering-Computer-Vision-with-TensorFlow-2.0/blob/master/Chapter06/Chapter6_Transferlearning_VisualSearch.ipynb

图 6-9 显示了使用 3 种不同的模型和两种不同的搜索算法（欧几里得距离和余弦相似性）对上传的一张床图像进行的视觉搜索预测。

在图 6-9 中，可观察到以下内容。

❏　Inception 模型预测了错误的类别，这导致视觉搜索模型预测了错误的类。

❏　请注意，视觉搜索模型并不知道哪一个是预测了错误类的神经网络。我们可以使用其他模型检查同一幅上传图像的类别预测，以查看模式（多数）值。在本示例中，ResNet 和 VGG 都将上传的床图像预测为 bed，只有 Inception 预测为 sofa。

❏　综上所述，由于我们并不知道给定的模型是否可以正确预测类别，因此建议同时使用 3 个或更多不同的模型预测上传图像的类别，然后按少数服从多数的原则选择具有多数值的预测类别。使用这种方法可增加预测的信心。

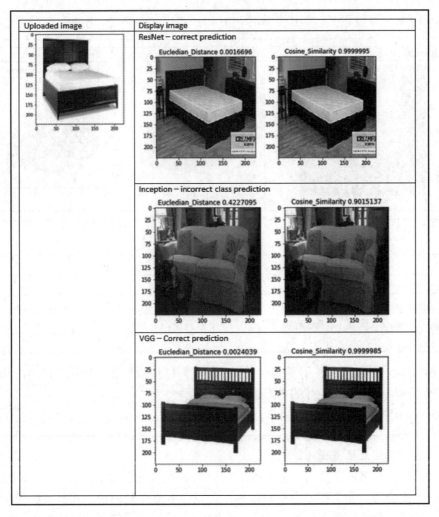

图 6-9

原　　　文	译　　　文
Uploaded image	上传的图像
Display image	显示图像
ResNet - correct prediction	ResNet——正确预测
Euclidean_Distance（原图 Euclidean 拼写错误，共 3 处）	欧几里得距离
Cosine_Similarity	余弦相似性
Inception - incorrect class prediction	Inception——错误的类别预测
VGG - Correct prediction	VGG——正确预测

图 6-10 显示了使用另一幅上传图像进行的预测，这似乎是正确的。

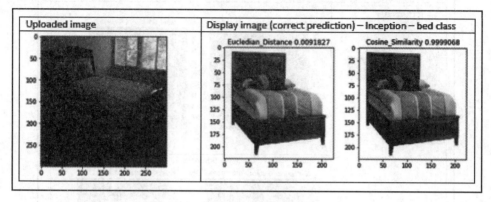

图 6-10

原　　文	译　　文
Uploaded image	上传的图像
Display image (correct prediction)- Inception - bed class	显示图像（正确预测）——Inception——bed 类
Euclidean_Distance（原图 Euclidean 拼写错误）	欧几里得距离
Cosine_Similarity	余弦相似性

图 6-11 显示了使用 3 种不同的模型和两种不同的搜索算法（欧几里得距离和余弦相似性）对上传的椅子图像进行的视觉搜索预测。

在图 6-11 中可观察到以下内容。

- ❑　尽管余弦相似性函数显示的图像与欧几里得距离函数的图像不同，但在所有情况下预测都是正确的。

- ❑　二者似乎都非常接近，这两种显示方法为我们提供了一种显示多幅图像的方法。这意味着，如果用户上传一幅椅子的图像并想在我们的在线目录中找到类似的椅子，则系统将显示两幅图像供用户选择，而不仅仅是一幅图像，这将增加销售椅子的机会。如果两幅图像相同，则算法将仅显示一幅图像；否则将显示两幅图像。

还有一种方法是使用相同算法显示前两个匹配项。

图 6-12 显示了使用 3 种不同的模型和两种不同的搜索算法（欧几里得距离和余弦相似性）对上传的沙发图像进行的视觉搜索预测。

图 6-11

原　　文	译　　文
Uploaded image	上传的图像
Display image	显示图像
ResNet - correct prediction	ResNet——正确预测
Euclidean_Distance（原图 Euclidean 拼写错误，共 3 处）	欧几里得距离
Cosine_Similarity	余弦相似性
Inception - Correct prediction	Inception——正确预测
VGG - Correct prediction	VGG——正确预测

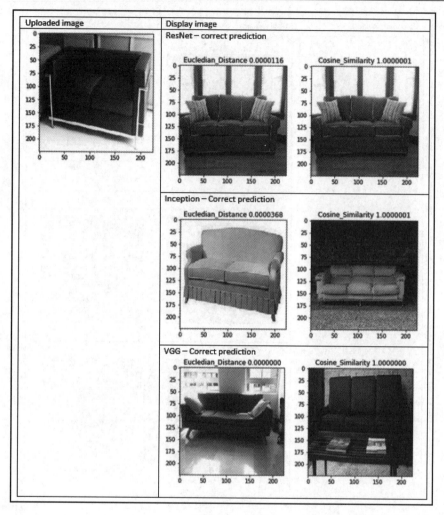

图 6-12

原　　文	译　　文
Uploaded image	上传的图像
Display image	显示图像
ResNet - correct prediction	ResNet——正确预测
Euclidean_Distance（原图 Euclidean 拼写错误，共 3 处）	欧几里得距离
Cosine_Similarity	余弦相似性
Inception - Correct prediction	Inception——正确预测
VGG - Correct prediction	VGG——正确预测

在图 6-12 中可观察到以下内容。

❑　尽管余弦相似性函数显示的图像与欧几里得距离函数的图像不同，但在所有情况下预测都是正确的。

❑　二者似乎都非常接近，并且显示的两种方法为我们提供了一种显示多幅图像的方法。如前文所述，显示多幅图像也增加了用户购买的机会。

6.4　使用 tf.data 处理视觉搜索输入管道

TensorFlow tf.data API 是高效的数据管道，其处理数据的速度比 Keras 数据输入过程快一个数量级。它可以在分布式文件系统中聚合数据并对其进行批处理。有关详细信息，可访问以下链接。

https://www.tensorflow.org/guide/data

图 6-13 显示了 tf.data 与 Keras 图像输入过程的图像上传时间比较。

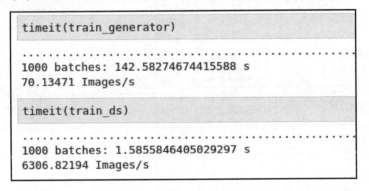

图 6-13

可以看到，tf.data 处理 1000 幅图像大约需要 1.58s，比 Keras 图像输入过程（约 142s）快约 90 倍。

以下是 tf.data 的一些常见特性。

❑　为了使该 API 能够正常工作，需要导入 pathlib 库。

❑　tf.data.Dataset.list_files 用于创建所有与模式匹配的文件的数据集。

❑　tf.strings.splot 可基于定界符分割文件路径。

❑　tf.image.decode_jpeg 可将 JPEG 图像解码为张量（注意，转换不能有文件路径）。

❑　tf.image.convert_image_dtype 可将图像转换为 dtype float 32。

以下链接提供了更新的视觉搜索代码。

https://github.com/PacktPublishing/Mastering-Computer-Vision-with-TensorFlow-2.0/blob/master/Chapter06/Chapter6_Transferlearning_VisualSearch_tfdata_tensor.ipynb

如前文所述，该代码包括 tf.data。除 tf.data 外，它还解冻了模型的最上层，方法是在 build_final_model 中进行了以下更改。

```
layer.trainable = True
layer_adjust = 100
for layer in base_model.layers[:layer_adjust]:
    layer.trainable = False
```

上述更改使该模型可以在第 100 层之后开始训练，而不是仅对最后几层进行训练。此更改可提高准确率，如图 6-14 所示。

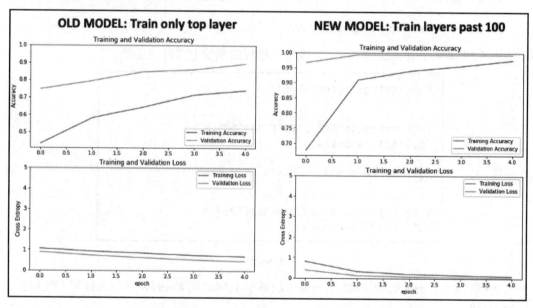

图 6-14

原　　文	译　　文
OLD MODEL:Train only top layer	旧模型：仅训练最上层
NEW MODEL:Train layers past 100	新模型：训练第 100 层之后的层

虽然该训练需要花费更多的时间，但是模型的准确率接近 100%，而不是 90%。

ⓘ 注意:

在结束本章之前，我们有必要回顾训练卷积神经网络的两个重要概念：准确率（accuracy）和损失（loss）。

Keras 将 y-pred 和 y-true 分别定义为模型预测值和真实值。准确率可被定义为将 y-pred 和 y-true 进行比较，然后对差异进行平均。损失（也称为熵）被定义为类别概率和分类指数的负和（negative sum）。可能还有其他损失项，如 rms prop。一般来说，如果 accuracy > 0.9 且 loss < 1，则训练将会给出正确的输出。

6.5　小　　结

本章介绍了如何使用 TensorFlow/Keras 为第 5 章"神经网络架构和模型"中研究过的深度学习模型开发有关迁移学习的代码。

我们仔细阐述了如何从包含多个类别的目录中导入经过训练的图像，然后使用它们来训练模型并使用它们进行预测。此外，我们还介绍了如何使模型的基础层保持冻结状态，删除最上层并用我们自己的最上层替换它，最后使用新数据集来训练生成的模型。

我们解释了视觉搜索的重要性，以及如何使用迁移学习来增强视觉搜索方法。我们的示例包括 3 种不同类别的家具：沙发、床和椅子。我们了解了 3 种模型的准确率以及如何改善由此造成的损失。

最后，我们还学习了如何使用 TensorFlow tf.data 输入管道在训练期间更快地处理图像。

在第 7 章"YOLO 和对象检测"中将研究 YOLO，以便在图像和视频上执行对象检测并绘制边界框，然后将其用于进一步改善视觉搜索。

第 7 章　YOLO 和对象检测

在第 5 章"神经网络架构和模型"中详细讨论了各种神经网络图像分类和对象检测架构，这些架构利用多个步骤进行对象检测、分类和边界框优化。本章将介绍两种单阶段（single-stage）的快速对象检测方法：仅看一次（You Only Look Once，YOLO）和 RetinaNet。我们将讨论每个模型的架构，然后使用 YOLO v3 在真实的图像和视频中进行推理。我们将演示如何使用 YOLO v3 优化配置参数和训练自定义图像。

本章包含以下主题。

- ❑　YOLO 概述。
- ❑　用于对象检测的 Darknet 简介。
- ❑　使用 Darknet 进行实时预测。
- ❑　YOLO 系列的比较。
- ❑　训练模型。
- ❑　使用 YOLO v3 训练新图像集以开发自定义模型。
- ❑　特征金字塔网络和 RetinaNet 概述。

7.1　YOLO 概述

在第 5 章"神经网络架构和模型"中已经介绍过，每个已发布的神经网络架构都会通过学习其架构和特征，然后开发出一个全新的分类器来提高准确率和检测时间，从而完成对上一个架构的改进。

YOLO 是由 Joseph Redmon、Santosh Divvala、Ross Girshick 和 Ali Farhadi 在 2016 年计算机视觉和模式识别会议（Computer Vision and Pattern Recognition Conference，CVPR）上提出的，其论文为 *You Only Look Once: Unified, Real-Time Object Detection*（《仅看一次：统一的实时对象检测》）。该论文的网址如下。

https://arxiv.org/pdf/1506.02640.pdf

YOLO 是一个非常快速的神经网络，可以按每秒 45 帧（基本 YOLO）到每秒 155 帧（快速 YOLO）的惊人速度一次检测多种对象。相比之下，大多数手机摄像机都是以大约 30 帧/秒的速度捕获视频，而高速摄像机则以大约 250 帧/秒的速度捕获视频。

　　YOLO 的每秒帧数等于大约 6～22ms 的检测时间，而人类大脑检测图像中的对象所需的时间大约为 13ms，也就是说，YOLO 能够以类似人类的方式即时识别图像。因此，它为机器提供了即时目标检测能力。

　　在深入研究 YOLO 的细节之前，我们将首先来了解交并比（intersection over union，IOU）的概念。

7.1.1　交并比的概念

　　交并比（IOU）是基于预测边界框和真实边界框（手动标记）之间重叠程度的对象检测评估指标。IOU 的推导公式如下。

$$IOU = \frac{\text{Overlap area}}{\text{Union area}} = \frac{\text{Common area of the bounding boxes}}{\text{Total area covering both the bounding boxes}}$$

　　其中，Overlap area 是预测边界框和真实边界框的重叠（交集）面积，也就是这两个边界框的公共面积（Common area of the bounding boxes），Union area 是预测边界框和真实边界框的并集面积，也就是这两个边界框总的覆盖面积（Total area covering both the bounding boxes）。

　　图 7-1 清楚地说明了 IOU，它显示了一辆大型货车的预测边界框和真实边界框。

图 7-1

原　　文	译　　文
Predicted	预测边界框
Ground truth	真实边界框

　　可以看到，本示例中的 IOU 值接近 0.9，因为预测边界框和真实边界框的重叠区域非常高。如果两个边界框完全不重叠，则 IOU 值为 0；如果它们 100%重叠，则 IOU 值为 1。

7.1.2 YOLO 能够快速检测对象的原因揭秘

YOLO 的检测机制基于单个卷积神经网络（CNN），该神经网络能够同时预测多个对象的边界框，并且能够在每个边界框中检测给定对象的类别概率。图 7-2 演示了这种方法。

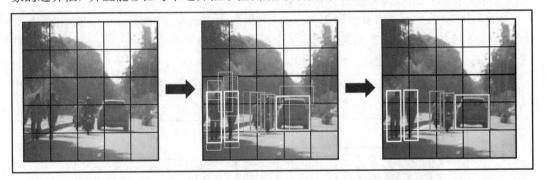

图 7-2

图 7-2 显示了该方法的 3 个主要步骤，即开发边界框、使用非极大值抑制（non-maximum suppression，NMS）和形成最终边界框。具体步骤如下。

（1）YOLO 中的卷积神经网络使用整幅图像中的特征来预测每个边界框。因此，其预测是全局的，而不是局部的。

（2）整幅图像分为 $S \times S$ 个网格单元，每个网格单元预测 B 个边界框以及该边界框包含对象的概率（P）。因此，总共有 $S \times S \times B$ 个边界框，每个边界框都有相应的概率。

（3）每个边界框包含 5 项预测（x、y、w、h 和 c），其中：

❑ $o(x, y)$是边界框中心的坐标，它相对于网格单元坐标。

❑ $o(w, h)$是边界框的宽度和高度，它相对于图像维度。

❑ $o(c)$是置信度（confidence）预测，它表示预测框与真实框之间的交并比（IOU）。

（4）网格单元包含对象的概率被定义为类别的概率乘以 IOU 值。这意味着，如果某个网格单元仅部分包含一个对象，则其概率将较低，而 IOU 值将保持较低。它将对该网格单元的边界框产生以下两个影响。

❑ 边界框的形状将小于完全包含对象的网格单元的边界框的大小，因为网格单元只能看到该对象的一部分并从中推断出其形状。如果网格单元仅包含对象的一小部分，那么它可能根本无法识别该对象。

❑ 边界框类置信度将很低，因为部分图像产生的 IOU 值将不符合真实预测。

（5）一般来说，每个网格单元只能包含一个类别，但是使用锚框（anchor box）原理，可以将多个类分配给一个网格单元。

锚框是预定义的形状，表示要检测的类的形状。例如，如果检测到 3 个类别（汽车、摩托车和人），则可以通过两个锚框形状来解决——一个代表摩托车和人，另一个代表汽车。这可以通过查看图 7-2 中最右侧的图像来确认。

我们可以使用诸如 k 均值聚类（k-means clustering）之类的算法分析每个类的形状，以确定锚框形状，并形成训练的 CSV 数据。

仍以图 7-2 为例。在这里分为 3 类：car（汽车）、motorcycle（摩托车）和 human（人）。假设一个 5×5 的网格具有 2 个锚点框和 8 个维度：5 个边界框参数（x、y、w、h 和 c）和 3 个类（c_1、c_2 和 c_3）。因此，输出向量大小为 5×5×2×8。

现在重复 $Y = [x, y, w, h, c, c_1, c_2, c_3, x, y, w, h, c, c_1, c_2, c_3]$ 参数，每个锚框两次。图 7-3 说明了边界框坐标的计算。

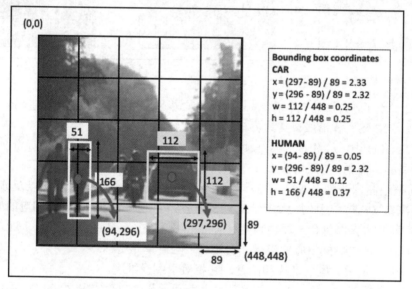

图 7-3[①]

原　　文	译　　文
Bounding box coordinates	边界框坐标
CAR	汽车
HUMAN	人

该图像的大小为 448×448。出于说明目的，这里显示了两个类别（human 和 car）的计算方法。可以看到，每个锚框的大小为 448/5～89。

---

① 图中的正斜体格式均与原书保持一致。

7.1.3　YOLO v3 神经网络架构

YOLO v3 由 Joseph Redmon 和 Ali Farhadi 于 2018 年在论文 *YOLOv3: An Incremental Improvement*（《YOLOv3：增量改进》）中提出。其网址如下。

https://pjreddie.com/media/files/papers/YOLOv3.pdf

图 7-4 显示了 YOLO v3 神经网络架构。该网络具有 24 个卷积层和 2 个全连接层。它没有任何 Softmax 层。

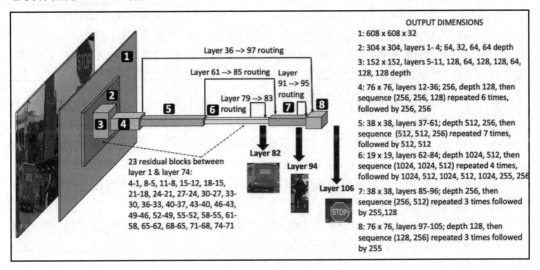

图 7-4

原　　　文	译　　　文
Layer 36 -->97 routing	层 36 -->97 路由
Layer 61 -->85 routing	层 61 -->85 路由
Layer 79 -->83 routing	层 79 -->83 路由
Layer 91 -->95 routing	层 91 -->95 路由
23 residual blocks between layer 1 & layer 74:	第 1～74 层的 23 个残差块：
OUTPUT DIMENSIONS	输出维度
2: 304x304, layers 1-4; 64,32,64,64 depth	2：304×304，层 1～4；深度 64、32、64、64
3: 152x152, layers 5-11, 128, 64, 128, 128, 64, 128, 128 depth	3：152×152，层 5～11；深度 128、64、128、128、64、128、128

续表

原　　文	译　　文
4: 76x76, layers 12-36; 256, depth 128, then sequence (256, 256, 128) repeated 6 times, followed by 256, 256	4：76×76，层 12～36；深度 256、128，然后将序列(256, 256, 128)重复 6 次，接着是 256、256
5: 38x38, layers 37-61; depth 512, 256, then sequence (512, 512, 256) repeated 7 times, followed by 512, 512	5：38×38，层 37～61；深度 512、256，然后将序列(512, 512, 256)重复 7 次，接着是 512、512
6: 19x19, layers 62-84; depth 1024, 512, then sequence (1024, 1024, 512) repeated 4 times, followed by 1024, 512, 1024, 512, 1024, 255, 256	6：19×19，层 62～84；深度 1024、512，然后将序列(1024, 1024, 512)重复 4 次，接着是 1024、512、1024、512、1024、255、256
7: 38x38, layers 85-96; depth 256, then sequence (256, 512) repeated 3 times followed by 512, 128	7：38×38，层 85～96；深度 256，然后将序列(256, 512)重复 3 次，接着是 512、128
8: 76x76, layers 97-105, depth 128, then sequence (128, 256) repeated 3 times followed by 255	8：76×76，层 97～105，深度 128，然后将序列(128, 256)重复 3 次，接着是 255

YOLO v3 的最重要的特点是它的检测机制，该机制是在 3 种不同的规模（82、94 和 106 层）上完成的。

- 该网络由第 1～74 层的 23 个卷积和残差块组成，其中，输入图像大小从 608 降低到 19，并且深度通过交替的 3×3 和 1×1 滤波器从 3 增加到 1024。
- 除 5 种情况下（通常将步幅值 2 用于减小尺寸）以及 3×3 滤波器外，步幅大多数时候都保持为 1。
- 残差块之后是交替的 1×1 和 3×3 滤波器的预卷积块，直到在第 82 层进行第一次检测。在图 7-4 中可以看到使用了两次短路——一次为层 61～85，另一次为层 36～97。

7.1.4　YOLO 与更快的 R-CNN 的比较

表 7-1 显示了 YOLO 和更快的 R-CNN（Faster R-CNN）网络之间的相似之处。

表 7-1　YOLO 和 Faster R-CNN 网络之间的相似之处

YOLO	Faster R-CNN
预测每个网格单元的边界框	通过选择性搜索为每个区域提议（实际上是一个网格单元）生成边界框
使用边界框回归	使用边界框回归

表 7-2 显示了 YOLO 和 Faster R-CNN 之间的区别。

表 7-2　YOLO 和 Faster R-CNN 之间的区别

YOLO	Faster R-CNN
分类和边界框回归同时发生	通过选择性搜索为每个区域提议生成一个边界框——这些是单独的事件
每幅图像 98 个边界框	每幅图像约有 2000 个区域提议边界框
每个网格单元 2 个锚点	每个网格单元 9 个锚点
它无法检测到小对象和彼此相邻的对象	可以检测小对象和彼此相邻的对象
快速算法	Faster R-CNN 比 YOLO 慢

总而言之，如果你需要生产级的准确率并且不太关心速度，则可以选择 Faster R-CNN；但是，如果需要快速检测，则可以选择 YOLO。像任何神经网络模型一样，你需要有足够的样本（大约 1000 个）以不同的角度、颜色和形状定向，以做出良好的预测。完成此操作后，根据作者的个人经验，YOLO v3 通常会给出非常合理且快速的预测。

7.2　用于对象检测的 Darknet 简介

Darknet 是一个开放的神经网络框架，使用 C 语言编写，并由 YOLO 的第一作者 Joseph Redmon 管理。有关 Darknet 的详细信息，可访问以下网址。

pjreddie.com

本节将讨论用于对象检测的 Darknet 和 Tiny Darknet。

7.2.1　使用 Darknet 检测对象

本节将从官方 Darknet 站点安装 Darknet，并将其用于对象检测。请按照以下步骤在你的计算机上安装 Darknet 并进行推断。

（1）在终端中输入以下 5 行。在每个命令行后按 Enter 键。这些步骤将从 GitHub 中复制 Darknet，这将在你的计算机中创建一个 Darknet 目录，并获取 YOLO v3 权重，然后检测图像中的对象。

```
git clone https://github.com/pjreddie/darknet.git
cd darknet
make
wget https://pjreddie.com/media/files/yolov3.weights
./darknet detect cfg/yolov3.cfg yolov3.weights
data/carhumanbike.png
```

（2）执行 git clone 命令后，你将在终端中获得以下输出。

```
Cloning into 'darknet'...
remote: Enumerating objects: 5901, done.
remote: Total 5901 (delta 0), reused 0 (delta 0), pack-reused 5901
Receiving objects: 100% (5901/5901), 6.16 MiB | 8.03 MiB/s, done.
Resolving deltas: 100% (3916/3916), done.
```

（3）输入 wget yolov3 权重后，你将在终端中获得以下输出。

```
Resolving pjreddie.com (pjreddie.com)... 128.208.4.108
 Connecting to pjreddie.com (pjreddie.com)|128.208.4.108|:443...
connected.
HTTP request sent, awaiting response... 200 OK
Length: 248007048 (237M) [application/octet-stream]
Saving to: 'yolov3.weights'
yolov3.weights
100%[====================================================>]
236.52M 8.16MB/s    in 29s
… (8.13 MB/s) - 'yolov3.weights' saved [248007048/248007048]
```

（4）一旦输入 darknet$ ./darknet detect cfg/yolov3.cfg yolov3.weights data/carhumanbike.png，你就会在终端中获得以下输出。

```
layer filters  size        input           output
 0 conv 32     3 x 3 / 1   608 x 608 x  3 -> 608 x 608 x   32
0.639 BFLOPs --> image size 608x608
 1 conv 64     3 x 3 / 2   608 x 608 x 32 -> 304 x 304 x   64
3.407 BFLOPs
 2 conv 32     1 x 1 / 1   304 x 304 x 64 -> 304 x 304 x   32
0.379 BFLOPs
 3 conv 64     3 x 3 / 1   304 x 304 x 32 -> 304 x 304 x   64
3.407 BFLOPs
 4 res 1                   304 x 304 x 64 -> 304 x 304 x   64
--> this implies residual block connecting layer 1 to 4
 5 conv 128    3 x 3 / 2   304 x 304 x 64 -> 152 x 152 x  128
3.407 BFLOPs
 6 conv 64     1 x 1 / 1   152 x 152 x 128 -> 152 x 152 x   64
0.379 BFLOPs
 7 conv 128    3 x 3 / 1   152 x 152 x 64 -> 152 x 152 x  128
3.407 BFLOPs
 8 res 5                   152 x 152 x 128 -> 152 x 152 x  128
--> this implies residual block connecting layer 5 to 8
...
```

```
...
...
 83 route 79 --> this implies layer 83 is connected to 79, layer
80-82 are prediction layers
 84 conv 256    1 x 1 / 1   19 x 19 x 512    ->   19 x 19 x 256 0.095 BFLOPs
 85 upsample 2x            19 x 19 x 256    ->   38 x 38 x 256--> this
implies image size increased by 2X
 86 route 85 61 --> this implies shortcut between layer 61 and 85
 87 conv 256 1 x 1 / 1 38 x 38 x 768 -> 38 x 38 x 256 0.568 BFLOPs
 88 conv 512 3 x 3 / 1 38 x 38 x 256 -> 38 x 38 x 512 3.407 BFLOPs
 89 conv 256 1 x 1 / 1 38 x 38 x 512 -> 38 x 38 x 256 0.379 BFLOPs
 90 conv 512 3 x 3 / 1 38 x 38 x 256 -> 38 x 38 x 512 3.407 BFLOPs
 91 conv 256 1 x 1 / 1 38 x 38 x 512 -> 38 x 38 x 256 0.379 BFLOPs
 92 conv 512 3 x 3 / 1 38 x 38 x 256 -> 38 x 38 x 512 3.407 BFLOPs
 93 conv 255 1 x 1 / 1 38 x 38 x 512 -> 38 x 38 x 255 0.377 BFLOPs
 94 yolo --> this implies prediction at layer 94
 95 route 91 --> this implies layer 95 is connected to 91, layer
92-94 are prediction layers
 96 conv 128 1 x 1 / 1 38 x 38 x 256 -> 38 x 38 x 128 0.095 BFLOPs
 97 upsample 2x 38 x 38 x 128 -> 76 x 76 x 128 à this implies image
size increased by 2X
 98 route 97 36. --> this implies shortcut between layer 36 and 97
 99 conv 128 1 x 1 / 1 76 x 76 x 384 -> 76 x 76 x 128 0.568 BFLOPs
100 conv 256 3 x 3 / 1 76 x 76x 128 -> 76 x 76 x 256 3.407 BFLOPs
101 conv 128 1 x 1 / 1 76 x 76x 256 -> 76 x 76 x 128 0.379 BFLOPs
102 conv 256 3 x 3 / 1 76 x 76x 128 -> 76 x 76 x 256 3.407 BFLOPs
103 conv 128 1 x 1 / 1 76 x 76x 256 -> 76 x 76 x 128 0.379 BFLOPs
104 conv 256 3 x 3 / 1 76 x 76x 128 -> 76 x 76 x 256 3.407 BFLOPs
105 conv 255 1 x 1 / 1 76 x 76x 256 -> 76 x 76 x 255 0.754 BFLOPs
106 yolo --> this implies prediction at layer 106
```

　　执行上述代码后，你将看到完整的模型。为简洁起见，我们在上面的代码段中仅显示了模型的开头。

　　上面的输出详细描述了 YOLO v3 的神经网络构建块。你可能需要花一些时间来了解所有 106 个卷积层及其目的。在 7.1 节"YOLO 概述"中已经提供了所有独特代码行的说明。上述代码将导致图像的以下输出。

```
Loading weights from yolov3.weights...Done!
data/carhumanbike.png: Predicted in 16.140244 seconds.
car: 81%
truck: 63%
motorbike: 77%
```

```
car: 58%
person: 100%
person: 100%
person: 99%
person: 94%
```

预测输出结果如图 7-5 所示。

图 7-5

在图 7-5 中可以看到，YOLO v3 模型在预测方面做得很好。即使是很远的汽车也能被正确检测到。正前方的汽车分为小汽车（在图像中看不到标签）和卡车，右前方一辆不容易发现的小汽车也正确被识别出来了。所有 4 个人（两个步行，两个骑摩托车）都被检测到。在两辆摩托车中，还检测到一辆摩托车。另外还可以看到，尽管汽车的颜色有黑色的，但模型不会错误地将阴影检测为汽车。

7.2.2　使用 Tiny Darknet 检测对象

Tiny Darknet 是一个小型且快速的网络，可以非常快速地检测到对象。它的大小为 4MB，而 Darknet 的大小为 28MB。你可以使用以下命令找到其实现的详细信息。

```
wget https://pjreddie.com/media/files/tiny.weights
```

完成上述处理步骤后，Darknet 应该已经安装在你的计算机上。在终端中执行以下命令。

```
$ cd darknet
darknet$ wget https://pjreddie.com/media/files/tiny.weights
```

上面的命令将在你的 darknet 文件夹中安装 Darknet 权重。你还应该在 cfg 文件夹中包含 tiny.cfg。然后，执行以下命令来检测对象。在这里，我们将使用与 Darknet 模型示例相同的图像进行检测，只是将权重和 cfg 文件从 Darknet 更改为 Tiny Darknet。

```
darknet$ ./darknet detect cfg/tiny.cfg tiny.weights data /carhumanbike.png
```

与 Darknet 一样，上面的命令将显示 Tiny Darknet 模型的所有 21 层（Darknet 则为 106 层），如下所示。

```
layer filters size input output
 0 conv 16 3 x 3 / 1 224 x 224 x 3 -> 224 x 224 x 16 0.043 BFLOPs
 1 max 2 x 2 / 2 224 x 224 x 16 -> 112 x 112 x 16
 2 conv 32 3 x 3 / 1 112 x 112 x 16 -> 112 x 112 x 32 0.116 BFLOPs
 3 max 2 x 2 / 2 112 x 112 x 32 -> 56 x 56 x 32
 4 conv 16 1 x 1 / 1 56 x 56 x 32 -> 56 x 56 x 16 0.003 BFLOPs
 5 conv 128 3 x 3 / 1 56 x 56 x 16 -> 56 x 56 x 128 0.116 BFLOPs
 6 conv 16 1 x 1 / 1 56 x 56 x 128 -> 56 x 56 x 16 0.013 BFLOPs
 7 conv 128 3 x 3 / 1 56 x 56 x 16 -> 56 x 56 x 128 0.116 BFLOPs
 8 max 2 x 2 / 2 56 x 56 x 128 -> 28 x 28 x 128
 9 conv 32 1 x 1 / 1 28 x 28 x 128 -> 28 x 28 x 32 0.006 BFLOPs
10 conv 256 3 x 3 / 1 28 x 28 x 32 -> 28 x 28 x 256 0.116 BFLOPs
11 conv 32 1 x 1 / 1 28 x 28 x 256 -> 28 x 28 x 32 0.013 BFLOPs
12 conv 256 3 x 3 / 1 28 x 28 x 32 -> 28 x 28 x 256 0.116 BFLOPs
13 max 2 x 2 / 2 28 x 28 x 256 -> 14 x 14 x 256
14 conv 64 1 x 1 / 1 14 x 14 x 256 -> 14 x 14 x 64 0.006 BFLOPs
15 conv 512 3 x 3 / 1 14 x 14 x 64 -> 14 x 14 x 512 0.116 BFLOPs
16 conv 64 1 x 1 / 1 14 x 14 x 512 -> 14 x 14 x 64 0.013 BFLOPs
17 conv 512 3 x 3 / 1 14 x 14 x 64 -> 14 x 14 x 512 0.116 BFLOPs
18 conv 128 1 x 1 / 1 14 x 14 x 512 -> 14 x 14 x 128 0.026 BFLOPs
19 conv 1000 1 x 1 / 1 14 x 14 x 128 -> 14 x 14 x1000 0.050 BFLOPs
20 avg 14 x 14 x1000 -> 1000
21 softmax 1000
Loading weights from tiny.weights...Done!
data/carhumanbike.png: Predicted in 0.125068 seconds.
```

但是，该模型无法检测图像中的对象。我们可以将检测更改为分类，如下所示。

```
darknet$ ./darknet classify cfg/tiny.cfg tiny.weights data/dog.jpg
```

上述命令生成的结果类似于 Tiny YOLO 链接（wget https://pjreddie.com/media/files/tiny.weights）中发布的结果。

```
Loading weights from tiny.weights...Done!
data/dog.jpg: Predicted in 0.130953 seconds.
14.51%: malamute
```

```
6.09%: Newfoundland
5.59%: dogsled
4.55%: standard schnauzer
4.05%: Eskimo dog
```

当然，同一图像在通过对象检测时不会返回边界框。

接下来，我们将讨论使用 Darknet 对视频进行实时预测。

7.3　使用 Darknet 进行实时预测

涉及 Darknet 的预测都可以使用终端中的命令行来完成。有关更多详细信息，可访问以下网址。

https://pjreddie.com/darknet/yolo/

到目前为止，我们已经在图像上使用 Darknet 进行了推断。在以下步骤中，我们将学习如何在视频文件上使用 Darknet 进行推理。

（1）在终端中输入以下命令转到 darknet 目录中（假定你已经在 7.2 节"用于对象检测的 Darknet 简介"中完成了 Darknet 的安装）。

```
cd darknet
```

（2）确保已安装 OpenCV。注意，即使你已经安装了 OpenCV，它仍可能会创建一个错误标志。因此，可使用以下命令将 OpenCV 安装在 darknet 目录中。

```
sudo apt-get install libopencv-dev
```

（3）在 darknet 目录中，有一个名为 Makefile 的文件。打开该文件，设置以下参数，然后保存文件。

```
OpenCV = 1
```

（4）从终端访问以下网址下载权重。

https://pjreddie.com/media/files/yolov3.weights

（5）在这个阶段，由于 Makefile 被更改，因此你必须重新编译。这可以通过在终端中输入以下命令来实现。

```
make
```

（6）通过在终端中输入以下命令来下载视频文件。

```
./darknet detector demo cfg/coco.data cfg/yolov3.cfg yolov3.weights
data/road_video.mp4
```

（7）在本示例中，我们将编译具有 106 层的 YOLO 模型，并播放视频。你会注意到视频播放速度非常慢，这可以通过将要执行的以下两个步骤来解决。它们应该逐个步骤执行，因为每个步骤都会产生影响。

（8）再次打开 Makefile。将 GPU 更改为 1，保存 Makefile，然后重复步骤（4）～步骤（6）。此时，作者注意到步骤（6）出现了 CUDA 错误，即 out of memory（内存不足）。

```
    ...
 57 conv        512    3 x 3 / 1   38 x 38 x 256   ->    38 x 38 x 512
3.407 BFLOPs
 58 res    55               38 x 38 x 512   ->    38 x 38 x 512
 59 conv        256    1 x 1 / 1   38 x 38 x 512   ->    38 x 38 x 256
0.379 BFLOPs
 60 CUDA Error: out of memory
darknet: ./src/cuda.c:36: check_error: Assertion `0' failed.
Aborted (core dumped)
```

该错误可通过以下两种机制解决。

❑　更改图像大小。
❑　将 NVIDIA CUDA 版本从 9.0 更改为 10.1。请访问 NVIDIA 网站以获得更新的 NVIDIA CUDA 版本，其网址如下。

https://docs.nvidia.com/deploy/cuda-compatibility/index.html

因此，你可以首先尝试更改图像大小。如果这不起作用，则检查 CUDA 版本并更新（如果你仍在使用 9.0 版的话）。

（9）在 darknet 目录中，cfg 目录下有一个名为 yolov3.cfg 的文件。打开该文件，然后将宽度和高度从 608 更改为 416 或 288。作者发现当该值设置为 304 时，它仍然会失败。保存该文件，然后重复步骤（5）和步骤（6）。

以下是将图像大小设置为 304 时将得到的错误结果。

```
    ...
 80 conv    1024    3 x 3 / 1   10 x 10 x 512   ->   10 x 10 x1024
0.944 BFLOPs
 81 conv     255    1 x 1 / 1   10 x 10 x1024   ->   10 x 10 x 255
```

```
0.052 BFLOPs
 82 yolo
 83 route   79
 84 conv    256     1 x 1 / 1   10 x 10 x 512   ->   10 x 10 x 256
0.026 BFLOPs
 85 upsample           2x  10 x 10 x 256   ->   20 x 20 x 25
 86 route   85 61
 87 Layer before convolutional layer must output image.: File
exists
 darknet: ./src/utils.c:256: error: Assertion `0' failed.
 Aborted (core dumped)
```

图 7-6 显示了同时带有交通标志和汽车检测的视频文件的屏幕截图。

图 7-6

🛈 注意:

在图 7-6 中可以看到,我们正确检测到了所有汽车(car),甚至还检测到了正面和侧面的交通信号灯(traffic light)。

我们之前讨论了默认大小为 608 的 YOLO v3 层。以下是相同的输出,只是将大小更改为 416,以便正确显示视频文件。

layer	filters	size	input	output
0 conv	32	3 x 3 / 1	416 x 416 x 3 ->	416 x 416 x 32

```
0.299 BFLOPs
 1 conv      64  3 x 3 / 2     416 x 416 x  32  ->  208 x 208 x  64
1.595 BFLOPs
 2 conv      32  1 x 1 / 1     208 x 208 x  64  ->  208 x 208 x  32
0.177 BFLOPs
 3 conv      64  3 x 3 / 1     208 x 208 x  32  ->  208 x 208 x  64
1.595 BFLOPs
 4 res   1                     208 x 208 x  64  ->  208 x 208 x  64
 5 conv     128  3 x 3 / 2     208 x 208 x  64  ->  104 x 104 x 128
1.595 BFLOPs
 6 conv      64  1 x 1 / 1     104 x 104 x 128  ->  104 x 104 x  64
0.177 BFLOPs
 7 conv     128  3 x 3 / 1     104 x 104 x  64  ->  104 x 104 x 128
1.595 BFLOPs
 8 res   5                     104 x 104 x 128  ->  104 x 104 x 128
 ...
 ...
 ...
 94 yolo
 95 route   91
 96 conv     128  1 x 1 / 1     26 x  26 x 256   ->   26 x  26 x 128
0.044 BFLOPs
 97 upsample          2x        26 x  26 x 128   ->   52 x  52 x 128
 98 route   97 36
 99 conv     128  1 x 1 / 1     52 x  52 x 384   ->   52 x  52 x 128
0.266 BFLOP
100 conv     256  3 x 3 / 1     52 x  52 x 128   ->   52 x  52 x 256
1.595 BFLOPs
101 conv     128  1 x 1 / 1     52 x  52 x 256   ->   52 x  52 x 128
0.177 BFLOPs
102 conv     256  3 x 3 / 1     52 x  52 x 128   ->   52 x  52 x 256
1.595 BFLOPs
103 conv     128  1 x 1 / 1     52 x  52 x 256   ->   52 x  52 x 128
0.177 BFLOPs
104 conv     256  3 x 3 / 1     52 x  52 x 128   ->   52 x  52 x 256
1.595 BFLOPs
105 conv     255  1 x 1 / 1     52 x  52 x 256   ->   52 x  52 x 255
0.353 BFLOPs
106 yolo
Loading weights from yolov3.weights...Done!
video file: data/road_video.mp4
```

执行上面代码后，你将看到完整的模型。为简洁起见，在上面的代码段中仅显示了模型的开头。

表 7-3 总结了两种不同图像大小的输出。

表 7-3 两种图像大小的输出

层	608 大小	416 大小
82	19×19	13×13
94	38×38	26×26
106	76×76	52×52

可以看到，原始图像大小和第 82 层输出大小之间的比率保持为 32（608/19=32，416/13=32）。

到目前为止，我们已经比较了使用 Darknet 和 Tiny Darknet 产生的推理结果。接下来，我们将比较不同的 YOLO 模型。

7.4 YOLO 系列的比较

表 7-4 显示了 3 种 YOLO 版本的比较。

表 7-4 3 种 YOLO 版本的比较

模　型	YOLO	YOLO v2	YOLO v3
输入大小	224×224	448×448	
框架	Darknet 在 ImageNet-1000 数据集上训练	Darknet-19，19 个卷积层和 5 个最大池化层	Darknet-53，53 个卷积层。为了进行检测，增加了 53 层，总共有 106 层
小尺寸对象检测	无法找到小尺寸的对象	在检测小尺寸对象方面比 YOLO 更好	在检测小尺寸对象方面优于 YOLO v2
目标识别		使用锚框	使用残差块

图 7-7 比较了 YOLO v2 和 YOLO v3 架构。

基本卷积层相似，但是 YOLO v3 在 3 个独立的层上执行检测：82、94 和 106。

🛈 注意：

你应该从 YOLO v3 中获取的最关键的项目是在 3 个不同的层和 3 个不同的尺度上进行的对象检测：82（最大）、94（中级）和 106（最小）。

YOLOV2

Type	Filters	Size	Output
Convolutional	32	3 x 3	224 x 224
Maxpool		2 x 2 / 2	112 x 112
Convolutional	64	3 x 3	112 x 112
Maxpool		2 x 2 / 2	56 x 56
Convolutional	128	3 x 3	56 x 56
Convolutional	64	1 x 1	56 x 56
Convolutional	128	3 x 3	56 x 56
Maxpool		2 x 2 / 2	28 X 28
Convolutional	256	3 x 3	28 X 28
Convolutional	128	1 x 1	28 X 28
Convolutional	256	3 X 3	28 X 28
Maxpool		2 x 2 / 2	14 x 14
Convolutional	512	3 x 3	14 X 14
Convolutional	256	1 x 1	14 X 14
Convolutional	512	3 X 3	14 X 14
		2 x 2 / 2	7 X 7
Convolutional	1024	3 x 3	7 X 7
Convolutional	512	1 x 1	7 X 7
Convolutional	1024	3 X 3	7 X 7
Convolutional	512	1 x 1	7 X 7
Convolutional	1024	3 X 3	7 X 7
Convolutional	1000	1 X 1	7 X 7
Avgpool		Global	1000

YOLOV3

	Type	Filters	Size	Output
	Convolutional	32	3 x 3	256 x 256
	Convolutional	64	3 x 3 / 2	128 x 128
1 x	Convolutional	32	1 x 1	
	Convolutional	64	3 X 3	
	Residual			128 X 128
	Convolutional	128	3 x 3 / 2	64 x 64
2 x	Convolutional	64	1 x 1	
	Convolutional	128	3 x 3	
	Residual			64 X 64
	Convolutional	256	3 x 3 / 2	32 x 32
8 x	Convolutional	128	1 x 1	
	Convolutional	256	3 x 3	
	Residual			32 x 32
	Convolutional	512	3 x 3 / 2	32 x 32
8 x	Convolutional	256	1 x 1	
	Convolutional	512	3 x 3	
	Residual			16 x 16
	Convolutional	1024	3 x 3 / 2	32 x 32
4 x	Convolutional	512	1 x 1	
	Convolutional	1024	3 x 3	
	Residual			8 x 8
	Avgpool		Global	
	Connected			1000
	Softmax			

图 7-7

原　　文	译　　文	原　　文	译　　文
Type	层类型	Maxpool	最大池化层
Filters	滤波器	Avgpool	平均池化层
Size	大小	Global	全局
Output	输出	Residual	残差
Convolutional	卷积层	Connected	全连接层

7.5　训练模型

在迁移学习中，已经训练过的模型也可以通过大量数据的训练来再次开发。当然，如果你的分类属于下列分类之一，则无须为这些类训练模型。YOLO v3 已经训练过的 80 个类如下所示。

```
Person, bicycle, car, motorbike, airplane, bus, train, truck, boat,
traffic light, fire hydrant, stop sign, parking meter, bench, bird,
```

```
cat, dog, horse, sheep, cow, elephant, bear, zebra, giraffe, backpack,
umbrella, handbag, tie, suitcase, frisbee, skis, snowboard, sports
ball, kite, baseball bat, baseball glove, skateboard, surfboard.
tennis racket, bottle, wine glass, cup, fork, knife, spoon, bowl,
banana, apple, sandwich, orange, broccoli, carrot, hot dog, pizza,
donut, cake, chair, sofa, potted plant, bed, dining table, toilet, tv
monitor, laptop, mouse, remote, keyboard, cell phone, microwave,
oven, toaster, sink, refrigerator, book, clock, vase, scissors, teddy
bear, hair drier, toothbrush
```

因此，如果你要检测食物的类型，则 YOLO v3 可以很好地检测 banana（香蕉）、apple（苹果）、sandwich（三明治）、orange（橘子）、broccoli（西兰花）、carrot（胡萝卜）、hot dog（热狗）、pizza（披萨）、donut（甜甜圈）和 cake（蛋糕），但无法检测到水饺和包子等。

同样，通过 PASCAL VOC 数据集训练的 YOLO v3 将能够检测该数据集包含的所有 20 个类别，如下所示。

```
airplane, bicycle, bird, boat, bottle, bus, car, cat, chair, cow,
dining table, dog, horse, motorbike, person, potted plant, sheep,
sofa, train, tv monitor
```

它同样无法检测到不在这些类别中的其他事物。

因此，如果你的图像集中包含预训练的模型无法识别的分类（如前面所说的水饺和包子），则需要使用新图像集对模型进行再训练。

7.6　使用 YOLO v3 训练新图像集以开发自定义模型

本节将介绍如何使用 YOLO v3 训练你自己的自定义检测器。训练过程涉及许多不同的步骤，为清晰起见，我们将在流程图中指示每个步骤的输入和输出。由 Redmon、Joseph、Farhadi 和 Ali 于 2018 年在 arXiv 平台上发布的 *YOLOv3: An Incremental Improvement*（《YOLOv3：增量改进》）中，提出了许多训练步骤。这些步骤在以下链接的 Training YOLO on VOC（在 VOC 数据集上训练 YOLO）一节中也有介绍。

https://pjreddie.com/darknet/yolo/

图 7-8 显示了如何使用 YOLO v3 训练 VOC 数据集。在本例中，我们将使用自定义家具数据，该数据在第 6 章 "迁移学习和视觉搜索" 中已经使用 Keras 进行了分类。

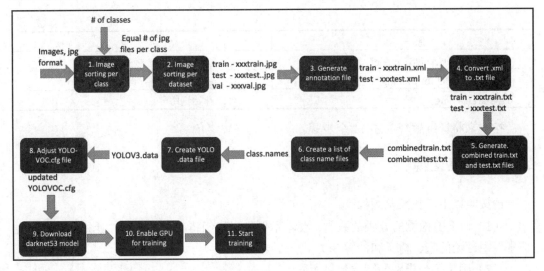

图 7-8

原　　　文	译　　　文
Images, jpg format	图像，jpg 格式
# of classes	分类的数量
1. Image sorting per class	1．按每个类对图像进行排序
Equal # of jpg files per class	每个类相等数量的 jpg 文件
2. Image sorting per dataset	2．每个数据集的图像排序
train - xxxtrain.jpg	训练集 - xxxtrain.jpg
test - xxxtest.jpg	测试集 - xxxtest.jpg
val - xxxval.jpg	验证集 - xxxval.jpg
3. Generate annotation file	3．生成注解文件
train - xxxtrain.xml	训练集 - xxxtrain.xml
test - xxxtest.xml	测试集 - xxxtest.xml
4. Convert .xml to .txt file	4．将.xml 文件转换为.txt 文件
train - xxxtrain.txt	训练集 - xxxtrain.txt
test - xxxtest.txt	测试集 - xxxtest.txt
5. Generate. combined train.txt and test.txt files	5．生成合并的 train.txt 和 test.txt 文件
6. Create a list of class name files	6．创建类名称文件的列表
7. Create YOLO .data file	7．创建 YOLO .data 文件
8. Adjust YOLOVOC.cfg file	8．调整 YOLOVOC.cfg 文件
updated YOLOVOC.cfg	更新之后的 YOLOVOC.cfg

原　　文	译　　文
9. Download darknet53 model	9.　下载 darknet53 模型
10. Enable GPU for training	10.　启用 GPU 进行训练
11. Start training	11.　开始训练

接下来将详细解释上述 11 个步骤。

7.6.1　准备图像

请按照以下步骤准备图像。

（1）研究要检测的分类的数量。在本示例中，我们将考虑第 6 章"迁移学习和视觉搜索"中讨论的床、椅子和沙发 3 类。

（2）确保每个类别的图像数量相同。

（3）确保类名称中没有空格，例如使用 caesar_salad 代替 caesar salad。

（4）每个类别至少收集 100 幅图像以开始初始训练，后续可以添加。理想情况下，应该使用 1000 幅图像进行训练。

（5）将所有图像批量调整为 416×416 大小。你可以在 macOS Preview（预览）窗格中选择 Options（选项），然后选中多幅图像，接着批量调整大小，或者也可以使用 Ubuntu 中的 ImageMagick 之类的程序在终端中批量调整大小。

之所以需要执行此步骤，是因为 YOLO v3 希望图像的尺寸为 416×416，因此会自行调整图像的尺寸，但这可能会导致图像的边界框出现不同的外观，从而在某些情况下无法检测到正确的结果。

7.6.2　生成注解文件

此步骤涉及为数据集中每幅图像内的每个对象创建边界框坐标。该边界框坐标通常由 4 个参数表示：(x, y) 用于确定初始位置以及宽度和高度。边界框可以表示为.xml 或.txt格式。该坐标文件也被称为注解文件（annotation file）。请按以下步骤完成此操作。

（1）许多图像注解软件应用程序都可用于标记图像。在第 3 章"使用 OpenCV 和 CNN 进行面部检测"中已经介绍过 VGG 图像注解器。在第 11 章"通过 CPU/GPU 优化在边缘设备上进行深度学习"中将介绍用于自动图像注解的 CVAT 工具。而本章则将介绍一个称为 labelImg 的注解工具。

（2）从 Python 官方索引网站 pypi 中下载 labelImg 注解软件。其网址如下。

https://pypi.org/project/labelImg/

你可以按照站点说明为操作系统安装 labelImg。如果有任何问题，则可以采用一种简单的安装方法，那就是在终端中输入以下命令。

```
pip3 install lableImg
```

要运行它，只需在终端中输入以下命令即可。

```
labelImg
```

（3）在 labelImg 中，单击 Open Dir（打开目录）打开一个图像目录。选择图像并通过单击 Create/RectBox（创建/矩形框）创建一个围绕类别对象的边界框，然后为该边界框添加一个类名，如 bed、chair 或 sofa。保存注解，接着单击右箭头转到下一幅图像。

（4）如果图像中有多个类别（例如，在同一幅图像中的汽车和行人），或相同的类别出现在多个位置（例如，在同一幅图像的不同位置出现的不同汽车），则可以在每幅图像的周围画一些矩形。例如，如果图像由多把椅子和一张沙发组成，则可以在每把椅子周围绘制矩形，并在类名中输入 chair，而对于沙发，则可以在其周围绘制一个矩形并输入 sofa；如果图像仅由一张沙发组成，则在沙发周围绘制一个矩形，然后输入 sofa 作为类名。图 7-9 演示了这一操作。

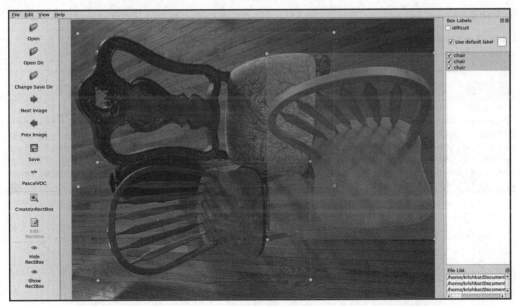

图 7-9

图 7-9 显示了如何标记属于同一类的多幅图像。

7.6.3　将.xml 文件转换为.txt 文件

YOLO v3 需要将注解文件另存为.txt 文件而不是.xml 文件。本节介绍如何转换和排列.txt 文件以输入模型。有许多工具可用于这种转换。下面将介绍两个工具。

❑　RectLabel：它具有内置的转换器，可将.xml 文件转换为.txt 文件。

❑　命令行 xmltotxt 工具：你可以在以下 GitHub 页面中找到该工具。

　　https://github.com/Isabek/XmlToTxt

该过程的输出将是一个包含.jpg、.xml 和.txt 文件的目录。每个图像.jpg 文件都会有一个对应的.xml 和.txt 文件。可以从目录中删除.xml 文件，因为我们将不再需要这些文件。

7.6.4　创建合并的 train.txt 和 test.txt 文件

顾名思义，此步骤涉及一个代表所有图像的.txt 文件。为此，我们将运行一个简单的 Python 文件（训练图像和测试图像各一次），以创建 combinedtrain.txt 和 combinedtest.txt 文件。该 Python 文件的网址如下。

https://github.com/PacktPublishing/Mastering-Computer-Vision-with-TensorFlow-2.0/blob/master/Chapter07/Chapter7_yolo_combined_text.py

图 7-10 显示了 Python 代码的示例输出。

```
● ● ●                            📄 train.txt
/home/krishkar/Documents/chapter7_yolo/furniture_data/trainyolo/sofa_316.jpg
/home/krishkar/Documents/chapter7_yolo/furniture_data/trainyolo/bed_418.jpg
/home/krishkar/Documents/chapter7_yolo/furniture_data/trainyolo/chair_169.jpg
/home/krishkar/Documents/chapter7_yolo/furniture_data/trainyolo/sofa_102.jpg
/home/krishkar/Documents/chapter7_yolo/furniture_data/trainyolo/chair_227.jpg
/home/krishkar/Documents/chapter7_yolo/furniture_data/trainyolo/bed_144.jpg
/home/krishkar/Documents/chapter7_yolo/furniture_data/trainyolo/chair_312.jpg
```

图 7-10

每个文本文件由若干行组成。如图 7-10 所示，每一行都包括图像文件的路径。

7.6.5　创建一个类别名称文件的列表

该文件包含所有类别的列表。在本示例中，它是一个扩展名为.names 的简单文本文件，如下所示。

```
bed
chair
sofa
```

7.6.6　创建一个 YOLO .data 文件

这些步骤涉及 train 和 valid 文件夹的路径。在开始之前，需要将组合之后的 train、test 和.names 文件复制到你的 darknet 目录中。以下代码块显示了典型的.data 文件（在本示例中为 furniture.data）的外观。

```
classes= 3
train = /home/krishkar/darknet/furniture_train.txt
valid = /home/krishkar/darknet/furniture_test.txt
names = /home/krishkar/darknet/furniture_label.names
backup = backup
```

在这里，我们有 3 个类（bed、chair 和 sofa），因此 classes 的值被设置为 3。

train、valid 和 names 文件夹分别对应的是组合之后的训练、测试文本文件和标记的.names 文件。将此文件保存在 cfg 目录中。

7.6.7　调整 YOLO 配置文件

在完成这些步骤之后，文件排列部分完成，现在我们将致力于优化 YOLO 配置文件中的参数。要执行该操作，可在 Darknet cfg 目录下打开 YOLO-VOC.cfg 并进行以下更改。结果代码的网址如下。

https://github.com/PacktPublishing/Mastering-Computer-Vision-with-TensorFlow-2.0/blob/master/Chapter07/yolov3-furniture.cfg

ⓘ 注意：

下面将描述各种行号和要更改的值。这些行号与 YOLO-VOC.cfg 文件相对应。

（1）第 6 行——batchsize。将其设置为 64。这意味着在每个训练步骤中将使用 64 幅图像来更新 CNN 参数。

（2）第 7 行——subdivisions。这将按 batchsize/subdivisions 划分批次，然后将其馈送到 GPU 中进行处理。将对 subdivisions 的数量重复该过程，直到 batchsize（64）完成

并开始新的批次。因此，如果 subdivisions 被设置为 1，则所有 64 幅图像都将被发送到 GPU 中，以在给定批次中同时进行处理。

如果 batchsize 被设置为 8，则将 8 幅图像发送到 GPU 中进行处理，并在开始下一个批次之前重复此过程 8 次。将该值设置为 1 可能会导致 GPU 出现问题，但也可能会提高检测的准确率。对于初始运行，可将值设置为 8。

（3）第 11 行——momentum。这用于最小化批次之间的较大权重变化，因为在任何时间点都只处理小批图像（在此示例中为 64）。默认值为 0.9。

（4）第 12 行——decay。通过控制权重值以获取较大的值，可以将过拟合程度降至最低。按默认值 0.005 即可。

（5）第 18 行——learning_rate。这表明当前批次的学习速度。图 7-11 显示了学习率与批数的关系（学习率将作为批数的函数，下文将详细解释）。学习率的默认值 0.001 是一个合理的开始，如果其值为 NaN，则可以将其减小。

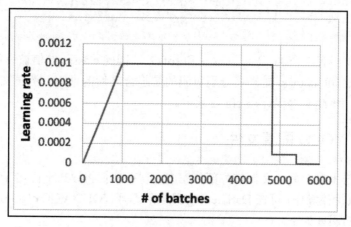

图 7-11

原　　文	译　　文
Learning rate	学习率
# of batches	批数

（6）第 19 行——burn_in。这表示学习率上升的初始时期。可将其设置为 1000，如果 max_batches 减小，则将其降低。

注意：

如果按照上面的步骤设置代码，则可以看到在大约 200～300 的 Epoch 时，学习率是很低的。在 1000 个 Epoch 之后，即可看到学习率的上升。

（7）第 20 行——max_batches。最大批次数。可将其设置为 2000 乘以类数。对于本示例中的 3 个类来说，值 6000 是合理的。请注意，默认值为 500200，该值非常高，如果保持不变，则训练将持续数天。

（8）第 22 行——steps。这是将学习率乘以第 23 行中的尺度（scale）之后的步骤。可将其设置为 max_batches 的 80% 和 90%。因此，如果 batchsize 为 6000，则可将该值设置为 4800 和 5400。

（9）第 611、695、779 行。将 classes 值从其默认值（20 或 80）更改为你的类别值（在此示例中为 3）。

（10）第 605、689、773 行。这些是 YOLO 预测之前的最后卷积层。将 filters 值从其默认值 255 设置为(5+类的数量)×3。因此，对于 3 个类别来说，filters 值应为 24。

（11）第 610、694、778 行。这些是锚点，是包含高宽比的预设边界框。锚点的大小由(宽度, 高度)表示，它们的值不需要更改，但是对于理解其上下文很重要。预设宽高比如下。

(10, 13), (16, 30), (32, 23), (30, 61), (62, 45), (59, 119), (116, 90), (156, 198), (373, 326)

这里总共有 9 个锚点，高度为 10～373。这表示从最小到最大的图像检测。对于此练习，我们不需要更改锚点。

（12）第 609、693、777 行。这些都是掩码（Mask）。它们指定我们需要选择哪些锚框进行训练。如果较低级别的值为 0、1、2，并且你继续在区域 94 和 106 的输出中观察到 NaN，则可考虑增加该值。选择该值的最佳方法是查看训练图像边界框从最小到最大图像的尺度，了解它们落在哪里，然后选择适当的掩码来表示。

在我们的测试案例中，最小维度的边界框从 62、45、40 开始，因此我们选择 5、6、7 作为最小值。表 7-5 显示了掩码的默认值和调整后的值。

表 7-5　掩码的默认值和调整后的值

默 认 值	调 整 值
6、7、8	7、8、9
3、4、5	6、7、8
0、1、2	6、7、8

最大值 9 代表床，最小值 6 代表椅子。

ℹ️ 注意：

如果图像中的边界框不同，则可以调整 mask 值以获得所需的结果。因此，可从默认值开始并进行调整以避免出现 NaN 结果。

7.6.8　启用 GPU 进行训练

在 darknet 目录中打开 Makefile 并按以下方式设置参数。

```
GPU = 1
CUDNN = 1
```

7.6.9　开始训练

在终端中一一执行以下命令。

（1）下载预训练的 darknet53 模型权重以加快训练速度。

在终端中运行以下文件内找到的命令。

https://pjreddie.com/media/files/darknet53.conv.74

（2）完成预训练权重的下载后，在终端中执行以下命令。

```
./darknet detector train cfg/furniture.data cfg/yolov3-
furniture.cfg darknet53.conv.74 -gpus 0
```

训练在开始之后将一直继续，直到使用 82、94 和 106 层写入的值创建最大批次。在下面的代码中将显示两个输出：一个是当训练一切正常时的输出，另一个则是当训练未能正确进行时的输出。

```
Correct training
Region 82 Avg IOU: 0.063095, Class: 0.722422, Obj: 0.048252, No Obj:
0.006528, .5R: 0.000000, .75R: 0.000000, count: 1
Region 94 Avg IOU: 0.368487, Class: 0.326743, Obj: 0.005098, No Obj:
0.003003, .5R: 0.000000, .75R: 0.000000, count: 1
Region 106 Avg IOU: 0.144510, Class: 0.583078, Obj: 0.001186, No Obj:
0.001228, .5R: 0.000000, .75R: 0.000000, count: 1
298: 9.153068, 7.480968 avg, 0.000008 rate, 51.744666 seconds, 298 images

Incorrect training
Region 82 Avg IOU: 0.061959, Class: 0.404846, Obj: 0.520931, No Obj:
0.485723, .5R: 0.000000, .75R: 0.000000, count: 1
Region 94 Avg IOU: -nan, Class: -nan, Obj: -nan, No Obj: 0.525058, .5R: -
nan, .75R: -nan, count: 0
Region 106 Avg IOU: -nan, Class: -nan, Obj: -nan, No Obj: 0.419326, .5R: -
nan, .75R: -nan, count: 0
```

上述代码的解释如下。

❑　IOU 描述的是交并比。

❑　Class 表示对象分类。Class 值接近 1 是我们希望的。

❑　Obj 是检测到对象的概率，其值应接近 1。

❑　No Obj 的值应接近 0。

❑　0.5R 是检测到的阳性样本除以图像中实际样本的比率。

到目前为止，我们已经学习了如何通过 Darknet 来使用预训练的 YOLO 模型进行推断，并为自定义图像训练我们自己的 YOLO 模型。接下来，我们将简要介绍另一个神经网络模型，即 RetinaNet。

7.7　特征金字塔网络和 RetinaNet 概述

在第 5 章 "神经网络架构和模型" 中已经介绍过，CNN 的每一层本身就是一个特征向量。与此相关的有两个关键且相互依赖的参数，如下所述。

❑　当我们通过各种卷积层将图像的 CNN 提升到全连接层时，会发现更多的特征（从语义上来说这会很强），也就是从简单的边缘到对象的特征再到完整的对象。但是，在这样做的过程中，图像的分辨率也会随着特征宽度和高度的减小以及深度的增加而降低。

❑　该分辨率和维度会影响到不同大小尺度的对象。如图 7-12 所示，较小的对象在最高层将更难检测，因为其特征将变得非常模糊，以至于卷积神经网络将无法很好地对其进行检测。

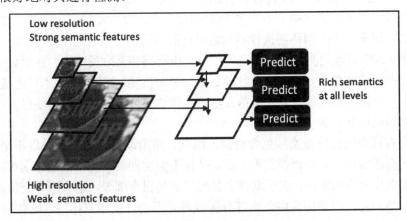

图 7-12

原　　　文	译　　　文
Low resolution	低分辨率
Strong semantic features	强大的语义特征
High resolution	高分辨率
Weak semantic features	较弱的语义特征
Predict	预测
Rich semantics at all levels	所有层次上的丰富语义特征

　　如前文所述，由于小对象的分辨率问题，要同时检测不同尺度的多幅图像是非常困难的。因此，如图 7-12 所示，我们可以按金字塔形式堆叠特征而不是图像，最上层的维数较小，而底部的特征则更大，这称为特征金字塔。

　　特征金字塔网络（feature pyramid network，FPN）由特征金字塔组成，特征金字塔由每个 CNN 层之间的较高维度和较低分辨率组成。

　　FPN 使用此特征金字塔来检测不同尺度的对象。FPN 使用最后一个全连接层特征，该特征将基于其最近的邻居应用 2 倍的上采样（upsampling），然后将其添加到上一特征向量中，再将 3×3 卷积应用于合并之后的层。这个过程一直重复到第二个卷积层。结果是在所有层次上都具有丰富的语义，从而导致不同尺度上的对象检测。

　　RetinaNet 由 Tsung-Yi Lin、Priya Goyal、Ross Girshick、Kaiming He 和 Piotr Dollár 等人在 *Focal Loss for Dense Object Detection*（《针对密集目标检测的焦点损失函数》）论文中首先提出。该论文的网址如下。

https://arxiv.org/abs/1708.02002

　　RetinaNet 是一个密集的单阶段网络，由一个基本的 ResNet 型网络和两个与任务相关的子网络组成。基本网络使用 FPN 为不同的图像尺度计算卷积特征图。第一个子网络执行对象分类，而第二个子网络则执行卷积边界框的回归。

　　大多数 CNN 对象检测器可分为两类：单阶段网络和两阶段网络。在诸如 YOLO 和 SSD 之类的单阶段网络中，只有一个阶段负责分类和检测；在诸如 R-CNN 之类的两阶段网络中，第一阶段生成对象位置，而第二阶段则评估其分类。单阶段网络以其速度闻名，而两阶段网络则以其准确率闻名。

　　由于只有几个候选位置实际包含对象，因此，单阶段网络会受到类别不平衡（class imbalance）问题的困扰。所谓类别不平衡，是指不同类别的训练样例数差别很大。例如，在银行信用欺诈交易识别中，属于欺诈交易的应该是很少部分，绝大部分交易是正常的。图像识别也是如此，很多图像中的大部分区域都是不包含检测目标的，这使得训练在图像的大部分区域中无效。

RetinaNet 通过引入焦点损失（focal loss，FL）来解决类别不平衡问题，它可以对损失交叉熵（cross-entropy，CE）进行微调，以解决困难的检测问题。

损失交叉熵的微调是通过对损失交叉熵应用检测概率（*pt*）的调制因子（*g*）来完成的，具体如下。

$$FL(pt) = -(1-pt)\gamma\log(pt) = CE.(1-pt)\gamma$$

在使用了焦点损失（FL）概念之后，RetinaNet 的速度可以向单阶段网络的速度看齐，而准确率却可以向两阶段网络的准确率看齐。

可以通过以下命令在终端中下载 RetinaNet 的 Keras 版本。

```
pip install keras-retinanet
```

在精确率（precision）和速度方面，YOLO v3 网络可保持平均精确率超过 50，并且比 RetinaNet 更快。

7.8　小　　结

本章详细阐释了 YOLO 对象检测方法的基本概念和组成部分，并解释了与其他对象检测方法相比，YOLO 为何能够如此快速、准确地检测到对象。

我们介绍了 YOLO 的不同演变（原始版本的 YOLO、YOLO v2 和 YOLO v3）及其差异。还使用 YOLO 实际检测了图像和视频文件中的对象，如汽车和交通标志。

我们学习了如何调试 YOLO v3，以便它可以生成正确的输出而不会崩溃。我们还介绍了如何使用预训练的 YOLO 进行推理，并阐述了使用自定义图像开发新的 YOLO 模型的详细过程，以及如何调整 CNN 参数以生成正确的结果。

最后，本章还介绍了 RetinaNet 单阶段网络，以及它如何使用特征金字塔的概念来检测不同尺度的对象。

在第 8 章"语义分割和神经风格迁移"中，我们将学习有关图像语义分割和神经风格迁移等方面的内容。

第8章 语义分割和神经风格迁移

深度神经网络的应用不仅限于在图像中找到对象（这在前面的章节中已经学习过），还可以用于将图像分割到空间区域中，从而生成人造图像，将某种风格从一幅图像迁移到另一幅图像中。

本章将使用 TensorFlow Colab 执行所有这些任务。语义分割（semantic segmentation）可预测图像的每个像素是否属于某个类别。这是用于图像叠加（overlaying）的有用技术。我们将介绍 TensorFlow DeepLab，以便可以对图像执行语义分割。

深度卷积生成对抗网络（deep convolutional generative adversarial network，DCGAN）是强大的工具，可用于生成人造图像，如人脸和手写数字。它们也可以用于图像修复。

最后，本章还将讨论如何使用 CNN 将神经风格从一幅图像迁移到另一幅图像中。

本章包含以下主题。

❑ 用于语义分割的 TensorFlow DeepLab 概述。
❑ 使用 DCGAN 生成人工图像。
❑ 使用 OpenCV 修复图像。
❑ 理解神经风格迁移。

8.1 用于语义分割的 TensorFlow DeepLab 概述

语义分割可以在像素级别上理解图像内容并进行分类。它与对象检测任务是不一样的。在对象检测中，可能会在多个对象类别上绘制一个矩形边界框（YOLO v3 就是这样做的），而语义分割则可以学习整幅图像，并将封闭对象的类别指定给图像中的相应像素。因此，语义分割可以比对象检测更强大。

语义分割的基本架构基于编码器-解码器（encoder-decoder）网络，其中，编码器创建一个高维特征向量并在不同级别上对其进行聚合，而解码器则可在神经网络的不同级别上创建一个语义分割掩码（semantic segmentation mask）。

编码器使用传统的 CNN，而解码器则使用去池化（unpooling）、反卷积（deconvolution）和上采样（upsampling）。

DeepLab 是 Google 引入的一种特殊类型的语义分割，它使用空洞卷积（atrous

convolution）、空间金字塔池化（spatial pyramid pooling，SPP）而不是常规的最大池化，以及编码器–解码器网络。

　　DeepLab V3 +是由 Liang-Chieh Chen、Yukun Zhu、George Papandreou、Florian Schro 和 Hartwig Adam 在他们的论文 *Encoder-Decoder with Atrous Separable Convolution for Semantic Image Segmentation*（《使用空洞可分离卷积执行语义图像分割的编码器–解码器》）中首次提出的。该论文的网址如下。

https://arxiv.org/abs/1802.02611

　　DeepLab 于 2015 年开始使用 V1，并于 2019 年迅速发展到 V3+。表 8-1 列出了不同 DeepLab 版本的比较。

表 8-1　DeepLab 版本的比较

	DeepLab V1	DeepLab V2	DeepLab V3	DeepLab V3 +
论文	*Semantic Image Segmentation with Deep Convolutional Nets and Fully Connected CRFs*（《使用深度卷积网络和全连接 CRF 的语义图像分割》），2015 年	*DeepLab: Semantic Image Segmentation with Deep Convolutional Nets, Atrous Convolution, and Fully Connected CRFs*（《DeepLab：使用深度卷积网络、空洞卷积和全连接 CRF 的语义图像分割》），2017 年	*Rethinking Atrous Convolution for Semantic Image Segmentation*（《用于语义图像分割的空洞卷积再思考》），2017 年	*Encoder-Decoder with Atrous Separable Convolution for Semantic Image Segmentation*（《使用空洞可分离卷积执行语义图像分割的编码器–解码器》），2018 年
作者	Liang-Chieh Chen、George Papandreou、Iasonas Kokkinos、Kevin Murphy 和 Alan L. Yuille	Liang-Chieh Chen、George Papandreou、Iasonas Kokkinos、Kevin Murphy 和 Alan L. Yuille	Liang-Chieh Chen、George Papandreou、Florian Schroff 和 Hartwig Adam	Liang-Chieh Chen、Yukun Zhu、George Papandreou、Florian Schro 和 Hartwig Adam
关键概念	空洞卷积（atrous convolution）、全连接条件随机场（conditional random field，CRF）	空洞空间金字塔池化（atrous spatial pyramid pooling，ASPP）	ASPP、图像级特征以及批归一化（batch normalization）	ASPP 和编码器–解码器模块

　　DeepLab V3+使用空间金字塔池化（SPP）的概念来定义其架构。

8.1.1　空间金字塔池化

在第 5 章 "神经网络架构和模型" 中介绍的大多数 CNN 模型都需要固定的输入图像大小，这限制了输入图像的长宽比和尺度。这个固定大小的约束不是来自卷积操作，相反，它来自全连接层，全连接层需要固定的输入大小。

卷积操作可以从 CNN 的不同层中的图像边缘、拐角和不同形状生成特征图。特征图在不同的层中是不一样的，它们是图像中形状的函数。特征图不会随着输入大小的变化而发生显著变化。

空间金字塔池化（SPP）取代了最后一个池化层，就在全连接层的前面，由并行排列的空间容器组成，其空间大小与输入图像的大小成正比，但其总数固定为全连接层的数量。空间池化层通过保持滤波器的大小固定但是可以更改特征向量的尺度来消除输入图像的固定大小约束。

DeepLab V3 的架构基于两种神经网络：空洞卷积和编码器-解码器网络。

8.1.2　空洞卷积

在第 4 章 "图像深度学习" 中介绍了卷积的概念，但是没有涉及各种空洞卷积。空洞卷积也被称为膨胀卷积（dilated convolution），从字面意思上来说它很好理解，就是在标准卷积中注入空洞，以此来增加卷积的感受野（receptive field）。

传统的 CNN 使用最大池化和步幅来快速减小层的大小，但这样做也会降低特征图的空间分辨率。空洞卷积是一种用于解决此问题的方法。它通过使用 Atrous 值修改步幅来实现此目的，从而有效地改变了滤波器的感受野，如图 8-1 所示。

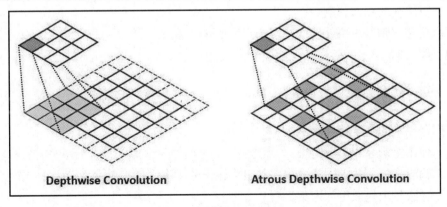

图 8-1

原　　　文	译　　　文
Depthwise Convolution	深度卷积
Atrous Depthwise Convolution	空洞深度卷积

图 8-1 显示了 rate = 2 的空洞深度卷积。与深度卷积相比，它跳过了其他所有单元。实际上，如果应用 stride = 2，则 3×3 内核就是一个 5×5 内核。与简单的深度较小的特征图相比，空洞卷积增加了感受野并捕获了边界信息（这是与最大池化相比而言的，最大池化丢失了对象的边界），从而获得更加丰富的图像上下文。

由于在每个后续层中保持相同感受野的特性，空洞卷积可用于图像分割。

DeepLab V3 将执行若干次并行空洞卷积，所有操作以不同的 rate 运行，就像我们前面描述的空间池化层概念一样。图 8-1 显示的是空洞卷积和并行模块彼此相邻堆叠以形成空间金字塔池化（SPP）。这与传统卷积不同，传统卷积与原始图像相比减少了最终特征向量的深度和宽度，而空洞卷积则保留了图像大小。因此，图像的细节不会丢失。在构建具有丰富图像上下文的分割图时，这很有用。

8.1.3　编码器-解码器网络

编码器是获取图像并生成特征向量的神经网络；解码器则执行与编码器相反的操作，它采用特征向量并从中生成图像。编码器和解码器可一起训练以优化组合损失函数。

编码器-解码器网络可在编码器路径中实现更快的计算，因为在编码器路径中不必扩张特征，并且在解码器路径中可恢复清晰的对象。

编码器-解码器网络包含一个编码器模块，该模块可捕获更高的语义信息，如图像中的形状。它可以通过逐渐缩小特征图来实现这一目的。另外，解码器模块则可以保留空间信息和更清晰的图像分割。

编码器和解码器主要使用的是多个尺度的 1×1 和 3×3 空洞卷积。接下来就让我们更详细地了解它们。

8.1.4　编码器模块

编码器模块的主要特性如下。

❑　使用空洞卷积提取特征。

❑　输出步幅是输入图像分辨率与最终输出分辨率之比。其典型值为 16 或 8，这会导致特征提取更加密集。

❑　在最后两个块中使用 rate 分别为 2 和 4 的空洞卷积。

❑　ASPP 模块用于在多个尺度上应用卷积运算。

8.1.5　解码器模块

解码器模块的主要特性如下。

❑　1×1 卷积用于减少来自编码器模块的低级特征图的通道。

❑　3×3 卷积用于获得更清晰的分割结果。

❑　Upsampling = 4。

8.1.6　DeepLab 中的语义分割示例

在 TensorFlow 负责维护的以下 GitHub 页面上可以找到使用 TensorFlow 训练 DeepLab 的详细代码。

https://github.com/tensorflow/models/tree/master/research/deeplab

Google Colab 包含了内置 DeepLab Python 代码，该代码基于若干个预先训练的模型。其网址如下。

https://colab.research.google.com/github/tensorflow/models/blob/master/research/deeplab/deeplab_demo.ipynb

8.1.7　Google Colab、Google Cloud TPU 和 TensorFlow

在深入研究示例代码之前，不妨先来了解 Google 机器学习的一些基本功能组件，所有这些组件都是免费提供的，可以帮助开发强大的计算机视觉和机器学习代码。

❑　Google Colab：可以从 Google Drive 中打开 Google Colab，如图 8-2 所示。如果你是第一次使用它，则必须先单击 New（新建），然后单击 More（更多），将 Google Colab 安装到 Drive 中。

Google Colab 使你无须安装即可打开 Jupyter Notebook。它还内置了 TensorFlow，这意味着你可以轻松使用所有 TensorFlow 依赖项。

图 8-2 显示了 Google Colab 文件夹相对于 Google Drive 的位置。它允许你使用.ipynb 文件，然后进行存储。

图 8-2

❑ Google Cloud TPU：这是 Google 云端的张量处理单元（tensor processing unit，TPU）。它使你可以更快地运行神经网络代码。进入 Google Colab Notebook 中后，即可为 Python .ipynb 文件激活 TPU，如图 8-3 所示。

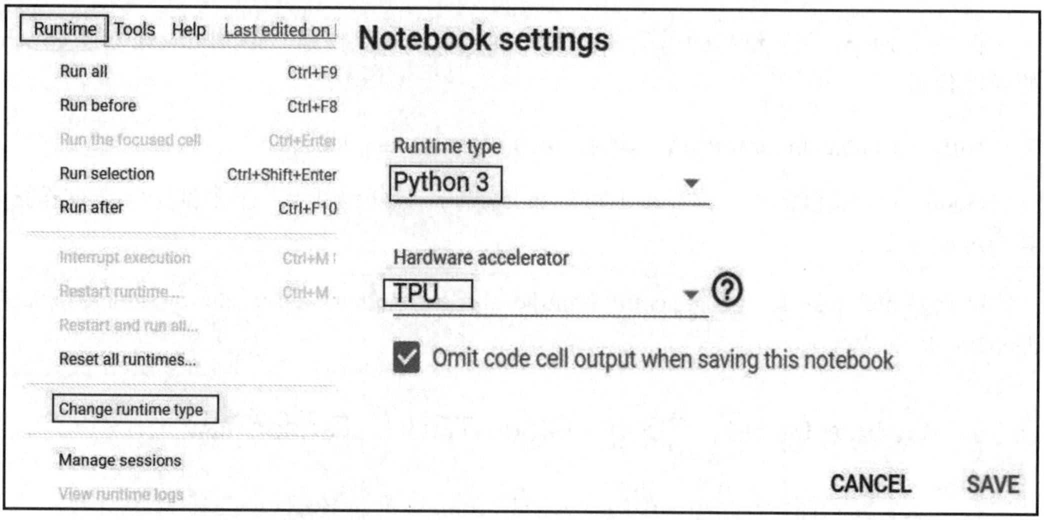

图 8-3

在图 8-3 中可以看到，打开 Cloud TPU 将有助于加快神经网络的训练，提高预测阶段处理的速度。

Google Colab DeepLab Notebook 包含 3 幅示例图像，还为你提供了获取 URL 的选项，以便你可以加载自定义图像。当你获取图像的 URL 时，请确保 URL 的末尾带有.jpg。从互联网中提取的许多图像都没有此扩展名，因此程序会提示找不到图像。

如果你有自己想要使用的图像，则可以将其存储在 GitHub 页面上，然后获得下载 URL。图 8-4 显示了基于 mobilenetv2_coco_voctrainaug 模型收到的输出。

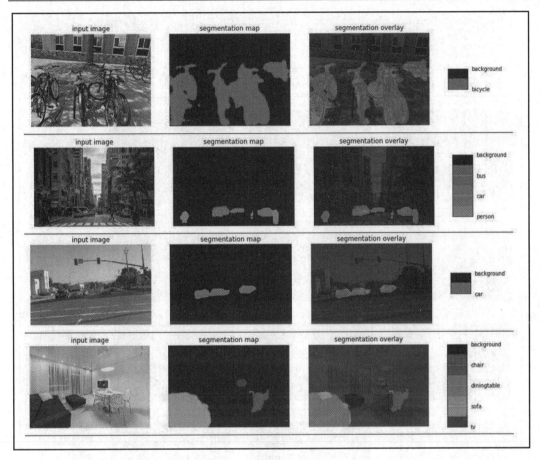

图 8-4

原　　文	译　　文	原　　文	译　　文
input image	输入图像	car	小汽车
segmentation map	分割图	person	人
segmentation overlay	分割图叠加结果	chair	椅子
background	背景	diningtable	餐桌
bicycle	自行车	sofa	沙发
bus	公交车	tv	电视机

　　图 8-4 显示了 4 幅不同的图像——停放的自行车、繁忙的街道、城市道路和带家具的
房间。在所有图像中，检测的效果都非常好。应该注意的是，该模型仅检测以下 20 类，
再加上 background（背景）类。

```
background, aeroplane, bicycle, bird, boat, bottle, bus, car, cat, chair,
cow, diningtable, dog, horse, motorbike, person, pottedplant, sheep, sofa,
train, tv
```

图 8-5 显示了使用不同模型（即 xception_coco_voctrainval）运行的相同的 4 幅图像。

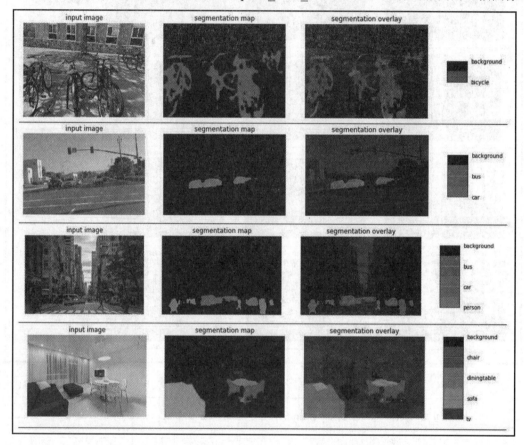

图 8-5

原　　文	译　　文	原　　文	译　　文
input image	输入图像	car	小汽车
segmentation map	分割图	person	人
segmentation overlay	分割图叠加结果	chair	椅子
background	背景	diningtable	餐桌
bicycle	自行车	sofa	沙发
bus	公交车	tv	电视机

与前面的 MobileNet 模型相比，该模型对异常对象的预测显示出更多的改进。可以看到它清楚地检测出自行车、人和桌子的分割。

ℹ️ **注意：**

MobileNet 是一种非常有效的神经网络模型，可用于手机和边缘设备。它使用深度卷积，而不是普通卷积。要详细了解 MobileNet 和深度卷积，请参阅第 11 章"通过 CPU/GPU 优化在边缘设备上进行深度学习"。

8.2　使用 DCGAN 生成人工图像

在第 5 章"神经网络架构和模型"中，已经简要介绍过深度卷积生成对抗网络（deep convolutional generative adversarial network，DCGAN）。它们由生成器（generator）模型和鉴别器（discriminator，也称为判别器）模型组成。

生成器模型采用代表图像特征的随机向量，并通过 CNN 生成人工图像 $G(z)$。因此，生成器模型返回生成新图像及其类别的绝对概率。生成器就好像是赝品古董制造者，它的目标就是努力生成难以分别真假的赝品。

鉴别器（D）网络是一个二元分类器。它采用来自样本概率的真实图像、图像分布（p 数据）和来自生成器的人工图像，以生成概率 $P(z)$。也就是说，鉴别器模型返回的是条件概率，最终图像的类别来自给定分布。鉴别器就好像是古董鉴定专家，它的目标就是努力鉴别古董的真假。

鉴别器将生成真实图像的概率信息提供给生成器，生成器使用该信息来改进其预测，以创建人工图像 $G(z)$。随着训练的进行，生成器会更好地创建可以欺骗鉴别器的人工图像，并且鉴别器将发现很难区分真实图像与人工图像。这两个模型相互对立，因此命名为对抗网络。当鉴别器不再能够将真实图像与人工图像区分开时，模型收敛。

生成对抗网络（GAN）的训练遵循鉴别器和生成器在若干个 Epoch 内相互交替的模式，然后重复进行直至达到收敛。也就是说，在每个训练期间，其他组件保持固定，这意味着在训练生成器时，鉴别器保持固定，而在训练鉴别器时，生成器保持固定，以最大程度地减少生成器和鉴别器相互追逐的机会。

上文应该已经为你提供了对 GAN 的高级理解。但是，为了编写 GAN 的代码，我们还需要更多地了解模型架构，下面就来分别介绍。

8.2.1　生成器

图 8-6 显示了 DCGAN 的生成器网络的架构。

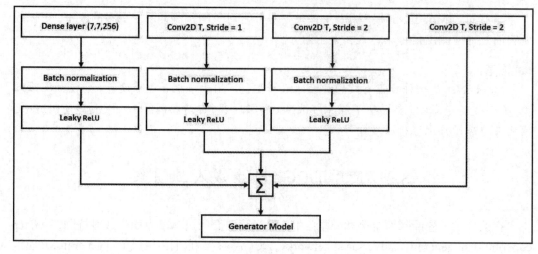

图 8-6

原　　　文	译　　　文
Dense layer	稠密层
Batch normalization	批归一化
Generator Model	生成器模型

从图 8-6 中，可以看到以下内容。

❑　所有使用步幅（stride）但没有最大池化的卷积网络都允许该网络在生成器中学习它自己的上采样。请注意，最大池化现在被步幅卷积所代替。

❑　第一层从鉴别器获得概率 $P(z)$，通过矩阵乘法连接到下一个卷积层。这意味着不使用正式的全连接层。当然，网络仍可以达到其目的。

❑　我们将批归一化应用于所有层，以重新调整输入的尺度，提高学习的稳定性。但是，生成器输出层不必进行批归一化。

8.2.2　鉴别器

图 8-7 显示了 DCGAN 鉴别器网络的架构。

从图 8-7 中，可以看到以下内容。

❑　所有使用步幅但没有最大池化的卷积网络都允许网络在鉴别器中学习它自己的下采样（downsampling）。

❑　消除了全连接层。最后的卷积层被展平并直接连接到单个 Sigmoid 输出。

❑　将批归一化应用于除鉴别器输入层以外的所有层，以提高学习的稳定性。

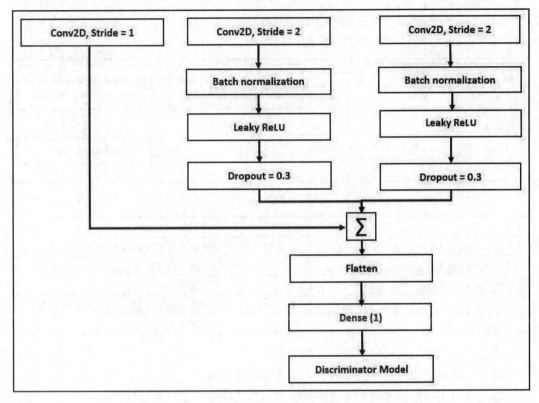

图 8-7

原　　文	译　　文
Batch normalization	批归一化
Flatten	展平
Discriminator Model	鉴别器模型

8.2.3　训练

训练时要考虑的关键特性如下。

❑　激活函数：Tanh。

❑　最小批（mini-batch）大小为 128 的随机梯度下降（stochastic gradient descent，SGD）算法。

❑　Leaky ReLU：斜率为 0.2。

❑　学习率为 0.0002 的 Adam 优化器。

❑　Momentum 项为 0.5：值 0.9 会引起振荡。

图 8-8 显示了训练阶段 DCGAN 的损失项。

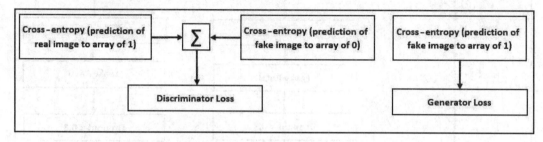

图 8-8

原　　文	译　　文
Cross-entropy (prediction of real image to array of 1)	交叉熵（将真实图像预测为 1 的数组）
Cross-entropy (prediction of fake image to array of 0)	交叉熵（将人工图像预测为 0 的数组）
Discriminator Loss	鉴别器损失
Cross-entropy (prediction of fake image to array of 1)	交叉熵（将人工图像预测为 1 的数组）
Generator Loss	生成器损失

当生成器接收到随机输入时，训练开始。

❑　生成器损失被定义为其产生人工图像输出的能力。

❑　鉴别器损失被定义为其将实际输出与人工图像输出分离的能力。

❑　梯度用于更新生成器和鉴别器。

在训练过程中，将同时对生成器和鉴别器进行训练。

8.2.4　使用 DCGAN 修复图像

图像修复（inpainting）是根据来自相邻点的信息填充图像或视频缺失部分的过程。图像修复工作流程涉及以下步骤。

（1）获取包含缺失部分的图像。

（2）收集与缺失部分相对应的像素信息。这被称为层蒙版（layer mask）。

（3）向神经网络提供步骤（1）和步骤（2）中所述的图像，以确定需要填充图像的哪一部分。这意味着，首先处理图像的缺失部分，然后处理层蒙版。

（4）输入图像经过类似的 DCGAN，如前文所述（卷积和反卷积）。层蒙版允许网络基于其相邻像素数据仅将注意力集中在缺失的部分上，并丢弃图像中完整的部分。生成器网络生成伪造的图像，而鉴别器网络则确保最终绘画看起来尽可能真实。

8.2.5　TensorFlow DCGAN 示例

TensorFlow.org 有一个很好的图像修复示例，你可以在 Google Colab 或自己的本地计算机上运行。该示例可以在 Google Colab 中运行。

https://colab.research.google.com/github/tensorflow/docs/blob/master/site/en/tutorials/generative/dcgan.ipynb#scrollTo=xjjkT9KAK6H7

此示例显示了根据 MNIST 数据集训练 GAN，然后生成人工数字的方法。使用的模型与前面各节中描述的模型相似。

8.3　使用 OpenCV 修复图像

OpenCV 提供了以下两种图像修复方法。

❏ cv.INPAINT_TELEA：该方法基于 2004 年 Alexandru Telea 的论文 *An Image Inpainting Technique Based on the Fast Marching Method*（《基于快速行进方法的图像修复技术》）。该方法用邻近所有已知像素的归一化加权总和替换要修复的邻近像素。那些位于该点附近和边界轮廓上的像素将获得更大的权重。修复像素后，将使用快速行进方法将像素移动到下一个最近的像素。

```
import numpy as np
import cv2 as cv
img = cv.imread('/home/.../krishmark.JPG')
mask = cv.imread('/home/.../markonly.JPG',0)
dst = cv.inpaint(img,mask,3,cv.INPAINT_TELEA)
cv.imshow('dst',dst)
cv.waitKey(0)
cv.destroyAllWindows()
```

❏ cv.INPAINT_NS：该方法基于 Bertalmio、Marcelo、Andrea L.Bertozzi 和 Guillermo Sapiro 在 2001 年发表的论文 *Navier-Stokes, Fluid Dynamics, and Image and Video Inpainting*（《Navier-Stokes 方程、流体动力学以及图像和视频修复》）。它以相同强度连接点，同时会在修复区域的边界匹配梯度向量。该方法使用了流体动力学算法。

```
import numpy as np
import cv2 as cv
```

```
img = cv.imread('/home/.../krish_black.JPG')
mask = cv.imread('/home/.../krish_white.JPG',0)
dst = cv.inpaint(img,mask,3,cv.INPAINT_NS)
cv.imshow('dst',dst)
cv.waitKey(0)
cv.destroyAllWindows()
```

图 8-9 显示了最终输出。

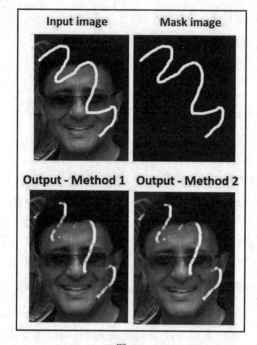

图 8-9

原　　文	译　　文	原　　文	译　　文
Input image	输入图像	Output - Method 1	方法 1 的输出
Mask image	蒙版图像	Output - Method 2	方法 2 的输出

可以看到，这两个预测都只有部分成功，并未完全删除白色线条。

8.4　理解神经风格迁移

神经风格迁移是一种技术，可以通过匹配内容图像（content image）和风格化图像

（styled image）的特征分布来混合它们，以生成与内容图像相似但在艺术上以风格化图像的风格进行绘制的最终图像。例如，我们有一张长城实景拍摄照片，这可以作为内容图像，另外还有一幅中国山水画，这可以作为风格化图像，通过使用神经风格迁移技术，可以生成一张具有中国山水画风格的长城实景照片。

可以通过以下两种不同的方式在 TensorFlow 中完成风格迁移。

（1）在 TensorFlow Hub 中使用预训练的模型。这是你上传图像和风格的地方，该工具包将生成你的风格化输出。

你可以访问以下链接以上传图像。请注意，TensorFlow Hub 是许多经过预训练的网络的来源。

https://colab.research.google.com/github/tensorflow/hub/blob/master/examples/colab/tf2_arbitrary_image_stylization.ipynb

（2）通过训练神经网络来开发自己的模型。

具体操作步骤如下。

① 选择 VGG19 网络。它有 5 个卷积（Conv2D）网络，每个 Conv2D 有 4 层，后面则是全连接层。

② 通过 VGG19 网络载入内容图像。

③ 预测前 5 个卷积。

④ 载入不带最上层的 VGG19 模型（类似第 6 章"迁移学习和视觉搜索"中所执行的操作），并列出该层的名称。

⑤ VGG19 中的卷积层将执行特征提取，而全连接层则执行分类任务。因为没有最上层，网络将仅具有前 5 个卷积层。如前文所述，初始层将传达原始图像的输入像素，而最终层则捕捉图像的定义特征和模式。

⑥ 在执行上述操作后，图像的内容将由中间特征图表示。在本示例中，也就是第 5 个卷积块。

⑦ 使用最大平均差异（maximum mean discrepancy，MMD）比较两个向量。Yanghao Li、Naiyan Wang、Jiaying Liu 和 Xiaodi Hou 在他们的 *Demystifying Neural Style Transfer*（《神经风格迁移揭秘》）论文中指出，匹配图像特征图的格拉姆矩阵（Gram matrix）等效于最小化特征向量的 MMD。图像的风格由风格图像的特征图的格拉姆矩阵表示。格拉姆矩阵为我们提供了特征向量之间的关系，并可由点积表示。也可以将其视为特征向量和整个图像平均值之间的相关性。

⑧ 总损失 = 风格损失 + 内容损失。该损失被计算为输出图像相对于目标图像的均

方误差（mean square error，MSE）的加权和。

ℹ️ 注意：

格拉姆矩阵是向量内积的矩阵，如下所示。

$$G = I_i^{\mathrm{T}} I_j$$

其中，I_i 和 I_j 分别是内容图像和风格图像的特征向量。

内积代表向量的协方差，表示相关性。这可以用风格来表示。

以下代码可输入一个 VGG 模型，并从该模型中提取风格和内容层。

```
vgg = tf.keras.applications.VGG19(include_top=False, weights='imagenet')
vgg.trainable = False
for layer in vgg.layers:
print(layer.name)
```

以下结果显示了卷积块及其顺序。

```
input_2
 block1_conv1
 block1_conv2
 block1_pool
 block2_conv1
 block2_conv2
 block2_pool
 block3_conv1
 block3_conv2
 block3_conv3
 block3_conv4
 block3_pool
 block4_conv1
 block4_conv2
 block4_conv3
 block4_conv4
 block4_pool
 block5_conv1
 block5_conv2
 block5_conv3
 block5_conv4
 block5_pool
```

使用从上面的输出生成的卷积结果来开发内容层和风格层，示例代码如下。

```
# 内容层:
content_layers = ['block5_conv2']
# 风格层:
style_layers = ['block1_conv1','block2_conv1','block3_conv1',
'block4_conv1', 'block5_conv1']
style_outputs = [vgg.get_layer(name).output for name in style_layers]
content_outputs = [vgg.get_layer(name).output for name in content_layers]
vgg.input = style_image*255
```

输入的 4 个维度是批大小、图像的宽度、图像的高度和图像通道的数量。255 乘数可
将图像强度转换为 0~255 的尺度。

```
model = tf.keras.Model([vgg.input], outputs)
```

如上所述，这种风格可以用格拉姆矩阵表示。在 TensorFlow 中，格拉姆矩阵可以表
示为 tf.linalg.einsum。

因此，我们可以编写以下代码。

```
for style_output in style_outputs:
gram_matrix = tf.linalg.einsum('bijc,bijd->bcd',
style_outputs,style_outputs)/tf.cast(tf.shape(style_outputs[1]*style_
outputs[2]))
```

损失计算如下。

```
style_loss = tf.add_n([tf.reduce_mean((style_outputs[name]-
style_targets[name])**2) for name in style_outputs.keys()])
style_loss *= style_weight / num_style_layers

content_loss = tf.add_n([tf.reduce_mean((content_outputs[name]-
content_targets[name])**2) for name in content_outputs.keys()])
content_loss *= content_weight / num_content_layers
loss = style_loss + content_loss
```

最终的代码可以从 TensorFlow 教程中获得，网址如下。

https://www.tensorflow.org/tutorials/generative/style_transfer

我们可以在示例图像上运行它，其输出如图 8-10 所示。

在图 8-10 中可以看到，图像输出是如何从沙漠中的少量石粒过渡到完全充满石头
的，同时又保持了沙漠的某些结构。最后的迭代（迭代 1000 次）确实显示出一种艺术上
的融合。

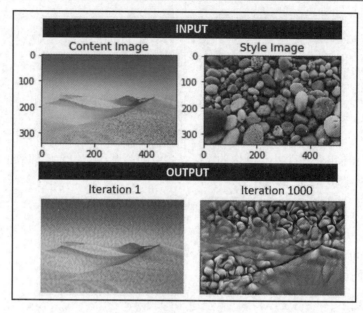

图 8-10

原　文	译　文	原　文	译　文
INPUT	输入	OUTPUT	输出
Content Image	内容图像	Iteration 1	迭代 1 次
Style Image	风格图像	Iteration 1000	迭代 1000 次

8.5　小　　结

　　本章学习了如何使用 TensorFlow 2.0 和 Google Colab 训练神经网络来执行许多复杂的图像处理任务，如语义分割、图像修复、生成人工图像和神经风格迁移。

　　我们阐释了生成器网络和鉴别器网络的功能，以及如何以平衡的方式同时训练神经网络以创建伪造的输出图像。

　　我们还学习了如何使用空洞卷积、空间池化和编码器–解码器网络来开发语义分割。

　　最后，我们使用 Google Colab 训练了一个神经网络来执行神经风格迁移。

　　在第 9 章"使用多任务深度学习进行动作识别"中将使用神经网络进行活动识别。

## 第 3 篇

使用 TensorFlow 的计算机视觉高级实现

在经过前面章节的学习之后，本篇将帮助你加深理解，了解更新的概念，并学习用于动作识别和对象检测的新技术。

本篇将介绍不同的 TensorFlow 工具，如 TensorFlow Hub、TFRecord 和 TensorBoard。你还将看到如何使用 TensorFlow 开发用于动作识别的机器学习模型。

学习完本篇之后，你将能够：

❑ 掌握理论知识并能熟练应用各种动作识别方法（如 OpenPose、堆叠沙漏模型和 PoseNet）（第 9 章）。

❑ 分析 OpenPose 和堆叠沙漏（stacked hourGlass）模型代码，以加深对构建复杂神经网络并连接不同模块的理解。希望你可以利用这些知识来开发和构建自己的复杂神经网络（第 9 章）。

❑ 使用 TensorFlow PoseNet 通过网络摄像头进行动作识别（第 9 章）。

❑ 了解各种类型的对象（目标）检测器，如 SSD、R-FCN、Faster R-CNN 和 MaskR-CNN（第 10 章）。

❑ 了解如何在 TFRecord 中转换图像和注解文件以输入 TensorFlow 对象检测 API

中（第 10 章）。

❑ 了解如何通过 TensorFlow 对象检测 API 使用自己的图像训练模型并进行推断（第 10 章）。

❑ 了解如何使用 TensorFlow Hub 进行对象检测，以及如何使用 TensorBoard 可视化训练进度（第 10 章）。

❑ 理解与对象检测有关的 IOU、ROI、RPN 和 ROI 对齐等概念（第 10 章）。

❑ 了解如何使用 Mask R-CNN 对图像进行分割（第 10 章）。

❑ 了解 OpenCV 以及基于暹罗网络（Siamese network）的对象跟踪方法，并将其用于视频文件（第 10 章）。

本篇包括以下两章。

❑ 第 9 章，使用多任务深度学习进行动作识别

❑ 第 10 章，使用 R-CNN、SSD 和 R-FCN 进行对象检测

第9章 使用多任务深度学习进行动作识别

  动作识别是计算机视觉的关键部分，涉及识别人的手、腿、头和身体的位置，以检测特定的运动并将其分类为众所周知的类别。动作识别的困难在于视觉输入的变化（如身体拥挤在一起或被衣物遮挡）、类似的动作但不同的分类（如喝水和手持对讲机通话的姿态是差不多的），以及获得具有代表性的训练数据等。

  本章详细介绍可用于人体姿势估计和动作识别的关键方法。动作识别可将姿势估计方法与基于加速度的活动识别，以及基于视频和三维点云的动作识别相结合。该理论将通过使用 TensorFlow 2.0 的实现加以补充解释。

  本章分为 4 个部分。前 3 个部分讨论可用于人体姿势估计的 3 种不同方法，而第 4 部分则完全和动作识别相关。

- ❏ 人体姿势估计——OpenPose。
- ❏ 人体姿势估计——堆叠沙漏模型。
- ❏ 人体姿势估计——PoseNet。
- ❏ 使用各种方法进行动作识别。

9.1 人体姿势估计 —— OpenPose

  人体姿势估计是深层神经网络取得巨大成功的一个领域，并且近年来发展迅速。在前几章中，我们介绍了深度神经网络结合使用线性（卷积）和非线性（ReLU）运算来预测给定输入图像集的输出。而在姿势估计用例中，当提供一组输入图像时，深度神经网络络会预测关节位置。图像中带标签的数据集由一个边界框组成，该边界框确定图像中的 N 个人，每人 K 个关节。随着姿势的改变，关节的方向也会改变，因此通过观察关节的相对位置即可表征不同的位置。

  接下来，我们将介绍不同的姿势估计方法。

9.1.1 OpenPose 背后的理论

  OpenPose 是第一个针对图像或视频中的多个人的开放源代码实时二维姿态估计系统。它主要由卡内基梅隆大学（CMU）的学生开发。其论文的标题是 *OpenPose: Realtime*

Multi-Person 2D Pose Estimation Using Part Affinity Fields（《OpenPose：使用关键点亲和度向量场进行实时多人 2D 姿势估计》），作者是 Zhe Cao、Gines Hidalgo、Tomas Simon、Shih-En-Wei 和 Yaser Sheikh。该论文的网址如下。

　　https://arxiv.org/abs/1812.08008

ⓘ 注意：

OpenPose 最初在 2017 年 IEEE 国际计算机视觉与模式识别会议（Computer Vision and Pattern Recognition，CVPR）上发表的题为 *Real-Time Multi-Person 2D Pose Estimation Using Part Affinity Fields*（《使用关键点亲和度向量场的实时多人 2D 姿势估计》）的论文中提出，该论文的网址如下。

　　https://arxiv.org/abs/1611.08050

在 2018 年发表的论文 *OpenPose: Realtime Multi-Person 2D Pose Estimation Using Part Affinity Fields*（《OpenPose：使用关键点亲和度向量场进行实时多人 2D 姿势估计》）中，该网络得到了进一步改善。

该论文的主要发现如下。

❑ 网络的输入由 VGG19 模型的前 10 层组成，用于生成一组特征图 F。在图 9-1 中可以看到 OpenPose 网络的架构。

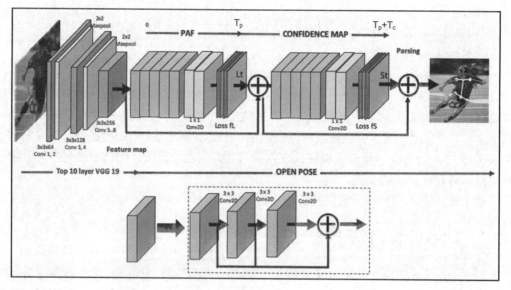

图 9-1

原　　文	译　　文	原　　文	译　　文
Maxpool	最大池化	Loss fS	置信度网络损失函数
Feature map	特征图	Parsing	解析
PAF	关键点亲和度向量场	Top 10 layer VGG 19	VGG 19 的前 10 层
CONFIDENCE MAP	置信图	OPEN POSE	OpenPose 网络
Loss fL	亲和度向量场网络损失函数		

❑ OpenPose 网络采用特征图作为输入，并由 CNN 的两个阶段组成：第一个阶段以 T_p 迭代次数预测关键点亲和度向量场（part affinity fields，PAF），而第二个阶段则以 T_c 迭代次数预测置信图（confidence map）。由于以下两个关键指标，2018 年提出的 OpenPose 模型是对 2017 年提出的早期模型的总体改进。

　　➤ 通过先计算 PAF，再计算置信图，可将计算时间减少一半。这与同时进行计算和用 3×3 卷积代替 7×7 卷积不同。

　　➤ 2018 年的论文通过改进的 PAF 估计提高了准确率，通过增加神经网络的深度改善了常规 PAF（2017 年论文）的置信图。

❑ 在下一阶段中，将上一阶段的预测与原始图像特征 F 结合起来，以生成图像中所有人物的二维关键点预测。在预测估计、真实特征图和 PAF 之间每个阶段的末尾都应用了损失函数（loss function）。在图 9-1 中：亲和度向量场网络以 L 表示，其损失函数写为 Loss fL；置信度网络以 S 表示，其损失函数写为 Loss fS。该过程在几次迭代中重复，从而得到最新的特征图和 PAF 检测。

❑ 使用基于特征向量的自下而上（bottom-up）方法，无论图像中有多少人，它都可以实现高准确率。

❑ 置信图是特定特征（身体部位）可以位于任何给定像素中的概率的二维表示。另外，特征图（feature map）则表示 CNN 给定层中给定滤波器的输出图。

❑ 该网络架构由若干个 1×1 和 3×3 内核组成。每个 3×3 内核的输出是连接在一起的。

❑ OpenPose 是第一个实时多人系统，使用 3 个独立的 CNN 块检测 135 个关键点。这 3 个 CNN 块如下所示。

　　➤ 身体和脚部检测。

　　➤ 手部检测。

　　➤ 人脸检测。

❑ 在对象检测讨论（参见第 5 章"神经网络架构和模型"和第 7 章"YOLO 和对象检测"）中发现，与单次检测相比，诸如 Faster R-CNN 之类的区域提议方法往往有较高的准确率，但速度则比 SSD 或 YOLO 等方法慢。同样，对于人体姿势估计来说，自上而下（top-down）的方法与自下而上的方法相比，具有较高的准确率，但速度较慢。自上而下方法简单来说就是先整体后局部，它提供图像中组成人体的每个边界框的信息；而自下而上的方法则相反，它不直接使用身体其他部位和其他人的全局信息，而是先局部后整体，通过细部反推全局信息。

2019 年，OpenPose 的作者以及其他一些人（Gines Hidalgo、Yaadhav Raaj、Haroon Idrees、Donglai Xiang、Hanbyul Joo、Tomas Simon1 和 Yaser Sheikh）再次提高了 OpenPose 的准确率，并改善了检测时间。他们发表的论文题为 *Single-Network Whole-Body Pose Estimation*（《单网络全人体姿势估计》）。该论文的网址如下。

https://arxiv.org/abs/1909.13423

其主要特色如下。

❑ 网络无须为手和脸的姿势检测重复，因此与 OpenPose 相比，它的速度更快。多任务学习（multi-task learning，MTL）可用于通过 4 个不同任务训练单网络全人体估计模型：身体、面部、手和脚检测。

❑ 通过将脸部、手部和脚部的置信图连接起来，关键点置信图获得了增强。使用此方法后，所有关键点都在同一模型架构下被定义。

❑ 网络架构的输入分辨率和卷积层数增加了，以提高整体准确率。

❑ 对于其中仅包含一个人的图像，检测时间输出比 OpenPose 约快 10%。

9.1.2 理解 OpenPose 代码

卡内基梅隆大学（CMU）使用的是 OpenPose 模型，而 OpenCV 则将预训练的 OpenPose 模型集成到其新的深度神经网络（deep neural network，DNN）框架中。完整代码可以从下面的 GitHub 页面中下载。请注意，该模型使用的是 TensorFlow 示例而非 OpenPose 作者最初使用的 Caffe 模型。

https://github.com/quanhua92/human-pose-estimation-opencv

可使用以下命令在终端中执行 OpenCV 的 OpenPose 代码。

```
python openpose.py --input image.jpg
```

要使用计算机的网络摄像头，只需在终端中输入以下内容。

```
python openpose.py
```

图 9-2 显示了针对足球运动员图像的 OpenPose 实现。

图 9-2

该算法容易受到图像背景的影响，图 9-3 就显示了这样的对比。

图 9-3

原　　文	译　　文
Baseball with background	有背景的棒球运动员
Baseball without background	无背景的棒球运动员

可以看到，在有背景的情况下，对于该球员的姿态识别是错误的，而移除背景后，该算法的预测效果非常好。

接下来，我们来看该代码的主要功能。

我们将定义关键点（key point），然后构建预测模型。具体步骤如下。

（1）模型输入 18 个身体部位和姿势对，如下所示。

```
BODY_PARTS = { "Nose": 0, "Neck": 1, "RShoulder": 2, "RElbow": 3,
"RWrist": 4,"LShoulder": 5, "LElbow": 6, "LWrist": 7, "RHip": 8,
"RKnee": 9,"RAnkle": 10, "LHip": 11, "LKnee": 12, "LAnkle": 13,
"REye": 14,"LEye": 15, "REar": 16, "LEar": 17, "Background": 18 }

POSE_PAIRS = [ ["Neck", "RShoulder"], ["Neck", "LShoulder"],
["RShoulder", "RElbow"],["RElbow", "RWrist"], ["LShoulder",
"LElbow"], ["LElbow", "LWrist"],["Neck", "RHip"], ["RHip",
"RKnee"], ["RKnee", "RAnkle"], ["Neck", "LHip"],["LHip", "LKnee"],
["LKnee", "LAnkle"], ["Neck", "Nose"], ["Nose", "REye"],["REye",
"REar"], ["Nose", "LEye"], ["LEye", "LEar"] ]
```

（2）通过 TensorFlow 使用以下代码实现 OpenPose。

```
net = cv.dnn.readNetFromTensorflow("graph_opt.pb")
```

ℹ️ 注意：

在 TensorFlow 中，可使用 tf-pose-estimation 实现 OpenPose。
TensorFlow/model/graph 的 GitHub 页面网址如下。

https://github.com/ildoonet/tf-pose-estimation/blob/master/models/graph/mobilenet_thin/graph_opt.pb

有关 MobileNet V1 的介绍，可访问以下网址。

https://arxiv.org/abs/1704.04861

（3）使用 cv.dnn.blobFromImage 对图像进行预处理（执行减法和缩放）。

```
net.setInput(cv.dnn.blobFromImage(frame, 1.0, (inWidth, inHeight),
(127.5, 127.5, 127.5), swapRB=True, crop=False))
```

（4）使用 out = net.forward()预测该模型的输出，并获取 MobileNet V1 输出的前 19 个元素。

```
out = out[:, :19, :, :] .
```

（5）以下代码将计算热图（heat map），使用 OpenCV 的 minMaxLoc 函数查找点值，并在其置信度高于阈值时添加点。热图是用颜色表示的数据图。

```
for i in range(len(BODY_PARTS)):
    # 裁剪相应人体部位的热图
    heatMap = out[0, i, :, :]
```

```
# 最初我们尝试查找所有局部最大值
# 为了简化示例，我们只查找一个全局示例
# 当然，通过这种方式只能同时检测到一个姿势
_, conf, _, point = cv.minMaxLoc(heatMap)
x = (frameWidth * point[0]) / out.shape[3]
y = (frameHeight * point[1]) / out.shape[2]
# 在其置信度高于阈值时添加点
points.append((int(x), int(y)) if conf > args.thr else None)
```

（6）使用 cv.line 和 cv.ellipse 在原始图像中显示关键点。

```
for pair in POSE_PAIRS:
    partFrom = pair[0]
    partTo = pair[1]
    assert(partFrom in BODY_PARTS)
    assert(partTo in BODY_PARTS)
    idFrom = BODY_PARTS[partFrom]
    idTo = BODY_PARTS[partTo]
    if points[idFrom] and points[idTo]:
        cv.line(frame, points[idFrom], points[idTo], (0, 255, 0), 3)
        cv.ellipse(frame, points[idFrom], (3, 3), 0, 0, 360, (0, 0,
255),        cv.FILLED)
        cv.ellipse(frame, points[idTo], (3, 3), 0, 0, 360, (0, 0,
255),        cv.FILLED)
```

到目前为止，我们已经使用 OpenPose 通过自下而上的方法来确定多个身体姿势。在 9.2 节"人体姿势估计——堆叠沙漏模型"中将介绍堆叠沙漏模型，该方法同时使用了自上而下和自下而上的方法。

9.2　人体姿势估计——堆叠沙漏模型

堆叠沙漏模型（stacked hourglass model）是由 Alejandro Newell、Kaiyu Yang 和 Jia Deng 于 2016 年在他们的论文 *Stacked Hourglass Networks for Human Pose Estimation*（《用于人体姿势估计的堆叠沙漏网络》）中提出的。该论文的网址如下。

https://arxiv.org/abs/1603.06937

图 9-4 是沙漏模型的架构示意图。

沙漏模型的主要特性如下。

❏　通过将多个沙漏堆叠在一起，可在所有尺度上重复进行自下而上和自上而下的

处理。该方法导致能够在整个图像上验证初始估计和特征。实现这一过程的核心便是预测中级热度图并让中级热度图参与损失计算。

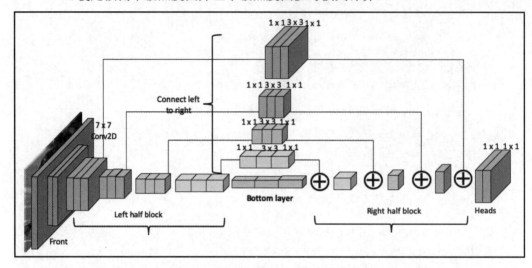

图 9-4

原　文	译　文	原　文	译　文
Front	前面的模块	Bottom layer	底层
Left half block	左半块	Right half block	右半块
Connect left to right	从左到右连接模块	Heads	头部块

- 该网络使用了多个卷积层和一个最大池化层，导致最终分辨率较低，所以进行了上采样以恢复分辨率。
- 在每个最大池化步骤中，平行于主网络添加了其他的卷积层。
- 输出结果将产生热图，表示每个像素存在关节的概率。
- 该架构广泛使用了残差模型。每个残差模型都有 3 层。
  - 1×1 Conv2D，可将维度从 256 减少到 128 通道。
  - 3×3 Conv2D 的 128 通道。
  - 1×1 Conv2D，可将维度从 128 个通道增加到 256 个通道。
- 该架构从 7×7 卷积开始，步幅为 2，将输入图像从 256×256 带到 64×64，从而可以有效地使用 GPU 内存。
- 步幅为 2 的 2×2 最大池化用于对图像进行下采样。在每个最大池化执行之前和之后，先添加残差块，然后将其上采样到原始大小，最后将其添加回主块。
- 最终的头部块由两个 1×1 Conv2D 组成。

- ❑ 最好的表现结果有 8 个堆叠在一起的沙漏模块；每个沙漏模块在每个分辨率下都有一个残差模块。
- ❑ 该模型大约需要进行 40000 次迭代才能达到 70%以上的准确率。
- ❑ 训练过程需要单人人体关键点检测数据集（FLIC）约 5000 幅图像（用于训练的 4000 幅和用于测试的 1000 幅）和单人/多人人体关键点检测数据集（MPII）的 40000 幅带批注的样本（用于训练的 28000 幅图像和用于测试的 12000 幅图像）。FLIC 单人人体关键点检测数据集指的是 Frames Labeled In Cinema，顾名思义，它的图像来自电影截图并且包含标记。其关键点个数为 9，样本数 20000，可从以下网址中获得。

  https:// bensapp.github.io/flic-dataset.html

  MPII 单人/多人人体关键点检测数据集指的是 MPII Human Pose Dataset，其关键点个数为 16，样本数 25000，可从以下网址中获得。

  http://human-pose.mpi-inf.mpg.de

- ❑ 该网络在 Torch 7 上进行了训练，学习率为 2.5e-4。在 12GB 的 NVIDIA Titan X GPU 上进行训练大约需要 3 天。

9.2.1　理解沙漏模型

虽然沙漏模型在 MPII 人类姿态数据集中的所有关节上都达到了非常好的效果，但这是以资源密集型网络带宽的使用为代价的，实际上就是由于每层通道数量众多而导致训练上的困难。

Fast Pose Distillation（FPD）模型由 Feng Zhang、Xiatian Zhu 和 Mao Ye 于 2019 年国际计算机视觉与模式识别会议（CVPR）上在他们的论文 *Fast Human Pose Estimation*（《快速人体姿势估计》）中首次提出。与沙漏模型相比，FPD 可以实现更快、更具成本效益的模型推断，同时还能达到相同的模型性能。

其主要特性如下。

- ❑ 它只有 4 个沙漏（而不是 8 个），可以达到 95%的预测准确率。
- ❑ 从 256 个通道下降到 128 个通道，仅导致 1%的准确率降低。
- ❑ 首先，训练是在大型沙漏模型（也称为教师姿势模型）上进行的。然后，在教师姿势模型的帮助下训练目标学生模型（4 个沙漏，128 个通道）。它定义了姿势蒸馏损失函数（pose distillation loss Function），以从教师模型中提取知识并将其传递给学生模型。

❑　姿势蒸馏损失函数如下。

$$L_{pd} = \frac{1}{K}\sum_{k=1}^{K}\left\| m_{ks} - m_{kt} \right\|_2^2$$

其中，K 是关节总数，L_{pd} 是 FPD 预测的关节置信图，m_{ks} 是学生模型预测的第 k 个关节的置信图，m_{kt} 是教师模型预测的第 k 个关节的置信图。

❑　总体损失函数如下。

$$L_{fpd} = \mu L_{pd} + (1 - \mu)L_{gt}$$

其中，L_{fpd} 是整体 FPD 损失函数，L_{gt} 是用于真实注解的置信图。

❑　使用上述损失函数分别训练教师模型和目标模型。

该模型的 Keras 实现可在以下 GitHub 页面中找到。

https://github.com/yuanyuanli85/Stacked_Hourglass_Network_Keras

ⓘ 注意：

接下来，我们将详细解释沙漏网络的代码。这是一个复杂的神经网络模型，一旦掌握了这些代码，你就应该能够自己构建一个非常复杂的神经网络模型。因此，在上面的 GitHub 页面上，我们并没有重点解释如何运行代码。

在 9.2.2 节 "编写沙漏模型代码" 中，我们将详细介绍模型的架构。

9.2.2　编写沙漏模型代码

图 9-5 显示了沙漏模型的编码块。

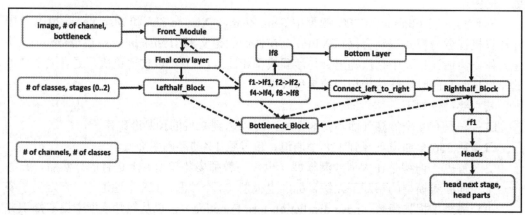

图 9-5

原　　文	译　　文
image, # of channels, bottleneck	图像，通道数，瓶颈
Final conv layer	最终卷积层
# of classes, stages (0..2)	分类数，stages(0..2)
# of channels, # of classes	通道数，分类数
Bottom Layer	底层
Heads	头部块
head next stage, head parts	用作下一个阶段的头部块，用作中间监督的头部块

这里，我们花一点时间来理解图 9-5，因为接下来我们将按照该示意图编写代码。

❑　Front_Module（前面的模块）将采用图像作为输入和通道数（每层的第三个维度，前两个维度是宽度和高度）。

❑　图像遍历前面模块的不同层，最后一个模块（Final conv layer）连接到左半块（Lefthalf_Block）。

❑　左半块有 4 个瓶颈卷积块——f1、f2、f4 和 f8，每个块分别具有 1、1/2、1/4 和 1/8 的分辨率。如果你看过堆叠沙漏模型的架构图，那么对此应该有清晰的理解。

❑　每个块的最后一层——f1、f2、f4 和 f8——将创建一个对应的特征图，即 lf1、lf2、lf4 和 lf8。

❑　特征图 lf1、lf2、lf4 和 lf8 被连接到右半块（Righthalf_Block）。右半块的输出为 rf1。

❑　底层也被连接到来自左半块的 lf8 特征图。

❑　头部块（Heads）被连接到 rf1。总共有两个头部块。每一个都使用 1×1 卷积。

现在，我们来看不同的代码块。

9.2.3　argparse 块

Python 命令行参数（通过终端输入）允许程序通过 parser.add_argument 命令获取有关神经网络操作的不同指令。它可以从 argparse 函数包中导入。

图 9-6 显示了 16 种不同的分类。

图 9-6 使用的代码块如下。

```
0 - r ankle, 1 - r knee, 2 - r hip, 3 - l hip, 4 - l knee, 5 - l ankle,
6 - pelvis, 7 - thorax, 8 - upper neck, 9 - head top, 10 - r wrist,
11 - r elbow, 12 - r shoulder, 13 - l shoulder, 14 - l elbow, 15 - l wrist
```

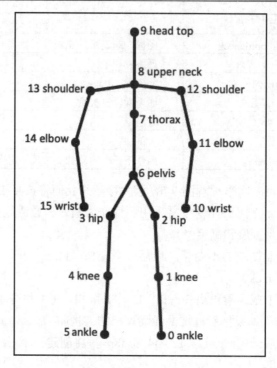

图 9-6

原　　　文	译　　　文	原　　　文	译　　　文
3 hip	3 臀部	8 upper neck	8 颈部
4 knee	4 膝盖	9 head top	9 头顶
5 ankle	5 脚踝	13 shoulder	13 肩部
6 pelvis	6 骨盆	14 elbow	14 肘部
7 thorax	7 胸部	15 wrist	15 腕部

以下代码将导入 argparse 模块、TensorFlow 和 HourglassNet 模型。它有两种类型的用户可选模型：用于小型网络的 128 个通道和用于大型网络的 256 个通道。

```
import argparse
import os
import tensorflow as tf
from keras import backend as k
from hourglass import HourglassNet
parser.add_argument("--resume", default=False, type=bool,
help="resume training or not")
parser.add_argument("--resume_model", help="start point to retrain")
```

```
parser.add_argument("--resume_model_json", help="model json")
parser.add_argument("--init_epoch", type=int, help="epoch to resume")
parser.add_argument("--tiny", default=False, type=bool,
help="tiny network for speed, inres=[192x128], channel=128")
args = parser.parse_args()
if args.tiny:
    xnet = HourglassNet(num_classes=16, num_stacks=args.num_stack,
num_channels=128, inres=(192, 192),outres=(48, 48))
else:
xnet = HourglassNet(num_classes=16, num_stacks=args.num_stack,
num_channels=256, inres=(256, 256),outres=(64, 64))
if args.resume:
    xnet.resume_train(batch_size=args.batch_size,
model_json=args.resume_model_json,model_weights=args.resume_model,
init_epoch=args.init_epoch, epochs=args.epochs)
else:
xnet.build_model(mobile=args.mobile, show=True)
xnet.train(epochs=args.epochs, model_path=args.model_path,
batch_size=args.batch_size)
```

9.2.4 训练沙漏网络

本节我们来解释训练网络背后的代码。

ⓘ 注意：

如果你想训练自己的沙漏网络，请按照以下网页上的说明进行操作。

https://github.com/yuanyuanli85/Stacked_Hourglass_Network_Keras

训练沙漏网络的代码如下。

```
def build_model(self, mobile=False, show=False):
if mobile:
   self.model = create_hourglass_network(self.num_classes, self.num_stacks,
self.num_channels, self.inres, self.outres, bottleneck_mobile)
 else:
    self.model = create_hourglass_network(self.num_classes,
self.num_stacks,self.num_channels, self.inres, self.outres,
bottleneck_block)
# 显示模型总结和层名称
  if show:
     self.model.summary(def train(self, batch_size, model_path, epochs):
```

```
        train_dataset = MPIIDataGen("../../data/mpii/mpii_annotations.json",
"../../data/mpii/images"
        inres=self.inres, outres=self.outres, is_train=True)
# 这里的 MPIIDataGen 是一个数据生成器函数（此处未显示）
# 它接收 JSON 文件和图像以准备数据进行训练
# 类似在第 6 章中使用图像数据生成器的方式
        train_gen = train_dataset.generator(batch_size, self.num_stacks,
sigma=1, is_shuffle=True,rot_flag=True, scale_flag=True, flip_flag=True)
csvlogger = CSVLogger(os.path.join(model_path, "csv_train_" +
str(datetime.datetime.now().strftime('%H:%M')) + ".csv"))
modelfile = os.path.join(model_path, 'weights_{epoch:02d}_{loss:.2f}.hdf5')
checkpoint = EvalCallBack(model_path, self.inres, self.outres)
xcallbacks = [csvlogger, checkpoint]
self.model.fit_generator(generatepochs=epochs, callbacks=xcallbacks)
```

上面的代码是如何设置神经网络进行训练的典型示例。在第 6 章"迁移学习和视觉搜索"中对此进行了详细介绍。

该代码的主要特点如下。

❑　create_hourglass_network 是主要模型。

❑　train_dataset 使用 MPIIDatagen，它是用于输入数据的外部模块。

❑　train_gen 输入 train_dataset 并可增强图像。

❑　它包含回调和检查点，以便我们可以在训练期间了解模型的内部状态。

❑　model.fit_generator 开始训练过程。

9.2.5　创建沙漏网络

现在我们来介绍沙漏模型代码的实际实现。此代码称为 create_hourglass_network。如图 9-5 所示，该代码具有以下组成部分。

❑　Front_Module。

❑　Lefthalf_Block。

❑　Connect_left_to_right。

❑　Righthalf_Block。

❑　Heads。

下面将逐一介绍。

1. Front_Module

以下代码描述了前面的模块。

```
def create_front_module(input, num_channels, bottleneck):
    _x = Conv2D(64, kernel_size=(7, 7), strides=(2, 2), padding='same',
activation='relu', name='front_conv_1x1_x1')(input)
    _x = BatchNormalization()(_x)
    _x = bottleneck(_x, num_channels // 2, 'front_residual_x1')
    _x = MaxPool2D(pool_size=(2, 2), strides=(2, 2))(_x)
    _x = bottleneck(_x, num_channels // 2, 'front_residual_x2')
    _x = bottleneck(_x, num_channels, 'front_residual_x3')
    return _x
front_features = create_front_module(input, num_channels, bottleneck)
```

如前文所述，它由一个 Conv2D 块组成，该块共有 64 个滤波器，滤波器大小为 7×7，
步幅为 2。该块的输出为(None, 32, 32, 6)。后面的几行则是依次执行批归一化、处理瓶颈
和最大池化层。我们需要定义瓶颈块。

2. Lefthalf_Block

左半块的代码如下。

```
def create_left_half_blocks(bottom, bottleneck, hglayer, num_channels):
# 为沙漏模块创建左半块
# f1, f2, f4 , f8 : 1, 1/2, 1/4 1/8 分辨率
hgname = 'hg' + str(hglayer)
f1 = bottleneck(bottom, num_channels, hgname + '_l1')
_x = MaxPool2D(pool_size=(2, 2), strides=(2, 2))(f1)
f2 = bottleneck(_x, num_channels, hgname + '_l2')
_x = MaxPool2D(pool_size=(2, 2), strides=(2, 2))(f2)
f4 = bottleneck(_x, num_channels, hgname + '_l4')
_x = MaxPool2D(pool_size=(2, 2), strides=(2, 2))(f4)
f8 = bottleneck(_x, num_channels, hgname + '_l8')
return (f1, f2, f4, f8)
```

上述代码可执行以下两个特定的操作。

❑ 按分辨率 1、1/2、1/4 和 1/8 定义滤波器系数（f1、f2、f4 和 f8）。

❑ 对于每个滤波器块，使用大小为 2 的滤波器和步幅为 2 的设置应用最大池化，
以生成最终输出。

接下来，以下代码将迭代 0～2，以便按每个滤波器分辨率创建 3 个滤波器块。

```
for i in range(2):
head_next_stage, head_to_loss = create_left_half_blocks
(front_features, num_classes, num_channels, bottleneck, i)
outputs.append(head_to_loss)
```

3. Connect_left_to_right

在 9.2.2 节"编写沙漏模型代码"的图 9-5 中可以看到，左侧块和右侧块是通过 connect_left_to_right 块连接的。用于将左侧块连接到右侧块的代码如下。

```
def connect_left_to_right(left, right, bottleneck, name, num_channels):
'''
:param left: 将左侧特征连接到右侧特征
:param name: 层名称
:return:
'''
_xleft = bottleneck(left, num_channels, name + '_connect')
_xright = UpSampling2D()(right)
add = Add()([_xleft, _xright])
out = bottleneck(add, num_channels, name + '_connect_conv')
return out
```

请注意，每个右侧块是通过上采样生成的，并被添加到左侧块以生成最终输出。在上面的代码中，_xleft 显示左侧块，_xright 显示右侧块，而 Add() 函数则将二者相加。

4. Righthalf_Block

右侧块的代码如下。

```
def create_right_half_blocks(leftfeatures, bottleneck, hglayer,
num_channels):
lf1, lf2, lf4, lf8 = leftfeatures
rf8 = bottom_layer(lf8, bottleneck, hglayer, num_channels)
rf4 = connect_left_to_right(lf4, rf8, bottleneck, 'hg' + str(hglayer) +
'_rf4', num_channels)
rf2 = connect_left_to_right(lf2, rf4, bottleneck, 'hg' + str(hglayer) +
'_rf2', num_channels)
rf1 = connect_left_to_right(lf1, rf2, bottleneck, 'hg' + str(hglayer) +
'_rf1', num_channels)
return rf1
```

在上面的代码中，lf8、lf4、lf2 和 lf1 具有左侧特征。相应的右侧块的特征是 rf8、rf4、rf2 和 rf1，它们是通过从左到右将瓶颈块应用到每个左侧特征而生成的。以下代码通过为每个左侧范围迭代 0~2 来应用此逻辑。

```
for i in range(2):
head_next_stage, head_to_loss = create_right_half_blocks (front_features,
num_classes, num_channels, bottleneck, i)
outputs.append(head_to_loss)
```

5. Heads

头部块的代码如下。

```
def create_heads(prelayerfeatures, rf1, num_classes, hgid, num_channels):
# 两个头部，一个头部到下一个阶段，另一个头部到中间特征
head = Conv2D(num_channels, kernel_size=(1, 1), activation='relu',
padding='same', name=str(hgid) + '_conv_1x1_x1')(rf1)
head = BatchNormalization()(head)
# 对于用作中间监督的头部，使用 linear 作为激活函数
head_parts = Conv2D(num_classes, kernel_size=(1, 1), activation='linear',
padding='same',name=str(hgid) + '_conv_1x1_parts')(head)
# 使用 linear 激活函数
head = Conv2D(num_channels, kernel_size=(1, 1), activation='linear',
padding='same',name=str(hgid) + '_conv_1x1_x2')(head)
head_m = Conv2D(num_channels, kernel_size=(1, 1), activation='linear',
padding='same',name=str(hgid) + '_conv_1x1_x3')(head_parts)
head_next_stage = Add()([head, head_m, prelayerfeatures])
return head_next_stage, head_parts
```

　　头部有两个主要块，每个块都由一个 1×1 Conv2D 滤波器组成。它使用了激活层和填充（padding）。你可以复习图 9-4 的沙漏模型架构示意图和图 9-5 的沙漏模型编码块，理解以下组件之间的联系。

❑　　用作下一个阶段的头部块。

❑　　用作中间监督的头部块。

以下代码可将头部块应用于 0～2 的每个范围，分别对应于左侧块和右侧块。

```
for i in range(2):
    head_next_stage, head_to_loss = create_head_blocks (front_features,
num_classes, num_channels, bottleneck, i)
    outputs.append(head_to_loss)
```

6. 沙漏训练

　　如前文所述，沙漏网络训练过程需要单人人体关键点检测数据集（FLIC）约 5000 幅图像（用于训练的 4000 幅图像和用于测试的 1000 幅图像）和单人/多人人体关键点检测数据集（MPII）的 40000 幅带批注的样本（用于训练的 28000 幅图像和用于测试的 12000幅图像）。

ⓘ注意：

　　本书并没有使用 MPII 数据集来训练沙漏模型，但是提供了有关 MPII 数据集的信息，以解释如何训练沙漏模型进行人体姿势估计。

在大约 20000 次训练迭代中,所有关节的平均准确率大约 70%,最大准确率大约为 80%。

到目前为止,我们已经讨论了 OpenPose 和姿势估计的堆叠沙漏方法。在 9.3 节"人体姿势估计——PoseNet"中将讨论 PoseNet。

9.3　人体姿势估计——PoseNet

TensorFlow 发布了 PoseNet 模型,该模型可使用浏览器检测人体姿势。它可以用于单个姿势和多个姿势。

PoseNet 基于 Google 有两篇论文。其中一篇论文使用的是自上而下的方法,而另一篇使用的则是自下而上的方法。

9.3.1　自上而下的方法

第一篇论文的标题为 *Toward Accurate Multi-person Pose Estimation in the Wild*(《在自然环境中进行准确的多人姿势估计》),由 George Papandreou、Tyler Zhu、Nori Kanazawa、Alexander Toshev、Jonathan Tompson、Chris Bregler 和 Kevin Murphy 撰写。该论文的网址如下。

https://arxiv.org/abs/1701.01779

这是一种自上而下的两阶段方法。

❑ 使用带有 ResNet-101 主干网络的 Faster R-CNN 确定边界框坐标(x, y, w, h)。在第 5 章"神经网络架构和模型"中已经介绍了 Faster R-CNN 和 ResNet,在第 10 章"使用 R-CNN、SSD 和 R-FCN 进行对象检测"中将介绍现实世界中它们的结合使用。这种分类仅针对一个类别(人类)进行。返回的所有边界框都将被调整,以使其具有固定的宽高比,然后将其大小裁剪为 353×257。

❑ 使用 ResNet-101 估算位于每个边界框内的人的 17 个关键点,用 3×17 输出替换最后一层。已经使用分类和回归相结合的方法来找到人体的每个位置与 17 个关键点之间的偏移向量或距离。这 17 个关键点中的每一个都将计算一次距离小于半径的概率,从而生成 17 个热图(heatmap)。包含 17 个热图的 ResNet-101 模型将使用 Sigmoid 激活函数进行训练。

9.3.2　自下而上的方法

第二篇论文的标题为 *PersonLab: Person Pose Estimation and Instance Segmentation with a Bottom-Up, Part-Based, Geometric Embedding Model*（《PersonLab：使用自下而上且基于关键点的几何嵌入模型进行人体姿态估计和实例分割》），由第一篇论文的多位作者撰写。他们是 George Papandreou、Tyler Zhu、Liang-Chieh Chen、Spyros Gidaris、Jonathan Tompson 和 Kevin Murphy。该论文的网址如下。

https://arxiv.org/abs/1803.08225

在这种无边界框的、自下而上的方法中，使用了卷积神经网络检测单个关键点及其相对位移，以将关键点分组为人的姿势实例。另外，它还设计了几何嵌入描述子（geometric embedding descriptor）来确定人体的分割。该模型可使用 ResNet-101 和 ResNet-152 架构进行训练。

和自上而下方法一样，自下而上方法定义了一个 32 像素大小的半径，对应于 17 个关键点中的每个关键点。然后，如果图像中的空间位置在关键点位置的半径之内，则以热图概率为 1 定义 17 个独立的二元分类任务；否则，将其设置为 0。

和自上而下方法一样，自下而上方法图像位置和关键点之间的距离也被称为短距离偏移向量（short-range offset vector）。因此，存在 17 个这样的偏移向量。

和自上而下方法一样，自下而上方法的热图和偏移向量使用二维霍夫分数图（two-dimensional hough score map）分组在一起。

在自下而上方法中，某人与关键点关联在一起，但是当图像中存在多个人的实例时，该方法不允许我们对每个人的关键点进行分组。为了解决这个问题，研究人员开发出了 32 个独立的中距离二维偏移量场（mid-range two-dimensional offset field）来连接成对的关键点。除此之外，还开发了一个由单个 1×1 Conv2D 层组成的简单语义分割模型，该模型执行密集的逻辑回归并计算每幅图像像素至少属于一个人的概率。有关语义分割的详细信息，可参考第 8 章"语义分割和神经风格迁移"。

有关自上而下与自下而上两种预测图像方式对比的信息，可参考以下两篇论文，这两篇论文都包含大量示例图像。

https://arxiv.org/abs/1701.01779
https://arxiv.org/abs/1803.08225

对于这两种方法来说，或多或少都需要预测关键点，这是一样的，区别在于自上而下方法首先绘制边界框，而自下而上方法则执行语义分割。

9.3.3　PoseNet 实现

在理解了 PoseNet 自上而下和自下而上方法背后的基础知识和原理之后，现在就让我们来看看如何真正使用 PoseNet 识别人体动作。有关实现 PoseNet 模型的详细信息，可访问以下链接，它提供了有关 PoseNet 的说明文档。

https://github.com/tensorflow/tfjs-models/tree/master/posenet

现在我们将进行现场演示。此实时演示是使用 Web 摄像头完成的，可以在 Web 浏览器中输入以下链接地址来启动它。

https://storage.googleapis.com/tfjs-models/demos/posenet/camera.html

虽然自上而下和自下而上方法使用的是 ResNet-101 模型，但 PoseNet 模型使用的是 MobileNet V1 或 ResNet-50。表 9-1 说明了它们之间的区别。

表 9-1　MobileNet V1 和 ResNet-50 的区别

	MobileNet V1	ResNet 50
步幅	16	32
输入分辨率	宽度：640，高度：480	宽度：257，高度：200

PoseNet 网站已经说明了如何调整模型参数。可以使用图 9-7 中显示的参数窗口来调整模型参数。

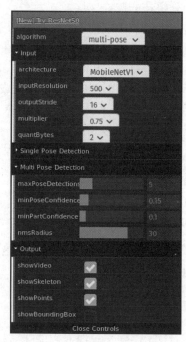

图 9-7

在图 9-7 中，可以通过更改 inputResolution（输入图像的分辨率）来演示这两种模型，这似乎效果最好。

图 9-8 比较了 8 种不同配置的 PoseNet 输出。这 8 种配置分别对应 MobileNet V1 和 ResNet，分辨率为 200 和 500。

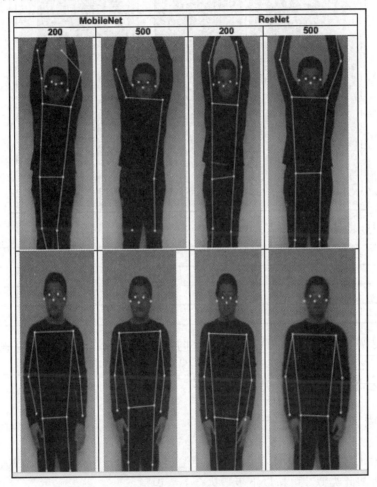

图 9-8

图 9-8 显示，当人的手举起时，ResNet 的准确率比 MobileNetV1 更高一些；当手的位置向下时，性能大致相同。同样，与 500 分辨率相比，200 分辨率可实现更好的关键点预测。这里的边界框选项是可用的，只是未显示。图 9-9 显示了 ResNet 的其他配置，并且显示了边界框。

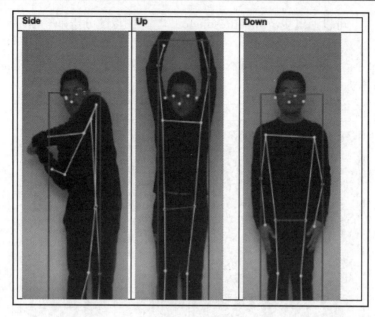

图 9-9

原　　文	译　　文
Side	侧向
Up	向上
Down	向下

　　请注意边界框的大小和位置如何针对不同的方向进行更改。关键点存储在向量中。生成的关键点之间的角度可用于预测动作。图 9-9 由 3 个不同的动作组成——侧向运动、向上和向下运动。这些动作的关键点角度不会重叠，因此预测将是可靠的。

9.3.4　应用人体姿势进行手势识别

　　到目前为止，我们已经学习了如何使用给定的关键点进行训练以生成人体姿势。手势识别的过程与此类似。可按以下步骤执行手势识别。

　　（1）收集不同手部位置的图像——上、下、左和右。

　　（2）调整图像大小。

　　（3）在这个阶段可以使用关键点标记图像。如果你还标记了图像上关键点的关节，则每幅图像都必须包含相应的关键点关节表示。

　　（4）将图像及其相应的标签加载到两个不同的数组中。

（5）执行图像分类，这和我们在第 6 章"迁移学习和视觉搜索"中所做的操作类似。

（6）CNN 模型最多可以包含 3 个 Conv2D 层、1 个最大池化层和 1 个 ReLU 层。

（7）对于关键点估计（注意，不是分类），可使用每个关键帧手势位置之间的距离，并选择具有最小距离的手势。

现在我们已经理解了如何开发用于训练的二维神经网络。实际上，这些网络也可以用于真实的生产环境。

9.4　使用各种方法进行动作识别

加速度计（accelerometer）可测量加速度的 x、y 和 z 分量，如图 9-10 所示。

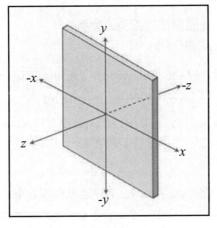

图 9-10

加速度计的这一特性使其可以放置在可穿戴设备中，如可以戴在手腕上的智能手表、智能手环，甚至还有智能眼镜、智能头箍和卫星导航鞋等产品，它们都可以测量加速度的 x、y、z 分量。

本节将学习如何使用神经网络分析加速度计数据以识别人类活动。我们将使用 TensorFlow 开发机器学习模型。这是本书唯一讨论无图像的原始数据以及如何将其传递到神经网络中，以开发模型并从中进行推论的章节。

人类活动识别涉及基于加速度计数据对不同类型的活动进行分类。这里的挑战是关联从不同类型的人体运动生成的加速度计数据，并根据不同的身体动作和活动区分相似的加速度计轨迹。例如，当智能设备安装在人的腰部时，左手移动和右手移动可能会产生类似的加速度计数据。这意味着加速度计数据应与姿势估计或视频图像数据相结合。

本节将讨论可用于人类活动识别的两种不同工具。

9.4.1　基于加速度计识别动作

此方法涉及以下步骤。

（1）处理输入的加速度计数据：加速度计数据对其位置敏感。例如，如果安装在腰部区域，则与安装在手臂中相比，手的运动在加速度计中不会有很大的变化。另外，对于不同的位置，需要收集不同的数据，然后进行组合。

（2）准备数据以便可以将其输入 TensorFlow 中：可使用 tf.data.Dataset 加载数据以开发简单、高效的数据管道。tensor_slices 命令可从输入中提取数据切片。

（3）开发 CNN 模型并对其进行训练：可使用一个或两个全连接层，最后具有展平功能和 Softmax 函数。

（4）检查测试数据：对照测试数据验证数据。

有关代码示例，可访问以下网址。

https://github.com/PacktPublishing/Mastering-Computer-Vision-with-TensorFlow-2.0/blob/master/Chapter09/Chapter9_TF_Accelerometer_activity.ipynb

在上面的链接中可以找到两个文件：Chapter9_TF_Accelerometer_activity.ipynb 和 sample.csv。请下载这两个文件，并将它们放在同一文件夹下。

🛈 注意：

sample.csv 文件是一个 CSV 文件示例，其中包含以下 6 个动作的加速度计(x, y, z)数据。

慢跑（0）、步行（1）、上楼（2）、下楼（3）、坐下（4）和站立（5）

每个动作包含 5000 个数据点。在实际方案中，这些数据值可能会根据放置位置和所使用的加速度计的类型而有所不同。最好使用相同的加速度计的训练数据进行推理，以避免推理错误。

接下来，根据索引文件将数据拆分（split）为两部分：训练集和测试集。在本示例中，我们将评估两个不同的拆分：18 和 28，当在索引 18 处拆分训练集和测试集时，意味着如果索引文件小于 18，则数据属于训练文件夹；否则，它属于测试文件夹。

该模型加载了 3 个全连接层，分辨率为 128。最终的 Softmax 层被 Sigmoid 函数的代替。图 9-11 显示了在以下 3 种不同情况下模型的迭代结果。

❑　Softmax，在索引 18 处拆分训练集和测试集。

❑　Sigmoid 函数，在索引 18 处拆分训练集和测试集。

❑　Softmax，在索引 28 处拆分训练集和测试集。

```
Softmax, split at 18
  Train on 12018 steps, validate on 17987 steps
  Epoch 1/5
  12018/12018 [==============================] - 40s 3ms/step - loss: 0.2205 - acc: 0.9184 - val_loss: 0.8585 - val_acc: 0.8224
  Epoch 2/5
  12018/12018 [==============================] - 39s 3ms/step - loss: 0.1113 - acc: 0.9631 - val_loss: 1.0083 - val_acc: 0.8382
  Epoch 3/5
  12018/12018 [==============================] - 39s 3ms/step - loss: 0.0917 - acc: 0.9700 - val_loss: 0.9439 - val_acc: 0.8114
  Epoch 4/5
  12018/12018 [==============================] - 39s 3ms/step - loss: 0.0815 - acc: 0.9734 - val_loss: 1.0577 - val_acc: 0.7949
  Epoch 5/5
  12018/12018 [==============================] - 39s 3ms/step - loss: 0.0732 - acc: 0.9768 - val_loss: 0.8594 - val_acc: 0.8380
Sigmoid, split at 18
  Train on 12018 steps, validate on 17987 steps
  Epoch 1/5
  12018/12018 [==============================] - 41s 3ms/step - loss: 0.2211 - acc: 0.9175 - val_loss: 0.9594 - val_acc: 0.7825
  Epoch 2/5
  12018/12018 [==============================] - 40s 3ms/step - loss: 0.1068 - acc: 0.9655 - val_loss: 1.1869 - val_acc: 0.7216
  Epoch 3/5
  12018/12018 [==============================] - 40s 3ms/step - loss: 0.0866 - acc: 0.9726 - val_loss: 1.0440 - val_acc: 0.8428
  Epoch 4/5
  12018/12018 [==============================] - 40s 3ms/step - loss: 0.0794 - acc: 0.9745 - val_loss: 0.9185 - val_acc: 0.7304
  Epoch 5/5
  12018/12018 [==============================] - 40s 3ms/step - loss: 0.0770 - acc: 0.9764 - val_loss: 1.0192 - val_acc: 0.8467
Softmax, split at 28
  Train on 19458 steps, validate on 10547 steps
  Epoch 1/5
  19458/19458 [==============================] - 45s 2ms/step - loss: 0.2492 - acc: 0.9009 - val_loss: 1.5317 - val_acc: 0.6379
  Epoch 2/5
  19458/19458 [==============================] - 44s 2ms/step - loss: 0.1207 - acc: 0.9558 - val_loss: 1.2396 - val_acc: 0.6741
  Epoch 3/5
  19458/19458 [==============================] - 44s 2ms/step - loss: 0.1040 - acc: 0.9637 - val_loss: 1.2310 - val_acc: 0.6623
  Epoch 4/5
  19458/19458 [==============================] - 44s 2ms/step - loss: 0.0888 - acc: 0.9698 - val_loss: 2.8962 - val_acc: 0.6556
  Epoch 5/5
  19458/19458 [==============================] - 44s 2ms/step - loss: 0.0835 - acc: 0.9708 - val_loss: 1.7320 - val_acc: 0.7360
```

图 9-11

图 9-11 中的数据表明，每次迭代大约需要 40s，最终准确率约为 0.97。图 9-12 以图形方式说明了这一点。

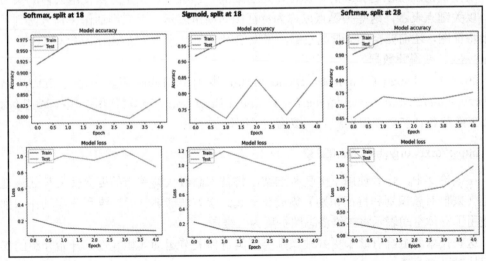

图 9-12

　　图 9-12 中的结果表明，在所研究的 3 种情况下，训练的准确率基本相同。为进一步分析，可以来看图 9-13 中显示的置信图。

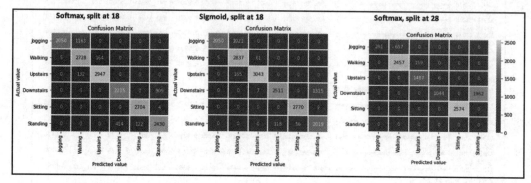

图 9-13

　　混淆矩阵（confusion matrix）指示的是测试数据与预测数据相比的优劣程度。在图 9-13 中可以看到，在索引 18 处进行拆分时，使用 Softmax 函数进行训练提供了更好的结果。不出意料的是，Softmax 与 Sigmoid 激活函数没有导致显著差异。

　　在开发了模型之后，即可使用模型的预测功能来预测实际测试情况下的数据。

9.4.2　将基于视频的动作与姿势估计相结合

　　动作识别既可以是二维的，也可以是三维的。二维动作识别方法使用人体的关节信息，以关键点表示，这些关键点以称为特征图的向量表示；而三维动作识别方法则不仅需要特征图，还需要全身的骨架数据，可以使用深度传感器（如 Microsoft Kinect 或 Intel RealSense）获得此数据。

　　2018 年，Diogo C.Luvizon、David Picard 和 Hedi Tabia 发表了论文 *2D/3D Pose Estimation and Action Recognition using Multitask Deep Learning*（《使用多任务深度学习的 2D/3D 姿势估计和动作识别》）。该论文的网址如下。

　　https://arxiv.org/abs/1802.09232

　　在该论文中，作者使用了多任务框架，将基于高级人体关节的姿势信息与低级视觉特征（来自对象识别和特征识别）集成在一起。该方法能够进行二维和三维动作识别。它使用了立体空间表示将二维姿态图扩展为三维图。

　　这些技术的组合有助于更好地识别类似的身体关节运动（如我们一开始介绍的喝水和手持对讲机通话）。

9.4.3　使用 4D 方法进行动作识别

4D 动作识别意味着除了立体空间表示的三维动作外，还要加上时间的函数。这可以将其视为对动作进行批量跟踪。

Quanzeng You 和 Hao Jiang 在他们的论文 *Action4D: Online Action Recognition in the Crowd and Clutter*（《动作 4D：人群和杂乱环境中的在线动作识别》）中提出了一种新颖的 4D 方法。该论文的网址如下。

http://openaccess.thecvf.com/content_CVPR_2019/html/You_Action4D_Online_Action_Recognition_in_the_Crowd_and_Clutter_CVPR_2019_paper.html

该方法可使用 4D 表示跟踪人类，并在混乱和拥挤的环境中识别他们的行为。该论文的主要概念如下。

❑　使用多幅 RGBD 图像为每个场景创建三维点云。

❑　在拥挤场景中的检测得到了创新的跟踪提议（tracking proposal）的补充，该提议不使用背景减法，这意味着它在拥挤空间中不太容易出错。

❑　跟踪过程通过训练三维 CNN（使用三维卷积、ReLU 和池化层）来使用人的候选提议，以将每个候选分类为人与非人。

❑　使用一系列三维体识别动作，这些三维体经过一系列的 3D 卷积和池化层（被称为 Action4D）。

9.5　小　　结

本章实现了 3 种不同的姿势估计方法——OpenPose、堆叠沙漏模型和 PostNet。我们阐释了如何使用 OpenCV 和 TensorFlow 预测人体关键点，还解释了堆叠沙漏方法的详细理论和 TensorFlow 实现。

本章演示了如何在浏览器中评估人体姿势，以及如何使用 Web 摄像头实时估计关键点。我们可以将人体姿势估计与动作识别模型链接在一起，以提高识别准确率。基于加速度计的代码展示了如何使用 TensorFlow 2.0 加载数据、训练模型和预测动作。

在第 10 章“使用 R-CNN、SSD 和 R-FCN 进行对象检测”中，我们将学习如何实现 R-CNN 并将其与其他 CNN 模型（如 ResNet、Inception 和 SSD）结合使用，以提高对象检测的准确率和速度。

第 10 章 使用 R-CNN、SSD 和 R-FCN 进行对象检测

在第 7 章"YOLO 和对象检测"中，已经详细介绍了 YOLO 对象检测，而在第 8 章"语义分割和神经风格迁移"和第 9 章"使用多任务深度学习进行动作识别"中，又介绍了动作识别和图像修复操作。本章则是端到端（end-to-end，E2E）对象检测框架的开始，我们将为数据采集和训练管道打下坚实的基础，然后进行模型开发。

本章将深入阐释各种对象（目标）检测模型，如 R-CNN、单发检测器（single-shot detector，SSD）、基于区域的全卷积网络（region-based fully convolutional network，R-FCN）和 Mask R-CNN，并使用 Google Cloud 和 Google Colab Notebook 进行实际练习。

在本章中还将训练自定义图像，以练习使用 TensorFlow 对象检测 API 开发对象检测模型。

学习完本章之后，你将对各种对象跟踪方法有深入的理解，并可以使用 Google Colab Notebook 进行实际练习。

本章包含以下主题。
- ❑ SSD 概述。
- ❑ R-FCN 概述。
- ❑ TensorFlow 对象检测 API 概述。
- ❑ 在 Google Cloud 上使用 TensorFlow 检测对象。
- ❑ 使用 TensorFlow Hub 检测对象。
- ❑ 使用 TensorFlow 和 Google Colab 训练自定义对象检测器。
- ❑ Mask R-CNN 概述和 Google Colab 演示。
- ❑ 开发对象跟踪器模型以补充对象检测器。

10.1 SSD 概述

单发检测器（SSD）是一种非常快速的对象检测器，非常适合部署在移动设备和边缘设备上以进行实时预测。本章将学习如何使用 SSD 开发模型，而第 11 章"通过 CPU/GPU 优化在边缘设备上进行深度学习"则将评估在边缘设备上部署时的性能。但是，在详细

介绍 SSD 之前，我们将快速了解到目前为止本书已经讨论过的其他对象检测器模型。

在第 5 章 "神经网络架构和模型" 中已经介绍过，Faster R-CNN 由 21500 个区域提议（60×40 滑动窗口，使用 9 个锚框）组成，并变形为 2000 个固定层。这 2000 个层被馈送到全连接层和边界框回归器，以检测图像中的边界框。9 个锚框来自 3 个尺度，锚框面积分别为 128^2、256^2、512^2，其宽高比分别为 $1:1$、$1:2$ 和 $2:1$。

ℹ️ 注意：

这 9 个锚框如下所示。

128×128：1：1；128×128：1：2；128×128：2：1
256×256：1：1；256×256：1：2；256×256：2：1
512×512：1：1；512×512：1：2；512×512：2：1

在第 7 章 "YOLO 和对象检测" 中已经介绍过，YOLO 将使用单个 CNN，该 CNN 同时预测整幅图像中对象的多个边界框。YOLO v3 检测分为 3 层完成。YOLO v3 使用 9 个锚点：(10, 13), (16, 30), (33, 23), (30, 61), (62, 45), (59, 119), (116, 90), (156, 198), (373, 326)。此外，YOLO v3 使用 9 个掩码（mask），这些掩码链接到锚点，如下所述。

- 第一层：mask = 6, 7, 8；对应的锚点：(116,90), (156,198), (373,326)。
- 第二层：mask = 3, 4, 5；对应的锚点：(30,61), (62,45), (59,119)。
- 第三层：mask = 0, 1, 2；对应的锚点：(10,13), (16,30), (33,23)。

SSD 于 2016 年由 Liu Wei、Dragomir Anguelov、Dumitru Erhan、Christian Szegedy、Scott Reed、Cheng-Yang Fu 和 Alexander C.Berg 在论文 *SSD: Single Shot MultiBox Detector*（《SSD：单发多框检测器》）中提出。该论文的网址如下。

https://arxiv.org/abs/1512.02325

SSD 的速度比 Faster R-CNN 快，但其准确率可以与 YOLO 看齐。其改进主要是消除了区域提议并将小型卷积滤波器应用于特征图，以预测不同尺度的多个层。

SSD 的主要特性概述如下。

- SSD 原始论文使用 VGG16 作为基础网络来提取特征层，但也可以考虑使用其他网络，如 Inception 和 ResNet。
- SSD 在基础网络之上添加了 6 个附加特征层，包括 conv4_3、conv7（fc7）、conv8_2、conv9_2、conv10_2 和 conv11_2，用于对象检测。
- 有一组默认框与每个特征图单元相关联，因此默认框位置相对于特征图单元是固定的。每个默认框都会预测 c 个类中每个类的得分以及相对于真实情况的 4 个偏移，从而产生$(c + 4)k$ 个滤波器。这些滤波器应用于特征图（大小为 $m×n$），产生$(c+4)kmn$ 个输出。表 10-1 演示了该计算。由此可见，SSD 的独特之处在于，默认框适用于多个不同分辨率的特征图。

表 10-1 层和网络滤波器输出

层 名 称	检 测	网络滤波器输出
Conv4_3	38×38×4=5776	3×3×4×(c+4)
Conv7	19×19×6=2166	3×3×6×(c+4)
Conv8_2	10×10×6=600	3×3×6×(c+4)
Conv9_2	5×5×6=150	3×3×6×(c+4)
Conv10_2	3×3×4=36	3×3×4×(c+4)
Conv11_2	4	
总计	8732	

❑ 默认框的设计是使用尺度因子和宽高比创建的，因此特定大小（基于真实预测）的特征图将与对象的特定尺度相匹配。

❑ 尺度范围可以从 smin(0.2)到 smax(0.95)线性变化，而宽高比（ar）则可以取 5 个值（1、2、0.5、3.0 和 0.33），其中，k 的变化范围为 $1 \sim m$。

❑ 对于宽高比 1，添加一个默认框。因此，每个特征地图位置最多有 6 个默认框。

❑ 默认框中心的坐标为$((i + 0.5)/|fk|, (j + 0.5)/|fk|)$，其中，$|fk|$是第 k 个正方形特征图的大小，i 和 j 的值从 0 到$|fk|$不等。对 6 个默认框中的每一个均重复此操作。

❑ 通过将给定尺度和宽高比的默认框与真实对象的默认框相匹配，并消除不匹配的框，SSD 可以预测各种对象的大小和形状。

默认框与真实对象的匹配是通过 Jaccard 重叠（Jaccard overlap）完成的，Jaccard 重叠在第 7 章 "YOLO 和对象检测" 中也有介绍，只不过在该章中还被称为交并比（intersection over union，IOU）。

例如，如果图像由人和公共汽车组成，并且二者具有不同的宽高比和尺度，则 SSD 显然可以识别这二者。这里的问题是，当两个类别彼此接近且宽高比相同时，则 SSD 可能会表现较差（详见 10.6.11 节 "运行推理测试"）。

❑ 使用 R-CNN 时，区域提议网络将执行筛选以将样本数量限制为 2000 个。另外，SSD 没有区域提议，因此它会生成大量的边界框（在表 10-1 中可以看到，有 8732 个），其中许多都是负示例。SSD 拒绝了额外的负示例，它使用难负例挖掘（hard negative mining）来使负例与正例之间的平衡最多保持 3∶1。

难负例挖掘是一种使用置信度损失进行排序以保留最高值的技术，这就好比学生通过多做难题以提高成绩一样。

❑ SSD 使用非极大值抑制（non-maximum suppression，NMS）来选择给定类别具有最高置信度的单个边界框。第 7 章 "YOLO 和对象检测" 中已经介绍了非极大值抑制的概念。非极大值抑制算法选择具有最高概率的对象类别，并丢弃交并比（IOU）大于 0.5 的所有边界框。

❑ SSD 还通过在训练过程中获取假负例图像作为输入来使用难负例挖掘技术。SSD 可保持负例与正例之比为 3：1。

❑ 为进行训练，使用了以下参数：300×300 或 512×512 的图像大小，40000 次迭代的学习率是 10^{-3}，随后的 10000 次迭代的学习率是 $10^{-4} \sim 10^{-5}$，衰减率（decay rate）是 0.0005，动量（momentum）是 0.9。

10.2　R-FCN 概述

基于区域的全卷积网络（region-based fully convolutional network，R-FCN）更类似于 R-CNN 而不是 SSD。R-FCN 的开发团队主要来自 Microsoft 研究院，包括 Jifeng Dai、Yi Li、Kaiming He 和 Jian Sun 等，其论文标题为 *R-FCN: Object Detection via Region-Based Fully Convolutional Networks*（《R-FCN：通过基于区域的全卷积网络进行对象检测》）。该论文的网址如下。

https://arxiv.org/abs/1605.06409

R-FCN 也基于区域提议。它与 R-CNN 的主要区别在于，R-FCN 一直等到最后一层才应用选择性池化提取特征以进行预测，而不是从 2000 个区域提议网络开始。

本章将使用 R-FCN 训练自定义模型，并将最终结果与其他模型进行比较。图 10-1 描述了 R-FCN 的架构。

在图 10-1 中，汽车图像通过 ResNet-101 传递，这将生成特征图。请注意，我们在第 4 章 "图像深度学习" 中介绍了如何可视化卷积神经网络（CNN）的中间层及其特征图。该技术本质上是一样的。

然后，我们在特征图中取一个 $k \times k$ 大小的核（在此图像示例中，$k = 3$）并让它在图像上滑动以创建 $k \times k$ $(C + 1)$ 得分图。如果该得分图（score map）包含一个对象，则我们投赞成（yes）票；否则就投否决（no）票。不同区域之间的投票将被展平以创建 Softmax 层，该层被映射到对象类以进行检测。

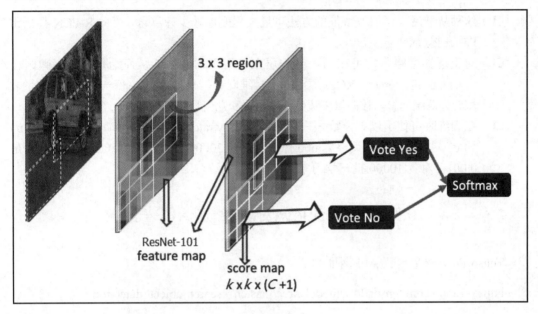

图 10-1

原　　文	译　　文
3 x 3 region	3×3 区域
feature map	特征图
score map	得分图
Vote Yes	投赞成票
Vote No	投否决票

R-FCN 的主要特性如下。

❑　与 R-CNN 类似，R-FCN 将在整幅图像上计算全卷积区域提议网络（region proposal network，RPN）。

❑　R-FCN 并不像 R-CNN 那样将 2000 个变形区域发送到全连接层，而是在预测之前使用了特征的最后一个卷积层。

❑　ResNet-101 减去了平均池化层和全连接层，将用于特征提取。因此，它只有卷积层用于计算特征图。ResNet-101 中的最后一个卷积块有 2048 维，将被传递到 1024 维的 1×1 卷积层以进行维降。

❑　1024 卷积层产生一个 k^2 得分图，它对应于 $k×k\,(C+1)$ 个通道输出，带有 C 个对象类别和背景。

❑　应用选择性池化（selective pooling），从 k^2 得分图中提取仅包含得分图的结果。

❑ 这种从最后一层提取特征的方法可最大程度地减少计算量，因此 R-FCN 甚至比 Faster R-CNN 更快。

❑ 对于边界框回归，可在 $4k^2$ 卷积层上使用平均池化，从而为每个感兴趣区域 （region-of-interest，ROI）层生成 $4k^2$ 维向量。来自 k^2 层中每一层的 $4k^2$ 向量被聚合为四维向量，该向量将边界框的位置和几何形状表征为$(x, y, $ 宽度, 高度)。

❑ 在训练时可使用以下参数——衰减率（decay rate）为 0.0005，动量（momentum）为 0.9，将图像高度调整为 600 像素，对于 20000 批，学习率（learning rate）是 0.001，对于 10000 批，学习率是 0.0001。

10.3　TensorFlow 对象检测 API 概述

TensorFlow 对象检测 API 网址如下。

https://github.com/tensorflow/models/tree/master/research/object_detection

在撰写本书时，TensorFlow 对象检测 API 仅适用于 TensorFlow 版本 1.x。当你在终端中下载 TensorFlow 1.x 时，它将把 models/research/object detection 目录安装到你的计算机上。如果你的计算机上安装有 TensorFlow 2.0，则可以从以下 GitHub 页面中下载 research 目录。

https://github.com/tensorflow/models/tree/master/research

TensorFlow 对象检测 API 具有预先训练的模型，你可以使用 Web 摄像头进行检测，其网址如下。

https://tensorflow-object-detection-api-tutorial.readthedocs.io/en/latest/camera.html

它还提供了自定义图像的训练示例，其网址如下。

https://tensorflow-object-detection-api-tutorial.readthedocs.io/en/latest/training.html

你可以浏览前两个链接，先尝试一下效果。

本章将使用 TensorFlow 对象检测器执行以下任务。

❑ 使用 Google Cloud 和 Coco 数据集上的预训练模型进行对象检测。

❑ 使用 TensorFlow Hub 和 Coco 数据集上的预训练模型进行对象检测。

❑ 使用迁移学习训练 Google Colab 中的自定义对象检测器。

在这些示例中，我们将使用汉堡和薯条数据集进行检测和预测。

10.4　在 Google Cloud 上使用 TensorFlow 检测对象

以下内容介绍了如何使用 Google Cloud 上的 TensorFlow 对象检测 API 来检测对象。为此，你必须具有 Gmail 和 Google Cloud 账户。在提交信用卡信息后，根据地区的不同，Google Cloud 可以在有限的时间内免费提供访问权限。此免费访问权限应涵盖此处列出的练习。

请按照以下步骤在 Google Cloud Console 中创建虚拟机（virtual machine，VM）实例。需要一个 VM 来运行 TensorFlow 对象检测 API 并进行推断。

（1）登录到你的 Gmail 账户，然后转到以下网址。

https://cloud.google.com/solutions/creating-object-detection-application-tensorflow

（2）创建一个项目，如图 10-2 所示。在这里，我们输入的 Project name（项目名称）是 R-CNN-trainingpack。你也可以使用自己的项目名称。

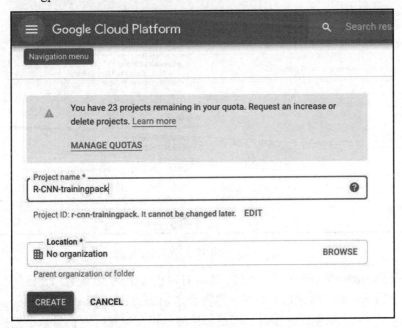

图 10-2

图 10-2 显示了在 Google 云平台中创建一个名为 R-CNN-trainingpack 的项目。

（3）按照 Launch a VM instance（启动虚拟机实例）下的 10 条说明进行操作。

（4）在 Google Cloud Console 中，导航到 VM Instance（虚拟机实例）页面。

（5）单击顶部的 Create Instance（创建实例）。它应该会带你到另一个页面，在该页面中必须输入实例名称。

（6）以小写字母输入实例名称。请注意，实例名称与项目名称是不一样的。

（7）单击 Machine type（计算机类型），然后选择 n1-standard-8（8vCPU，30 GB memory）。

（8）单击 Custom（自定义），然后调整水平条以将 Machine type（计算机类型）设置为 8 vCPUs，将 Memory（内存）设置为 8GB，如图 10-3 所示。

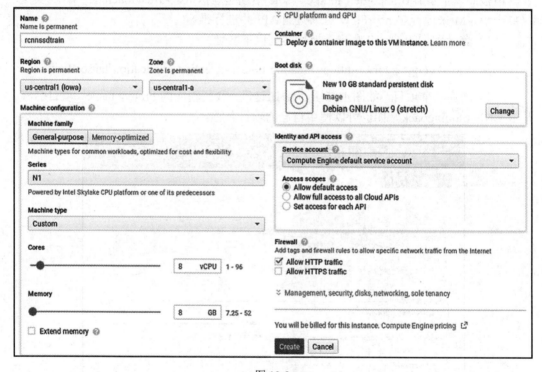

图 10-3

（9）选择 Firewall（防火墙）下的 Allow HTTP traffic（允许 HTTP 通信）。

（10）在 Firewall（防火墙）下方，你将看到 Management, security, disks, networking, sole tenancy（管理、安全性、磁盘、网络、单独租用）链接。它们显示了创建虚拟机实例的步骤。现在可以单击它，然后单击 Networking（网络）选项卡。

（11）在 Networking（网络）选项卡中，选择 Network interfaces（网络接口）部分。在该部分中，我们将通过在 External IP（外部 IP）下拉列表中分配一个新 IP 地址来分配静态 IP 地址。给它起一个名字（如 staticip），然后单击 Reserve（保留）。

（12）完成所有这些步骤后，请检查并确保已按照说明填充所有内容，然后单击 Create（创建）以创建虚拟机实例。

创建项目是第一步，然后我们将在项目中创建一个实例，如图 10-3 所示。此截图说明了我们刚刚描述的用于创建虚拟机实例的步骤。

然后，按照以下说明在测试图像上创建对象检测推断。

❑　使用安全套接字外壳（secure socket shell，SSH）客户端通过 Internet 安全地访问实例。你将需要输入用户名和密码。将用户名设置为 username，密码设置为 passw0rd。请注意，w 后面的不是字母 o 而是数字 0。

❑　使用以下网页中的说明安装 TensorFlow 对象检测 API 库和必备软件包。

https://cloud.google.com/solutions/creating-object-detection-application-tensorflow

正确遵循上述说明并上传图像后，将得到如图 10-4 所示的输出。

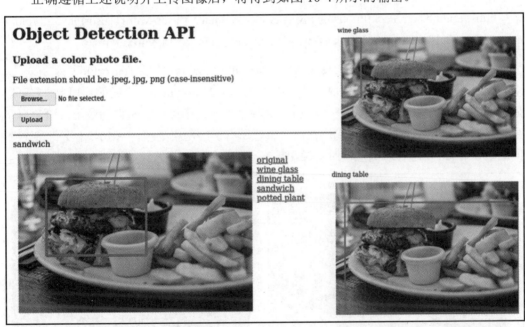

图 10-4

在图 10-4 中可以看到，TensorFlow 检测到了 sandwich（三明治）、wine glass（酒杯）和 dining table（桌子），但未检测到炸薯条。接下来，我们将解释为什么会这样，然后训练自己的神经网络来让它也能检测到炸薯条。

10.5　使用 TensorFlow Hub 检测对象

在此示例中，我们将从 tfhub 中导入 TensorFlow 库，并使用它来检测对象。TensorFlow Hub 是一个库，其中的代码已经可用于计算机视觉应用程序。其网址如下。

https://www.tensorflow.org/hub

TensorFlow Hub 代码是从以下文件中提取的。当然，图像是在本地插入的，而不是在云端中提取的。

https://github.com/tensorflow/hub/blob/master/examples/colab/object_detection.ipynb

可在以下文件中找到用于本练习的修改后的代码。

https://github.com/PacktPublishing/Mastering-Computer-Vision-with-TensorFlow-2.0/blob/master/Chapter10/Chapter10_Tensorflow_Object_detection_API.ipynb

在这里，我们可以通过导入 tensorflow_hub 和 six.moves 安装 TensorFlow 库。

six.moves 是一个 Python 模块，用于提供 Python 2 和 Python 3 之间的通用包。它可以显示图像并在图像上绘制边界框。在通过检测器之前，图像将被转换为数组。检测器是直接从 Hub 中加载的模块，该模块在后台执行所有神经网络处理。图 10-5 显示了两种不同模型在 tfhub 上运行示例图像时的输出。

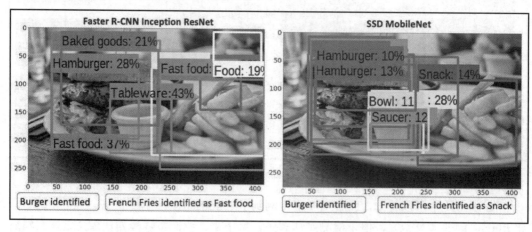

图 10-5

可以看到，使用 Inception 和 ResNet 模型作为特征提取器的 Faster R-CNN 可以正确预测汉堡和薯条以及许多其他对象，而使用 MobileNet 模型的 SSD 可以检测到汉堡，但无法检测到炸薯条，它被分类到 Snack（零食）类别中。

接下来，我们将训练自定义对象检测器，开发自定义模型并基于该模型进行推论。

10.6　使用 TensorFlow 和 Google Colab
训练自定义对象检测器

本练习将使用 TensorFlow 对象检测 API，通过 4 种不同的模型训练自定义对象检测器。

Google Colab 是在 Google 服务器上运行的虚拟机，因此 TensorFlow 的所有软件包都可得到适当的维护和更新。本练习将使用的模型和特征提取器如表 10-2 所示。

表 10-2　本练习将使用的模型

编　　号	模　　型	特征提取器
1	Faster R-CNN	Inception
2	SSD	MobileNet
3	SSD	Inception
4	R-FCN	ResNet-101

❶ 注意：

在撰写本书时，TensorFlow 对象检测 API 尚未迁移到 TensorFlow 2.x，因此请在 Google Colab 默认版本 TensorFlow 1.x 上运行此示例。可以通过输入以下命令在 Google Colab 中安装 TensorFlow 2.x。

```
%tensorflow_version 2.x
```

本练习示例安装的是 TenorFlow 1.14 版和 NumPy 1.16 版。

在本示例中，我们将使用迁移学习技术，该学习从已经在 Coco 数据集上训练过的模型开始，然后使用自定义数据集进行训练。

TensorFlow 已经在 ModelZoo GitHub 站点中存储了预训练的模型，其网址如下。

https://github.com/tensorflow/models/blob/master/research/object_detection/g3doc/detection_model_zoo.md

这些模型主要是具有不同特征提取器的 R-CNN、SSD 和 R-FCN（见表 10-2）。相应的配置文件可在以下网址中找到。

https://github.com/tensorflow/models/tree/master/research/object_detection/samples/configs

Coco 数据集的网址如下。

http://cocodataset.org

Coco 数据集具有以下分类。

```
Person, bicycle, car, motorcycle, airplane, bus, train, truck, boat,
traffic light, fire hydrant, stop sign, parking meter, bench, bird,
cat, dog, horse, sheep, cow, elephant, bear, zebra, giraffe, backpack,
umbrella, handbag, tie, suitcase, frisbee, skis, snowboard, sports,
ball, kite, baseball, bat, baseball, glove, skateboard, surfboard,
tennis, racket, bottle, wine, glass, cup, fork, knife, spoon, bowl,
banana, apple, sandwich, orange, broccoli, carrot, hot dog, pizza,
donut, cake, chair, couch, potted plant, bed, dining table, toilet,
tv, laptop, mouse, remote, keyboard, cell phone, microwave oven,
toaster, sink, refrigerator, book, clock, vase, scissors, teddy bear,
hair drier, toothbrush
```

可以看到，Coco 数据集不包含 burger（汉堡）或 French fries（薯条）之类的分类。形状接近的物品是 sandwich（三明治）、donut（甜甜圈）和 carrot（胡萝卜）。因此，我们将获得模型权重，并在自定义数据集上使用迁移学习来开发检测器。GitHub 网站上的 Jupyter Notebook 具有执行 E2E 训练工作的 Python 代码。

该训练工作使用 TensorFlow 对象检测 API 完成，该 API 在执行期间会调用各种 Python .py 文件。

经过大量练习可发现，最好是使用 Google Colab Notebook 而不是用你自己的计算机来运行此作业。这是因为，许多库都是使用 TensorFlow 1.x 版本编写的，需要进行转换才能在 TensorFlow 2.0 中工作。以下显示了在本地计算机上使用 Anaconda 运行作业时发生的一些错误示例。

```
module 'keras.backend' has no attribute 'image_dim_ordering'
self.dim_ordering = K.common.image_dim_ordering()
module 'tensorflow_core._api.v2.image' has no attribute 'resize_images'

rs = tf.image.resize(img[:, y:y+h, x:x+w, :], (self.pool_size,
self.pool_size))
 61    outputs.append(rs)
```

```
62
AttributeError: module 'tensorflow_core._api.v2.image' has no attribute
'resize_images'
```

当作业在 Colab 的 TensorFlow 中运行时，模块之间的依存关系配置良好。因此，我们不必浪费太多时间去解决一些简单的错误，你可以将更多的精力花在训练开发上，而不是频繁修正错误。

接下来，我们将详细解释训练的各个步骤。有关代码的详细信息，可访问以下网址。

https://github.com/PacktPublishing/Mastering-Computer-Vision-with-TensorFlow-2.0/blob/master/Chapter10/Chapter10_Tensorflow_Training_a_Object_Detector_GoogleColab.ipynb

10.6.1　收集图像并格式化为.jpg 文件

本节将介绍如何处理图像，使其具有相同的格式和大小。具体步骤如下。

（1）了解要使用的类别数量，并确保图像具有相等的类别分布。

什么是相等的类别分布？例如，假设要使用两个类别（汉堡和炸薯条），则图像的组成应该是，大约三分之一的图像中含有汉堡，三分之一的图像中含有薯条，还有三分之一的图像则是二者兼而有之。如果只有仅包含汉堡的图像和仅包含炸薯条的图像，而没有同时包含汉堡和炸薯条的图像，那么这样的数据集是不好的。

（2）确保图像包含不同的方向。

对于具有均匀形状的图像（如汉堡是圆形的）或具有不规则形状的图像（如炸薯条）来说，图像的方向并不重要，但是对于特定形状（如汽车、钢笔、飞机和舰船等），则获得不同方向的图像就非常重要。

（3）将所有图像转换为.jpg 格式。

（4）调整所有图像的大小，使得神经网络能快速处理。

在此示例中，可以考虑使用 416×416 的图像大小。在 Linux 中，可以使用 ImageMagick 批量调整图像大小。

（5）将图像调整为 416×416 大小的 file.jpg。

（6）将图像重命名为 classname_00x.jpg 格式。

💡 提示：

像 dec2f2eedda8e9.jpg 这样的图像文件名应该转换为 burger_001.jpg。将所有图像保存在一个文件夹中。由于我们的图像包含汉堡、炸薯条和组合分类，因此，假设文件总数为 100，则可以通过图像文件名创建 3 个类，如下所示。

❑　burger_001…burger_033.jpg。
❑　fries_034…fries_066.jpg。
❑　comb_067…comb_100.jpg。

10.6.2　注解图像以创建.xml 文件

本节将介绍如何创建注解文件。每个图像文件对应一个注解文件。注解文件通常为.xml 格式。创建注解文件的步骤如下。

（1）在本示例中，将使用 labelImg 创建注解文件。此软件的操作方法在第 7 章"YOLO 和对象检测"中已有介绍（详见 7.6.2 节"生成注解文件"），本示例将使用不同的图像执行类似操作。首先使用以下终端命令下载 labelImg。

```
pip install labelImg
```

（2）下载后，只需在终端中输入以下命令即可打开它。

```
labelImg
```

（3）定义源（.jpg 文件）和目标（.xml 文件）目录。

（4）选择每幅图像并在类别图像的周围绘制一个矩形。定义类名称并保存。

（5）如果给定图像中有多个类别，则在每个类别图像周围都绘制一个矩形，并为其分配相关的类别名称。

💡 提示：

一般来说，人们很容易会犯这样的错误：仅在一个类别图像上绘制一个矩形，然后跳过另一个类别。这将导致在推理过程中仅检测到一个类别。

图 10-6 显示了如何在一幅图像中标记两个类。

在图 10-6 中显示了两个类别——burger 和 fries——以及如何使用 labelImg 在它们周围绘制边界框。labelImg 的输出是.xml 文件，该文件被存储在单独的文件夹中。

ℹ️ 注意：

每个.xml 文件中都有写入其中的相应的.jpg 文件。因此，如果稍后手动更改.jpg 文件名，则该文件系统将无法工作，因此必须再次重新运行 labelImg。同样，如果在labelImg 操作之后又调整了图像的大小，则注解文件的位置将更改，并且必须重新运行labelImg。

图 10-6

10.6.3　将文件拆分到训练和测试文件夹中

　　本节将把数据集拆分为训练（train）和测试（test）文件夹。这是必需的，因为训练过程将使用 train 数据集来生成模型，而测试过程则需要使用 test 数据集进行验证。

　　值得一提的是，有时 test 和 val 名称会互换使用，它们表示相同的意思，但细究起来，它们还是有一些差别。一般来说，我们需要第三个文件夹来验证最终模型对于未见图像的预测结果。包含这些图像的文件夹被称为 val。稍后将详细讨论它。

　　请按以下步骤将图像拆分为 train 和 test 文件夹。需要注意的是，这些任务应在 Google Colab 上完成。

　　（1）如果你已经按照前面的步骤收集和注解了图像，那么现在应该有两个文件夹——一个用于图像，另一个用于注解。接下来，我们创建两个单独的文件夹——train 和 test。

　　（2）将所有.jpg 和.xml 文件复制到任意一个文件夹中。该文件夹现在将包含对应的.jpg 和.xml 文件。

（3）将 70%的文件（.jpg 和相应的.xml 文件）从文件名类复制到 train 文件夹中。因此，在完成此操作后，train 文件夹中将包含约 140 个文件（70 个.jpg 文件和 70 个.xml 文件）。

（4）将其余 30%的文件复制到 test 文件夹中。

（5）将 train 和 test 文件夹都上传到 Google Drive 的 data 文件夹中。

（6）创建一个名为 val 的验证文件夹，并向其中插入一些图像。这些图像应该是训练集和测试集中都未出现过的，并且也应该包含汉堡和炸薯条类别。

💡 提示：

在此示例中，train 文件夹和 test 文件夹之间使用了 70/30 的比例，但这并不是绝对的，该比例可以为 90/10～70/30。

（7）在 My Drive（我的云端硬盘）下，创建一个名为 Chapter10_R-CNN 的文件夹，然后在其中创建一个名为 data 的文件夹，如图 10-7 所示。

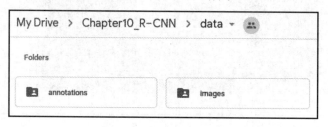

图 10-7

（8）创建 data 文件夹后，再在其中创建两个新文件夹，分别称为 annotations 和 images，如图 10-7 所示。接下来的任务就是填充这些目录。

图 10-8 显示了 Chapter10_R-CNN 中的目录结构和命名约定。

如图 10-8 所示的目录结构就是我们应该在 Google Drive 云端硬盘中建立的结构。可以按照以下说明来使用它。

❑ INPUT 指的是 images 文件夹，需要提供所有图像数据。请记住遵循前面介绍的命名约定，并将.jpg 文件和.xml 文件上传到图 10-8 所示的相应目录中。

ℹ️ 注意：

由于大小限制，我们无法将图像数据上传到 GitHub 站点上。因此，本示例使用的图像是从以下地址中下载的。

https://www.kaggle.com/kmader/food41

你也可以用手机拍照（汉堡和炸薯条图像）并上传。

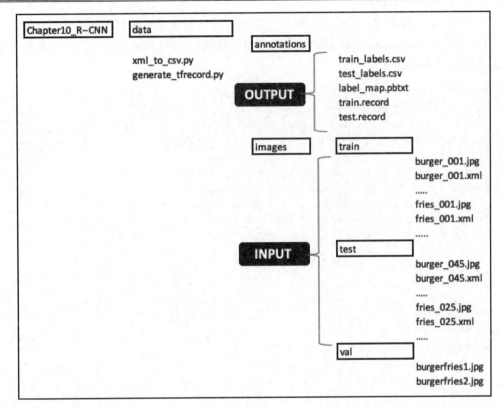

图 10-8

❑ OUTPUT 指的是 annotations 文件夹，该文件夹当前应该是空的，它将保存输出
结果。注意，这里不要将 annotations 文件夹与注解图像搞混了，以为它里面都
是.xml 文件。实际上，所有.xml 文件都位于 images 文件夹中。

10.6.4 配置参数并安装所需的软件包

现在，图像准备工作已经完成，可以开始在 Google Colab Notebook 中进行编码。第
一步是参数配置和获取训练工作所需的软件包，这涉及模型的类型和训练参数等。

请按照以下步骤执行此操作。

（1）将 Chapter10_Tensorflow-Training_a_Object_Detector_GoogleColab.ipynb Python
文件保存到 Google Drive 云端硬盘中，然后将其作为 Colab Notebook 打开。

（2）运行单元格 Configure（配置）参数，然后通过按 Shift+Enter 快捷键安装所需
的软件包。

（3）如果一切正常，则应该在以下代码块中看到显示模型配置选择的输出结果。

以下输出可根据 config（配置）参数创建测试模型，这是开始构建数据并准备进行测试之前的先决条件。

```
Running tests under Python 3.6.9: /usr/bin/python3
 [ RUN ] ModelBuilderTest.test_create_experimental_model
 [ OK ] ModelBuilderTest.test_create_experimental_model
 [ RUN ] ModelBuilderTest.test_create_faster_R-
CNN_model_from_config_with_example_miner
 [ OK ] ModelBuilderTest.test_create_faster_R-
CNN_model_from_config_with_example_miner
 [ RUN ] ModelBuilderTest.test_create_faster_R-
CNN_models_from_config_faster_R-CNN_with_matmul
 [ OK ] ModelBuilderTest.test_create_faster_R-
CNN_models_from_config_faster_R-CNN_with_matmul
 [ RUN ] ModelBuilderTest.test_create_faster_R-
CNN_models_from_config_faster_R-CNN_without_matmul
 [ OK ] ModelBuilderTest.test_create_faster_R-
CNN_models_from_config_faster_R-CNN_without_matmul
 [ RUN ] ModelBuilderTest.test_create_faster_R-
CNN_models_from_config_mask_R-CNN_with_matmul
 [ OK ] ModelBuilderTest.test_create_faster_R-
CNN_models_from_config_mask_R-CNN_with_matmul
 [ RUN ] ModelBuilderTest.test_create_faster_R-
CNN_models_from_config_mask_R-CNN_without_matmul
 [ OK ] ModelBuilderTest.test_create_faster_R-
CNN_models_from_config_mask_R-CNN_without_matmul
 [ RUN ] ModelBuilderTest.test_create_rfcn_model_from_config
 [ OK ] ModelBuilderTest.test_create_rfcn_model_from_config
 [ RUN ] ModelBuilderTest.test_create_ssd_fpn_model_from_config
 [ OK ] ModelBuilderTest.test_create_ssd_fpn_model_from_config
 [ RUN ] ModelBuilderTest.test_create_ssd_models_from_config
 [ OK ] ModelBuilderTest.test_create_ssd_models_from_config
 [ RUN ] ModelBuilderTest.test_invalid_faster_R-
CNN_batchnorm_update
 [ OK ] ModelBuilderTest.test_invalid_faster_R-CNN_batchnorm_update
 [ RUN ]
ModelBuilderTest.test_invalid_first_stage_nms_iou_threshold
 [ OK ] ModelBuilderTest.test_invalid_first_stage_nms_iou_threshold
 [ RUN ] ModelBuilderTest.test_invalid_model_config_proto
 [ OK ] ModelBuilderTest.test_invalid_model_config_proto
 [ RUN ] ModelBuilderTest.test_invalid_second_stage_batch_size
```

```
[ OK ] ModelBuilderTest.test_invalid_second_stage_batch_size
[ RUN ] ModelBuilderTest.test_session
[ SKIPPED ] ModelBuilderTest.test_session
[ RUN ] ModelBuilderTest.test_unknown_faster_R-
CNN_feature_extractor
[ OK ] ModelBuilderTest.test_unknown_faster_R-
CNN_feature_extractor
[ RUN ] ModelBuilderTest.test_unknown_meta_architecture
[ OK ] ModelBuilderTest.test_unknown_meta_architecture
[ RUN ] ModelBuilderTest.test_unknown_ssd_feature_extractor
[ OK ] ModelBuilderTest.test_unknown_ssd_feature_extractor
------------------------------------------------------------
----
Ran 17 tests in 0.157s
OK (skipped=1)
```

10.6.5　创建 TensorFlow 记录

这是非常重要的一步，许多人都在这一步上出现了问题。请按以下步骤创建你的 tfRecord 文件。注意，你必须在前面的操作中安装所有必需的软件包，然后才能继续执行以下操作。

（1）在图 10-8 中可以看到，在 Chapter10_R-CNN 的 data 文件夹下有两个文件，分别是 xml_to_csv.py 和 generate_tfrecord.py。这些文件应该是从你的本地驱动器复制到 Google Drive 云端硬盘中的。

（2）当你使用 pip install TensorFlow 或 pip install tensorflow-gpu 命令安装 TensorFlow 时，它将在你的主目录下创建一个 models-master 目录。在该目录中，可导航到 research 文件夹，然后转到 object_detection 文件夹，此时就可以看到 xml_to_csv.py 和 generate_tfrecord.py 文件。

如前文所述，将它们复制到 Google Drive 云端硬盘的相应位置中。你也可以在本地运行以下步骤，但是使用 TensorFlow 2.0 在本地运行时，我们出现了错误，因此对于本练习，我们将在 Google Colab 中运行它。

（3）需要将 Google Drive 云端硬盘中的 Chapter10_R-CNN 文件夹链接到 Colab Notebook。这是通过使用以下命令完成的。

```
from google.colab import drive
drive.mount('/content/drive')
```

（4）完成步骤（3）后，将提示输入 Google Drive 云端硬盘密钥，输入该密钥，即可将 Google Drive 云端硬盘安装到 Colab Notebook 中。

（5）使用以下命令从 Colab Notebook 转到 Google Drive 云端硬盘的 Chapter10_ R-CNN 目录中。

```
cd /content/drive/My Drive/Chapter10_R-CNN
```

（6）现在可以执行生成 tfRecord 文件的步骤。

（7）输入以下命令。此命令可将训练数据中的所有.xml 文件转换为 data/annotations 文件夹中的 train_labels.csv 文件。

```
!python xml_to_csv.py -i data/images/train -o
data/annotations/train_labels.csv -l data/annotations
```

（8）类似地，以下命令可将测试数据中的所有.xml 文件转换为 data/annotations 文件夹中的 test_labels.csv 文件。

```
!python xml_to_csv.py -i data/images/test -o
data/annotations/test_labels.csv
```

（9）以下命令可从 train_labels.csv 中生成 train.record 文件，并从 train 文件夹中生成图像.jpg 文件。它还会生成 lable_map.pbtxt 文件。

```
!python generate_tfrecord.py --
csv_input=data/annotations/train_labels.csv --
output_path=data/annotations/train.record --
img_path=data/images/train --label_map
data/annotations/label_map.pbtxt
```

（10）类似地，以下命令可从 test_labels.csv 中生成 test.record 文件，并从 test 文件夹中生成图像.jpg 文件。它还会生成 lable_map.pbtxt 文件。

```
!python generate_tfrecord.py --
csv_input=data/annotations/test_labels.csv --
output_path=data/annotations/test.record --
img_path=data/images/test --label_map
data/annotations/label_map.pbtx
```

（11）如果一切顺利，那么上述代码行将生成以下输出结果。这表示成功生成了训练和测试 tfRecord 文件。请注意，扩展名可以是 tfRecord 或 record。

```
/content/drive/My Drive/Chapter10_R-CNN
 Successfully converted xml to csv.
 Generate `data/annotations/label_map.pbtxt`
 Successfully converted xml to csv.
```

```
 WARNING:tensorflow:From generate_tfrecord.py:134: The name
tf.app.run is deprecated. Please use tf.compat.v1.app.run instead.
 WARNING:tensorflow:From generate_tfrecord.py:107: The name
tf.python_io.TFRecordWriter is deprecated. Please use
tf.io.TFRecordWriter instead.
 W0104 13:36:52.637130 139700938962816 module_wrapper.py:139] From
generate_tfrecord.py:107: The name tf.python_io.TFRecordWriter is
deprecated. Please use tf.io.TFRecordWriter instead.
 WARNING:tensorflow:From
/content/models/research/object_detection/utils/label_map_util.py:138:
The name tf.gfile.GFile is deprecated. Please use
tf.io.gfile.GFile instead.
 W0104 13:36:52.647315 139700938962816 module_wrapper.py:139] From
/content/models/research/object_detection/utils/label_map_util.py:138:
The name tf.gfile.GFile is deprecated. Please use
tf.io.gfile.GFile instead.
 Successfully created the TFRecords:
/content/drive/My Drive/Chapter10_R-CNN/data/annotations/train.record
 WARNING:tensorflow:From generate_tfrecord.py:134: The name
tf.app.run is deprecated. Please use
tf.compat.v1.app.run instead.
 WARNING:tensorflow:From generate_tfrecord.py:107: The name
tf.python_io.TFRecordWriter is deprecated. Please use
tf.io.TFRecordWriter instead.
 W0104 13:36:55.923784 140224824006528 module_wrapper.py:139] From
generate_tfrecord.py:107: The name tf.python_io.TFRecordWriter is
deprecated. Please use tf.io.TFRecordWriter instead.
 WARNING:tensorflow:From
/content/models/research/object_detection/utils/label_map_util.py:138:
The name tf.gfile.GFile is deprecated. Please use
tf.io.gfile.GFile instead.
 W0104 13:36:55.933046 140224824006528 module_wrapper.py:139] From
/content/models/research/object_detection/utils/label_map_util.py:138:
The name tf.gfile.GFile is deprecated. Please use
tf.io.gfile.GFile instead.
 Successfully created the TFRecords: /content/drive/My
Drive/Chapter10_R-CNN/data/annotations/test.reco
```

10.6.6　准备模型并配置训练管道

接下来，可使用以下命令下载基本模型并解压缩。在 10.6.4 节"配置参数并安装所需的软件包"的配置参数步骤中，已选择模型和相应的配置参数。可以根据配置参数和批大小选择 4 种不同的模型（SSD 的两种变体、Faster R-CNN 和 R-FCN）。可以从说明指示的批大小开始，然后在模型优化期间根据需要进行调整。

```
MODEL_FILE = MODEL + '.tar.gz'
DOWNLOAD_BASE = 'http://download.tensorflow.org/models/object_detection/'
DEST_DIR = '/content/models/research/pretrained_model'
```

在这里，目标目录是 Google Colab Notebook 本身，而目录 content/models/research 已经存在，因此无须自己创建目录。当你安装所需的软件包时，即完成了此操作。

此步骤还将自动下载 label_map.pbtxt 文件中的许多类别，并调整大小、尺度、宽高比和卷积超参数，以准备进行训练。

10.6.7 使用 TensorBoard 监控训练进度

TensorBoard 是用于实时监控和可视化训练进度的工具。它可以绘制训练损失和准确率图，因此你无须手动绘制。TensorBoard 允许可视化模型图并具有许多其他功能。有关 TensorBoard 功能的更多信息，可访问以下网址。

https://www.tensorflow.org/tensorboard

10.6.8 在本地计算机上运行 TensorBoard

通过添加以下代码，可将 TensorBoard 添加到模型训练中。请检查 GitHub 页面上提供的代码以获取添加以下代码的确切位置。

```
tensorboard_callback = tf.keras.callbacks.TensorBoard(log_dir=log_dir,
histogram_freq=1)
history = model.fit(x=x_train, y=y_train, epochs=25,
validation_data=(x_test, y_test), callbacks=[tensorboard_callback])
```

在训练开始后，可通过在终端中输入以下内容来可视化 TensorBoard 图。

```
%tensorboard --logdir logs/fit
```

10.6.9 在 Google Colab 上运行 TensorBoard

本节将介绍如何在 Google Colab 上运行 TensorBoard。具体步骤如下。

（1）为了在 Google Colab 上运行 TensorBoard，必须从本地计算机访问 TensorBoard 页面。这是通过名为 ngrok 的服务完成的，该服务可将本地计算机链接到 TensorBoard。

使用以下两行代码将 Ngrok 下载并解压缩到你的计算机中。

```
!wget
https://bin.equinox.io/c/4VmDzA7iaHb/ngrok-stable-linux-amd64.zip
!unzip ngrok-stable-linux-amd64.zip
```

（2）使用以下代码打开 TensorBoard。

```
LOG_DIR = model_dir
get_ipython().system_raw(
 'tensorboard --logdir {} --host 0.0.0.0 --port 6006 &
.format(LOG_DIR))
```

（3）调用 ngrok 使用端口 6006 启动 TensorBoard，它是用于通信和交换数据的传输通信协议。

```
get_ipython().system_raw('./ngrok http 6006 &')
```

（4）使用以下命令设置访问 Google Colab TensorBoard 的公开 URL。

```
! curl -s http://localhost:4040/api/tunnels | python3 -c \
 "import sys, json;
print(json.load(sys.stdin)['tunnels'][0]['public_url'])"
```

10.6.10 训练模型

在完成上述所有步骤后，即可执行最重要的步骤——训练自定义神经网络。

训练模型有以下 5 个步骤。

（1）指定配置文件。

（2）指定输出模型目录。

（3）指定将 STDERR 文件发送到哪里。

（4）指定训练步骤的数量。

（5）指定验证步骤的数量。

相应命令如下。

```
!python /content/models/research/object_detection/model_main.py \
 --pipeline_config_path={pipeline_fname} \
 --model_dir={model_dir} \
 --alsologtostderr \
 --num_train_steps={num_steps} \
 --num_eval_steps={num_eval_steps}
```

上述代码的说明如下。

❑　管道配置路径由 pipeline_fname 定义，它是模型和配置文件。

❑　model_dir 是训练目录。请注意，TensorBoard LOG_DIR 也映射到 model_dir，因此 TensorBoard 可在训练期间获取数据。

❑　训练和验证步骤的数量是在配置设置过程中预先定义的，可根据需要进行调整。

训练成功启动后，即可在 Jupyter Notebook 中查看消息。在某些软件包的某些警告被弃用之后，你将开始看到有关训练步骤的注释并成功打开动态库。

```
INFO:tensorflow:Maybe overwriting train_steps: 1000

Successfully opened dynamic library libcudnn.so.7
Successfully opened dynamic library libcublas.so.10
INFO:tensorflow:loss = 2.5942094, step = 0
loss = 2.5942094, step = 0
INFO:tensorflow:global_step/sec: 0.722117
global_step/sec: 0.722117
INFO:tensorflow:loss = 0.4186823, step = 100 (138.482 sec)
loss = 0.4186823, step = 100 (138.482 sec)
INFO:tensorflow:global_step/sec: 0.734027
global_step/sec: 0.734027
INFO:tensorflow:loss = 0.3267398, step = 200 (136.235 sec)
loss = 0.3267398, step = 200 (136.235 sec)
INFO:tensorflow:global_step/sec: 0.721528
global_step/sec: 0.721528
INFO:tensorflow:loss = 0.21641359, step = 300 (138.595 sec)
loss = 0.21641359, step = 300 (138.595 sec)
INFO:tensorflow:global_step/sec: 0.723918
global_step/sec: 0.723918
INFO:tensorflow:loss = 0.16113645, step = 400 (138.137 sec)
loss = 0.16113645, step = 400 (138.137 sec)
INFO:tensorflow:Saving checkpoints for 419 into training/model.ckpt.
model.ckpt-419
INFO:tensorflow:global_step/sec: 0.618595
global_step/sec: 0.618595
INFO:tensorflow:loss = 0.07212131, step = 500 (161.657 sec)
loss = 0.07212131, step = 500 (161.657 sec)
INFO:tensorflow:global_step/sec: 0.722247
] global_step/sec: 0.722247
INFO:tensorflow:loss = 0.11067433, step = 600 (138.457 sec)
loss = 0.11067433, step = 600 (138.457 sec)
INFO:tensorflow:global_step/sec: 0.72064
```

```
global_step/sec: 0.72064
INFO:tensorflow:loss = 0.07734648, step = 700 (138.765 sec)
loss = 0.07734648, step = 700 (138.765 sec)
INFO:tensorflow:global_step/sec: 0.722494
global_step/sec: 0.722494
INFO:tensorflow:loss = 0.088129714, step = 800 (138.410 sec)
loss = 0.088129714, step = 800 (138.410 sec)
INFO:tensorflow:Saving checkpoints for 836 into training/model.ckpt.
I0107 15:44:16.116585 14036592158
INFO:tensorflow:global_step/sec: 0.630514
global_step/sec: 0.630514
INFO:tensorflow:loss = 0.08999817, step = 900 (158.601 sec)
loss = 0.08999817, step = 900 (158.601 sec)
INFO:tensorflow:Saving checkpoints for 1000 into training/model.ckpt.
Saving checkpoints for 1000 into training/model.ckpt.
INFO:tensorflow:Skip the current checkpoint eval due to throttle secs
(600 secs).

Average Precision (AP) @[ IoU=0.50:0.95 | area= all | maxDets=100 ]
= 0.505
Average Precision (AP) @[ IoU=0.50 | area= all | maxDets=100 ] = 0.915
Average Precision (AP) @[ IoU=0.75 | area= all | maxDets=100 ] = 0.493
Average Precision (AP) @[ IoU=0.50:0.95 | area= small | maxDets=100 ]
= -1.000
Average Precision (AP) @[ IoU=0.50:0.95 | area=medium | maxDets=100 ]
= 0.200
Average Precision (AP) @[ IoU=0.50:0.95 | area= large | maxDets=100 ]
= 0.509
Average Recall (AR) @[ IoU=0.50:0.95 | area= all | maxDets= 1 ] = 0.552
Average Recall (AR) @[ IoU=0.50:0.95 | area= all | maxDets= 10 ] = 0.602
Average Recall (AR) @[ IoU=0.50:0.95 | area= all | maxDets=100 ] = 0.611
Average Recall (AR) @[ IoU=0.50:0.95 | area= small | maxDets=100 ]
= -1.000
Average Recall (AR) @[ IoU=0.50:0.95 | area=medium | maxDets=100 ]
= 0.600
Average Recall (AR) @[ IoU=0.50:0.95 | area= large | maxDets=100 ]
= 0.611

SavedModel written to: training/export/Servo/temp-
b'1578412123'/saved_model.pb
INFO:tensorflow:Loss for final step: 0.06650969.
Loss for final step: 0.06650969.
```

请注意观察上述输出结果。根据 CPU/GPU 性能，执行此步骤将花费不同的时间。
在上面的训练输出结果中需要注意训练期间的精确率（precision）和召回率（recall）值。

10.6.11　运行推理测试

此步骤主要是导出经过训练的推理图并运行推理测试。推理（inference）是使用以下
Python 命令完成的。

```
!python /content/models/research/object_detection/export_inference_graph.py \
 --input_type=image_tensor \
 --pipeline_config_path={pipeline_fname} \
 --output_directory={output_directory} \
 --trained_checkpoint_prefix={last_model_path}
```

在这里，last_model_path 是 model_dir，它是在训练期间存储模型检查点的地方，而
pipeline_fname 则是模型路径和配置文件。

检查点涵盖训练过程中模型使用的参数值。图 10-9 显示了训练期间 4 种不同模型的
输出结果。通过执行上述步骤并仅选择不同的模型类型，它们可以逐一运行。

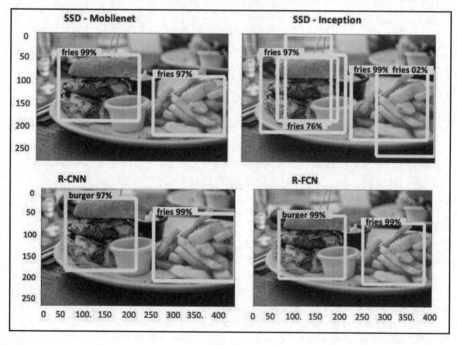

图 10-9

请注意，上面的代码是使用 4 个不同的模型运行的。在运行下一个模型之前，可单击 Google Colab 页面顶部的 Runtime（运行时），然后选择 Factory reset runtime（恢复运行时设置），以便重启运行新模型。

可以看到，SSD 模型仍然无法正确检测对象，而 R-CNN 和 R-FCN 则可以正确检测汉堡和薯条。这可能是由于汉堡和薯条的大小几乎相同，而 SSD 在检测不同尺度的图像方面表现更好（详见 10.1 节 "SSD 概述"）。

一旦设置了 TensorBoard，就可以在 TensorBoard 中可视化输出结果。

TensorBoard 具有 3 个选项卡：Scalars（标量）、Image（图像）和 Graphs（图）。Scalars 包括 mAP（平均精确率均值）、召回率和损失值；Image 包括可视图像；Graphs 则包括 TensorFlow 图 frozen_inference_graph.pb 文件。请注意，精确率和召回率之间的差异被定义如下。

❑ 精确率（precision）= 真阳性/（真阳性+假阳性），它表示预测为阳性的样本中有多少是真正的阳性样本，这就好比考查在警察抓到的小偷中有多少是真正的小偷（因为警察有可能误抓平民，假阳性就是平民）。

❑ 召回率（recall）= 真阳性/（真阳性+假阴性），它表示的是样本中的阳性例有多少被预测正确了，这就好比考查警察是否抓到了所有的小偷（因为警察有可能漏抓了小偷，假阴性就是小偷）。

10.6.12　使用神经网络模型时的注意事项

在前面的示例中，我们只使用了 68 幅图像来训练神经网络，但预测的效果还算不错。这给我们带来了 4 点启示。

（1）我们开发的模型在所有情况下都能正确预测吗？

答案是不能。本示例中的模型只有两个类别——汉堡和薯条——因此它可能会检测其他与汉堡形状类似的对象，如甜甜圈。要解决此问题，需要加载类似汉堡的图像并将其分类为非汉堡类别，然后使用这些图像集再次训练模型。

（2）既然 68 幅图像就能有很好的效果，为什么我们总是听到很多人说需要上千幅甚至更多图像来训练神经网络？

如果你是从头开始训练神经网络，或者是使用迁移学习从另一个模型（如 Inception 或 ResNet）中获得权重，但是该模型之前从未看到过新图像，那么你将需要至少 1000 幅图像。人们常说的 1000 幅图像这个标准来自 ImageNet 数据集。在该数据集中，每个类都具有 1000 幅图像。

（3）如果需要数千幅图像进行训练，那么为什么在本示例中 68 幅图像也很有效？

在本示例中，我们使用了迁移学习并下载了 ImageNet 数据集的权重。ImageNet 数据集已经将 cheeseburger（奶酪汉堡）列为一类，因此即使新训练的图像少于 100 幅，迁移学习的效果也很好。

（4）在用于训练的图像少于 1000 幅的情况下，什么时候会根本检测不到任何对象？

在要检测的对象与 ImageNet 类中的任何对象都有很大不同的情况下。例如，当检测的图像有车身刮擦，或者它是红外图像时，那么就可能检测不到对象（目标）。

10.7　Mask R-CNN 概述和 Google Colab 演示

Mask R-CNN 由 Kaiming He、Georgia Gkioxari、Piotr Dollar 和 Ross Girshick 在 2017 IEEE 国际计算机视觉与模式识别会议（CVPR）上提出。其论文标题很简洁，就叫 *Mask R-CNN*。该论文的网址如下。

https://arxiv.org/abs/1703.06870

Mask R-CNN 可使用 R-CNN 有效地检测图像中的对象，同时针对每个感兴趣区域（region of interest，ROI）进行对象分割任务。因此，它的 3 项任务（对象分割、分类和边界框回归）将并行工作。Mask R-CNN 的高级架构如图 10-10 所示。

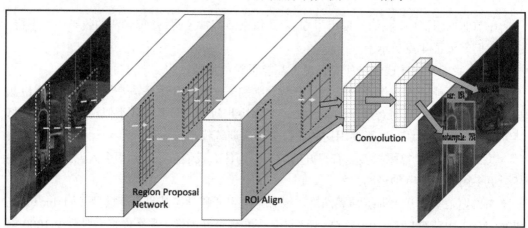

图 10-10

原　　文	译　　文
Region Proposal Network	区域提议网络
ROI Align	感兴趣区域对齐
Convolution	卷积

有关 Mask R-CNN 实现的详细信息如下。

❑ Mask R-CNN 遵循 Faster R-CNN 的两阶段原理，但进行了一些修改。第一个阶段是区域提议网络（RPN），这与 Faster R-CNN 相同；第二个阶段是 Fast R-CNN，它将从感兴趣区域（ROI）的特征提取、分类和边界框回归开始，还将为每个 ROI 输出二进制掩码。

❑ 这里的掩码（mask）代表输入对象的空间形状。Mask R-CNN 使用全卷积网络进行语义分割，为每个 ROI 预测一个（$M×N$）掩码。

❑ 将特征图划分为 $M×N$ 网格，然后应用 2×2 bin，使用双线性插值法（bilinear interpolation）在每个 bin 中选择 4 个采样点，将感兴趣区域对齐（ROI Align）应用于区域提议网络的输出。ROI Align 可用于将已提取的特征与输入对齐。

❑ 骨干神经网络使用 ResNet-50 或 ResNet-101，它将提取第四阶段的最后卷积层。

❑ 重新调整训练图像的尺度，使较短的边缘为 800 像素。每个 Mini-Batch 每个 GPU 具有两幅图像，正样本与负样本的比例为 1∶3。

训练持续进行 160000 次迭代，学习率为 0.02，上升到 120000 次迭代之后，学习率下降到 0.002。权重衰减为 0.0001，动量为 0.9。

Mask R-CNN 图像分割示例程序是用 Google Colab 编写的，其网址如下。

https://github.com/PacktPublishing/Mastering-Computer-Vision-with-TensorFlow-2.0/blob/master/Chapter10/Chapter10_Mask_R_CNN_Image_Segmentation_Demo.ipynb

该 Notebook 加载示例图像并通过激活 TPU 创建 TensorFlow 会话。然后，它将加载预训练的模型 Mask R-CNN，并执行实例分割和预测。

该 Notebook 取自 Google Colab 网站，仅进行了一项修改——图像加载功能。图 10-11 显示了 Mask R-CNN 的输出。

Mask R-CNN 在上述 Coco 数据集上进行了训练。因此，human（人类）、car（汽车）和 traffic light（交通信号灯）已经是为此预先确定的类别。每个人、汽车和交通信号灯都通过边界框进行了检测，并使用语义分割绘制了形状。

图 10-11

10.8　开发对象跟踪器模型以补充对象检测器

对象跟踪从对象检测开始，为每次检测分配一组唯一的 ID，并在对象四处移动时保持该 ID。本节将详细描述不同类型的对象跟踪模型。

10.8.1　基于质心的跟踪

顾名思义，基于质心的跟踪（centroid-based tracking）就是跟踪图像聚类的质心，计算质心之间的距离。在初始化时，将 ID 分配给边界框质心。在下一帧中，通过查看两个帧之间的相对距离来分配 ID。当对象相距很远时，此方法有效；但是当对象彼此非常接近时，此方法不起作用。

10.8.2　SORT 跟踪

SORT 是由 Alex Bewley、Zongyuan Ge、Lionel Ott、Fabio Ramos 和 Ben Upcroft 在

其标题为 *Simple Online and Realtime Tracking*（《简单在线和实时跟踪》）的论文中介绍的。该论文的网址如下。

https://arxiv.org/abs/1602.00763

该论文使用 Faster R-CNN 进行检测，同时使用卡尔曼滤波器（Kalman filter）和匈牙利算法（Hungarian algorithm）实时进行多对象跟踪（multiple object tracking，MOT）。跟踪实现的详细信息可在以下网址中找到。

https://github.com/abewley/sort

10.8.3　DeepSORT 跟踪

在 CVPR 2017 上，Nicolai Wojke、Alex Bewley 和 Dietrich Paulus 发表了论文 *Simple Online and Real-Time Tracking with a Deep Association Metric*（《使用深度关联指标进行简单的在线实时跟踪》），提出了 DeepSORT 跟踪。该论文的网址如下。

https://arxiv.org/abs/1703.07402

DeepSORT 是 SORT 的扩展，并使用经过训练能够区分行人的 CNN，将外观信息集成到边界框内。有关该跟踪实现的详细信息，可访问以下网址。

https://github.com/nwojke/deep_sort

该架构的细节概述如下。

- ❑ 跟踪方案是在八维状态空间$(u, v, \gamma, h, x, y, \gamma, h)$上定义的，其中，$(u, v)$是边界框中心位置，$\gamma$ 是宽高比，h 是高度。
- ❑ 卡尔曼滤波器根据当前位置和速度信息预测未来状态。在 DeepSORT 中，基于位置和速度的卡尔曼滤波器将用于查找下一个跟踪位置。
- ❑ 对于每个跟踪 k，在卡尔曼滤波器预测期间对帧数进行计数和递增，并在对象检测期间将其重置为 0。删除在前 3 个帧内超过阈值或与检测对象不相关的跟踪。
- ❑ 预测的卡尔曼状态与新到达的测量值之间的关联通过两种状态（预测的测量值和新的测量值）之间的马氏距离（mahalanobis distance）和外观描述子之间的余弦相似度的组合来解决。
- ❑ 引入一个匹配的级联，其优先级优先于更常见的对象。
- ❑ 计算交并比（IOU）关联以考虑场景中突然消失的情况。
- ❑ 宽的 ResNet 神经网络可减少深度和增加宽度，已被用于改善瘦的残差网络

（residual network）上的性能。宽的 ResNet 层具有 2 个卷积层和 6 个残差块。

❑ DeepSort 使用对 1251 位行人的 110 万幅人类图像进行训练的模型，并为每个边界框提取 128 维向量，以进行特征提取。

10.8.4　OpenCV 跟踪方法

OpenCV 具有许多内置的跟踪方法。

❑ BOOSTING 跟踪器：基于哈尔级联（Haar cascade）的旧跟踪器。

❑ MIL 跟踪器：具有比 BOOSTING 跟踪器更好的准确率。

❑ 内核化相关滤波器（kernelized correlation filters，KCF）跟踪器：这比 BOOSTING 和 MIL 跟踪器快。

❑ CSRT 跟踪器：这比 KCF 更为准确，但跟踪速度可能较慢。

❑ MedianFlow 跟踪器：当对象出现有规律的运动并且在整个序列中可见时，此跟踪器的效果很好。

❑ TLD 跟踪器：不建议使用。

❑ MOSSE 跟踪器：非常快速的跟踪器，但不如 CSRT 或 KCF 准确。

❑ GOTURN 跟踪器：一种基于深度学习的对象跟踪器。

在 OpenCV 中，上述方法的实现如下。

```
tracker = cv2.TrackerBoosting_create()
tracker = cv2.TrackerCSRT_create()
tracker = cv2.TrackerKCF_create()
tracker = cv2.TrackerMedianFlow_create()
tracker = cv2.TrackerMIL_create()
tracker = cv2.TrackerMOSSE_create()
tracker = cv2.TrackerTLD_create()
```

10.8.5　基于暹罗网络的跟踪

Luca Bertinetto、Jack Valmadre、Joao F.Henriques、Andrea Vedaldi 和 Philip H.S. Torr 在其具有里程碑意义的论文 *Fully-Convolutional Siamese Networks for Object Tracking*（《用于对象跟踪的全卷积暹罗网络》）中提出了基于暹罗网络的对象跟踪。该论文的网址如下。

https://arxiv.org/abs/1606.09549

在该论文中，作者训练了深度卷积网络以开发离线相似性函数，然后将其应用于实时对象跟踪。该相似性函数（similarity function）就是暹罗卷积神经网络（Siamese CNN），它将测试边界框与训练边界框（真实情况）进行比较并返回一个高分。如果两个边界框包含相同的对象和较低的分数，则说明对象是不一样的。

暹罗网络通过相同的神经网络传递两幅图像。它通过删除最后一个全连接层来计算特征向量（这在第 6 章"迁移学习和视觉搜索"中已经介绍过了），并将两个特征向量进行相似性比较。这里所使用的暹罗网络没有任何全连接层，仅使用卷积滤波器，因此该网络相对于输入图像是全卷积的。

全卷积网络的优点是它与大小无关。因此，任何输入大小都可以用于测试和训练图像。图 10-12 说明了暹罗网络的架构。

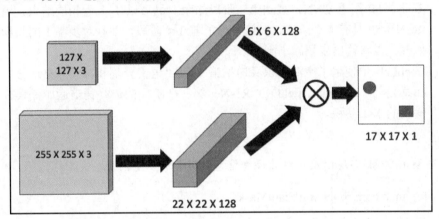

图 10-12

在图 10-12 中，网络的输出是特征图。通过 CNN（f_θ）重复该过程两次，分别用于测试（x）和训练（z）图像，从而生成两个相互关联的特征图，如下所示。

$$g_\theta(z, x) = f_\theta(z) * f_\theta(x)$$

该跟踪按以下方式开始。

❑　初始图像位置 = 上一个目标位置。

❑　位移 = 步幅×相对于中心的最大得分的位置。

❑　新位置 = 初始位置 + 位移。

因此，可使用矩形边界框来初始化目标。在后续的每一帧，使用跟踪来估计其位置。

10.8.6　基于 SiamMask 的跟踪

在 CVPR 2019 上，Qiang Wang、Li Zhang、Luca Bertinetto、Weiming Hu 和 Phillip

H.S.Torr 在他们的论文 *Fast Online Object Tracking and Segmentation: A Unifying Approach*（《快速在线对象跟踪和分割：统一方法》）中提出了 SiamMask。该论文的网址如下。

https://arxiv.org/abs/1812.05050

SiamMask 使用单个边界框初始化，并以每秒 55 帧的速度跟踪对象边界框。

在这里，暹罗网络的简单互相关（cross-correlation）被替换为深度相关（depth-wise correlation），以生成多通道响应图。

❑　使用简单的两层 1×1 卷积神经网络 *hf* 设计一个 *w×h* 二进制掩码（每个特征图一个）。第一层具有 256 个通道，第二层具有 63×63 个通道。

❑　ResNet-50 用于 CNN，直到第三阶段结束，最后以 1×1 卷积层结束。请注意，ResNet-50 具有 4 个阶段，但仅考虑了前 3 个阶段，并且对步幅 1 的卷积进行了修改，以将输出步幅减小到 8。

❑　DeepLab 中使用了空洞卷积（详见第 8 章"语义分割和神经风格迁移"）来增加感受野（receptive field）。ResNet 第三个阶段的最终输出追加了具有 256 个输出的 1×1 卷积。

🛈 注意：

有关 SiamMask 实现以及训练的详细信息，可访问以下网址。

https://github.com/foolwood/SiamMask

SiamMask 也可以使用 Google Colab 在 YouTube 视频文件上运行，有关详细信息，可访问以下网址。

https://colab.research.google.com/github/tugstugi/dl-colab-notebooks/blob/master/notebooks/SiamMask.ipynb

注意，为了使其成功运行，视频文件必须以人像开头。

10.9　小　　　结

本章全面阐释了各种对象检测器方法以及使用自定义图像训练对象检测器的方法。

本章介绍的一些关键概念包括：如何使用 Google Cloud 评估对象检测器，如何使用 labelImg 创建注解文件，如何将 Google Drive 链接到 Google Colab Notebook 以读取文件，如何从.xml 和.jpg 文件生成 TensorFlow tfRecord 文件，如何启动训练过程并在训练期间监视读数，如何创建 TensorBoard 以观察训练准确率，如何在训练后保存模型以及如何使用保存的模型进行推断等。

在掌握了上述方法后，即可选择对象类别并创建用于推理的对象检测模型。

本章还介绍了各种对象跟踪技术，如卡尔曼滤波和基于神经网络的跟踪（如 DeepSORT），以及基于暹罗网络的对象跟踪方法。你可以将对象检测模型连接到跟踪方法以跟踪检测到的对象。

在第 11 章"通过 CPU/GPU 优化在边缘设备上进行深度学习"中，我们将通过在边缘设备（如手机）中优化和部署神经网络模型来学习边缘计算机视觉。我们还将学习如何使用 Raspberry Pi 进行实时对象检测。

第 4 篇

在边缘和云端上的 TensorFlow 实现

到目前为止，我们已经学习了不少计算机视觉和卷积神经网络方面的知识，本篇将介绍它们在边缘和云端上的实现，包括打包、优化和在边缘设备上部署模型，以解决现实生活中的计算机视觉问题。

在本地计算机上训练大型数据集需要花费很多时间，因此，更好的做法是打包数据并将其上传到云端的容器中，然后开始训练。本篇还将讨论如何解决一些常见的问题以完成训练并成功生成模型。

在完成本篇学习之后，你将能够：

❑ 理解边缘设备如何使用各种硬件加速和软件优化技术，并基于神经网络模型以最小延迟进行推理（第 11 章）。

❑ 了解 MobileNet 模型的工作原理，因为它的速度够快，所以通常会部署在边缘设备中（第 11 章）。

❑ 使用 Intel OpenVINO 工具包和 TensorFlow Lite 在 RaspBerry Pi 中部署神经网络模型，以进行对象检测（第 11 章）。

❑ 通过在 Android Studio 和 Xcode 中使用 TensorFlow Lite 部署模型，在 Android

手机和 iPhone 上执行对象检测（第 11 章）。

❑ 使用 Create ML 训练自定义对象检测器，并使用 Xcode 和 Swift 将其部署在 iPhone 上（第 11 章）。

❑ 对各种云平台——Google 云平台（Google cloud platform，GCP）、Amazon Web Services（AWS）和 Microsoft Azure 云平台（Microsoft Azure cloud platform）的基础设施有一个总体了解（第 12 章）。

❑ 开发端到端（end-to-end）机器学习平台，以使用 GCP、AWS 和 Azure 进行自定义对象检测（第 12 章）。

❑ 了解如何使用 TensorFlow 进行大规模训练和打包（第 12 章）。

❑ 使用 GCP、AWS 和 Azure 执行可视搜索（第 12 章）。

本篇包括以下两章。

❑ 第 11 章，通过 CPU/GPU 优化在边缘设备上进行深度学习

❑ 第 12 章，用于计算机视觉的云计算平台

第 11 章　通过 CPU/GPU 优化在边缘设备上进行深度学习

到目前为止，我们已经学习了如何通过预处理数据、训练模型以及使用 Python 计算机环境生成推理来开发深度学习模型。

本章将学习如何采用生成的模型并将其部署到边缘设备和生产系统上，这将导致完整的端到端 TensorFlow 对象检测模型实现。

本章还将讨论许多边缘设备及其标称性能和加速技术。TensorFlow 模型已经有了专门开发的 TensorFlow Lite 版本，采用了 Intel 开放式视觉推理和神经网络优化（intel open visual inference and neural network optimization，OpenVINO）架构。TensorFlow Lite 版本可部署到 Raspberry Pi、Android 和 iPhone 中。

尽管本章主要关注 Raspberry Pi、Android 和 iPhone 上的对象检测，但是我们介绍的方法也可以扩展适用于任何边缘设备的图像分类、风格迁移和动作识别。

本章包含以下主题。

❑ 边缘设备上的深度学习概述。
❑ 用于 GPU/CPU 优化的技术。
❑ MobileNet 概述。
❑ 使用 Raspberry Pi 进行图像处理。
❑ 使用 OpenVINO 进行模型转换和推理。
❑ TensorFlow Lite 的应用。
❑ 使用 TensorFlow Lite 在 Android 手机上进行对象检测。
❑ 使用 TensorFlow Lite 在 Raspberry Pi 上进行对象检测。
❑ 使用 TensorFlow Lite 和 Create ML 在 iPhone 上进行对象检测。
❑ 各种注解方法的摘要。

11.1　边缘设备上的深度学习概述

对于计算机而言，边缘设备（edge device）是查看事物并测量参数的最终设备。在边缘设备上进行深度学习意味着将 AI 注入边缘设备中，以便 AI 可以看到它要分析的图像，并报告其内容。用于计算机视觉的边缘设备示例是摄像头（照相机）。边缘计算使得本地图像识别快速有效。摄像头内部的 AI 组件由功能强大的微型处理器组成，而该处理器则具有深度学习功能。

根据你选择使用的硬件和软件平台，边缘设备上的 AI 系统可以执行以下 3 种独立功能，或者将它们组合起来。

❑　硬件加速使设备运行更快。

❑　软件优化可减小模型大小并删除不必要的组件。

❑　与云端交互以批量处理图像和张量。

这样做的好处是提高了速度、降低了带宽需求、增强了数据保密性和提高了网络可伸缩性。这是通过在摄像头内部嵌入控制器来完成的，它赋予了摄像头所需的处理能力。

边缘计算意味着将工作负载从云端转移到设备上。这需要高效的边缘设备和优化的软件来执行检测而不会出现明显的延迟，另外还需要高效的数据传输协议，以将选择的数据发送到云端进行处理，然后将输出反馈到边缘设备上以进行实时决策。

选择正确的边缘设备取决于你的应用程序要求，以及它与子系统其余部分的接口方式。以下是一些边缘设备的示例。

❑　NVIDIA Jetson Nano。

❑　Raspberry Pi + Intel 神经网络计算棒。

❑　Coral 开发板+ Coral USB 加速器。

❑　Orange Pi + Intel 神经网络计算棒。

❑　ORDOID C2。

❑　Android 手机。

❑　iOS 手机。

表 11-1 总结了上面列出的各种边缘设备的性能规格。你可以参考此表来选择适用的边缘设备。

表 11-1　各种边缘设备的性能规格

设　　备	GPU	CPU	内　　存	加　速　器
NVIDIA Jetson Nano 69mm× 45mm	128 核 NVIDIA Maxwell	4 核 ARM Cortex A57	4GB RAM，16GB 存储空间	并行处理器
Raspberry Pi 4 85mm× 56mm		ARM Cortex A72 @ 1.5GHz	4GB RAM，32GB 储存空间	
Coral 开发板 48mm× 40mm	集成的 GC7000 Lite 图形卡	4 核 Cortex-A53，加上 Cortex-M4F	1GB LPDDR4	Google Edge TPU ML 加速器协处理器

续表

设　备	GPU	CPU	内　存	加　速　器
Orange Pi 85mm×55mm	ARM Mali-400 MP2 GPU @ 600MHz	4x Cortex-A7 @ 1.6GHz	1GB DDR3 SDRAM	
ORDOID C2 85mm×56mm	Mali450MP3	ARM Cortex-A53 四核 @ 1.5GHz	2GB DDR3 SDRAM	
Intel 神经网络计算棒	具有 16 个处理核心和一个网络硬件加速器的 Intel Movidius Myriad X 视觉处理单元（Vision Processing Unit，VPU）	Intel OpenVINO 工具包		
Coral USB 加速器	Google Edge TPU ML 加速器协处理器，支持 AUTOML Vision Edge	TensorFlow Lite 模型支持		
Android Pixel XL 155mm×76mm	Ardeno 530	2 个 2.15GHz Kryo 和 2 个 1.6GHz Kryo	4GB RAM	
iPhone XR 155mm×76mm	A12 仿生芯片	A12 仿生芯片	3GB RAM	

11.2　用于 GPU/CPU 优化的技术

中央处理器（central processing unit，CPU）主要执行串行处理，而图形处理器（graphical processing unit，GPU）则可以按并行方式运行进程，并且可以一次执行大量操作，从而加快处理速度。GPU 中的数据被称为线程（thread）。

GPU 使用计算统一设备架构（compute unified device architecture，CUDA）和开放计算语言（open computing language，OpenCL）进行编程。CPU 执行许多不同类型的计算，而 GPU 则专门处理给定的计算，如图像处理。为了使边缘设备提供无延迟的结果，它们必须伴随加速器、GPU 和软件优化。

以下是一些常用于 GPU/CPU 优化的方法。

❑　模型优化方法，如图像大小优化、批归一化、梯度下降等。

❑　基于幅度的权重修剪（weight pruning）通过将模型权重清零来使模型变得稀疏，从而使其更易于压缩。有关该修剪技术，可访问以下网址。

https://www.tensorflow.org/model_optimization/guide/pruning

❑ GPU 内存分区，如 NVIDIA Jetson Nano。

❑ 使用 Intel 神经网络计算棒的通用 API 在 CPU、GPU 和 FPGA 上进行异构计算。

❑ SWAP 空间为 RAM 内存分配磁盘空间。

❑ 将张量处理单元（tensor processing unit，TPU）与 CPU 或 GPU 结合使用。CPU 可依次执行算术运算，而 GPU 则可以一次执行多个算术运算。TPU 由 Google 开发，用于加速神经网络处理。在 TPU 中，算术运算可直接相互连接，而无须使用任何内存。

❑ 量化（quantization），即将权重从 32 位转换为 8 位。

❑ iOS 手机可使用不同的 Metal 来访问 GPU，以加快图像处理速度。有关详细信息，请访问以下网址。

https://developer.apple.com/metal/

❑ 对于 Android 手机，请参考 VR 性能基准以了解可用的 GPU/CPU 优化方法，其网址如下。

https://developer.google.com/vr/develop/best-practices/perf-best-practices

11.3　MobileNet 概述

Google 工程师团队在 2017 年的 IEEE 国际计算机视觉与模式识别会议（CVPR）上发表了一篇题为 *MobileNets: Efficient Convolutional Neural Networks for Mobile Vision Applications*（《MobileNets：针对移动视觉应用的高效卷积神经网络》）的论文，该论文首次介绍了 MobileNet，其网址如下。

https://arxiv.org/abs/1704.04861

MobileNet 提出了一种深度可分离的卷积架构，该架构缩小了神经网络模型，从而可以克服边缘设备的资源限制问题。

MobileNet 架构主要包括以下两个部分。

❑ 深度可分离卷积（depthwise separable convolution，DSC）。

❑ 逐点（pointwise）1×1 卷积。

🛈 注意：
在第 4 章"图像深度学习"和第 5 章"神经网络架构和模型"中都介绍了 1×1 卷积的重要性。

图 11-1 显示了深度卷积的工作方式。

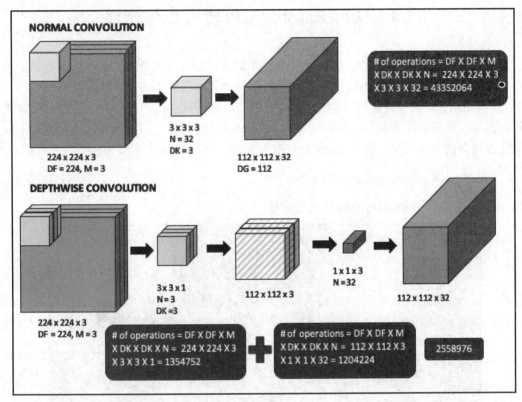

图 11-1[①]

原　　文	译　　文
NORMAL CONVOLUTION	普通卷积
# of operations	运算数量
DEPTHWISE CONVOLUTION	深度卷积

在图 11-1 中可以看到以下内容。

❑　与普通卷积相比，深度卷积减少了运算数量。

❑　在 MobileNet 中，卷积层之后是批归一化和 ReLU 非线性。当然，最后一层除外，它将被连接到 Softmax 层以进行分类。

❑　可以通过深度乘法和分辨率乘法来简化 MobileNet 架构。

---

① 图中的正斜体格式均与原书保持一致。

11.4　使用 Raspberry Pi 进行图像处理

　　Raspberry Pi 是没有 GPU 的单板微型计算机，可以被连接到外部摄像头和其他传感器模块上，并且可以使用 Python 进行编程以执行计算机视觉工作，如目标检测。

　　Raspberry Pi 具有内置的 Wi-Fi，因此它们可以被无缝连接到 Internet 来接收和传输数据。由于其纤巧的外形和强大的计算能力，Raspberry Pi 是用于物联网和计算机视觉工作的边缘设备的完美典范。有关 Raspberry Pi 的详细信息，请访问以下网址。

https://www.raspberrypi.org/products

图 11-2 显示了 Raspberry Pi 的完整设置。

图 11-2

　　接下来，我们将详细介绍 Raspberry Pi。

🛈 注意：

　　图 11-2 中的 Raspberry Pi 硬件配置在下文中会多次被提到。

11.4.1　Raspberry Pi 硬件设置

在开始进行 Raspberry Pi 设置工作之前，应考虑以下要点。

❑ 购买最新版本的 Raspberry Pi 4——你可以直接从 Raspberry Pi 官网或从任何其他在线商店订购。

❑ 获得包含 4GB 内存和 32GB MicroSD 存储卡的 Raspberry Pi。在大多数情况下，Raspberry Pi 都带有用 NOOBS 编程的 MicroSD 存储卡。订购前请进行检查。

❑ 如果你的 Raspberry Pi 没有随附已编程的 MicroSD 卡，则可以购买 32GB 的 MicroSD 卡，然后在其上安装 NOOBS。NOOBS（new out of box software）是 Raspberry Pi 一个全新的安装系统，允许用户更轻松地在 Raspberry Pi 设备上体验不同的 Linux 系统。其下载地址如下。

https://www.raspberrypi.org/downloads/noobs/

请注意，你必须将 MicroSD 卡插入计算机的 MicroSD 读卡器中，然后通过计算机将 NOOBS 下载到该卡上。完成编程后，从读卡器中取出 MicroSD 卡，然后将其插入 Raspberry Pi 的 MicroSD 插槽内，该插槽位于 USB 插槽对角位置的 Raspberry Pi 下方，靠近电源按钮的位置处。具体可参考图 11-2。

❑ 大多数 Raspberry Pi 都不随附摄像头模块，因此需要单独订购。摄像头模块端口位于 HDMI 端口旁边，HDMI 端口上有一个黑色的塑料夹。摄像头随附白色带状连接线。你可以通过向上拉摄像头模块中的黑色塑料夹，然后将白色带状连接线完全插入其中，以使发亮的表面朝向旁边的 HDMI 端口，从而打开摄像头模块中的黑色塑料夹。插入带状连接线后，将塑料夹完全向下推以将其闭合，以使带状连接线被牢固地连接到摄像头模块端口。具体可参考图 11-2。

❑ 将鼠标连接线、键盘连接线和 HDMI 连接线连接到外接显示器。请注意，这是可选的，因为你也可以使用计算机通过 Wi-Fi 来连接 Raspberry Pi。

❑ 购买 Intel 神经网络计算棒 2 代（Intel neural network stick 2）并将其插入 USB 端口之一。请注意，Intel 神经网络计算棒比较宽，因此要同时安装这 3 个 USB 端口上的设备（神经网络计算棒、键盘和鼠标）可能需要些技巧。

❑ 所有连接完成后，连接电源。Raspberry Pi 中的红灯会亮起，旁边的绿灯会偶尔闪烁，表明 microSD 卡已通电。这表明一切正常。

接下来，我们将讨论如何设置摄像头。

11.4.2　Raspberry Pi 摄像头软件设置

在设置用于计算机视觉的 Raspberry Pi 时，除硬件配置外，还需要使用 Python 编写代码。下面将介绍这些代码段。

可以将摄像头设置为视频播放器。在 Raspberry Pi 终端中，可一条一条使用以下命令。这些命令将进行必要的软件包更新，并启动新的 Raspbian 安装。

```
$sudo apt update
$sudo apt full-upgrade
$sudo raspi-config
```

在输入一条命令后，Raspberry Pi 中将出现一些对话框。你可以选择必要的接口选项，选择一个摄像头，然后在询问是否要启用摄像头接口时单击 Yes。重新启动 Raspberry Pi，并在启动后在终端中输入以下命令。

```
$raspivid -o video.h264 -t 10000
```

上述命令的意思是，视频要录制 10s，并以 video.h264 格式进行保存。第一次执行此操作时，你可能会发现摄像头未对准焦点。可以调整摄像头上的圆帽（取下盖子后），直到它对准焦点。

摄像头软件的设置至此结束。如果你想了解有关此过程的更多信息，可访问以下网址。

https://www.raspberrypi.org/documentation/usage/camera/raspicam/raspivid.md

11.4.3　在 Raspberry Pi 中安装 OpenCV

有关此安装的详细说明，可访问以下网址。

https://software.intel.com/en-us/articles/raspberry-pi-4-and-intel-neural-compute-stick-2-setup

在安装过程中，我们发现必须在多个页面之间导航才能正确处理所有问题。你可以借鉴官方网站的说明或按照以下步骤操作，以使所有功能正常运行。

ⓘ 注意：

以下每一行都是单独的指令。这意味着每输入一条命令，就需要按 Enter 键并等待它在控制台中显示（这表明它已完成），然后输入下一条命令。

（1）在终端中输入以下命令以安装 OpenCV 所需的组件。

```
$sudo su
$apt update && apt upgrade -y
$apt install build-essential
```

（2）安装 CMake 来管理构建过程。

```
$wget
https://github.com/Kitware/CMake/releases/download/v3.14.4/
cmake-3.14.4.tar.gz
$tar xvzf cmake-3.14.4.tar.gz
$cd ~/cmake-3.14.4
```

（3）安装任何其他依赖项，如 bootstrap。

```
$./bootstrap
$make -j4
$make install
```

（4）从 Raspberry Pi 驱动器中的源安装 OpenCV。

```
$git clone https://github.com/opencv/opencv.git
$cd opencv && mkdir build && cd build
$cmake -DCMAKE_BUILD_TYPE=Release -DCMAKE_INSTALL_PREFIX=/usr/local
..
$make -j4
$make install
```

上述命令将安装 OpenCV。

（5）要验证安装过程是否成功，可在保持当前终端打开的同时打开另一终端，然后输入以下命令。

```
$python3
>>> import cv2
>>> cv2.__version__
```

这将显示系统上已安装的最新 OpenCV 版本。

11.4.4　在 Raspberry Pi 中安装 OpenVINO

OpenVINO 是 Intel 的商标，代表 Open Visual Inference and Neural Network Optimization 工具包。它为开发人员提供了基于 Intel 硬件的深度学习加速工具包。这些 Intel 硬件包括 CPU（Intel 酷睿和至强处理器）、GPU（Intel Iris Pro 显卡和 HD 显卡）、VPU（Intel Movidius 神经网络计算棒）和 FPGA（Intel Arria 10GX）。

要将 OpenVINO 下载到计算机桌面上，可访问以下网址。

https://software.intel.com/en-us/openvino-toolkit/choose-download

在下载 OpenVINO 时，必须输入你的姓名和电子邮件，然后才能下载 OpenVINO。下载完成后，可按照说明解压文件并安装依赖项。请注意，此过程不适用于 Raspberry Pi。因此，对于 Raspberry Pi，请使用以下命令。

```
$cd ~/dldt/inference-engine
$mkdir build && cd build
$cmake -DCMAKE_BUILD_TYPE=Release \
-DCMAKE_CXX_FLAGS='-march=armv7-a' \
-DENABLE_MKL_DNN=OFF \
-DENABLE_CLDNN=OFF \
-DENABLE_GNA=OFF \
-DENABLE_SSE42=OFF \
-DTHREADING=SEQ \
..
$make
```

上面的命令将在终端中返回一系列显示。

11.4.5　安装 OpenVINO 工具包组件

要安装 OpenVINO 工具包组件，可以先访问以下网址。

https://docs.openvinotoolkit.org/latest/_docs_install_guides_installing_openvino_raspbian.html

你也可以按以下步骤操作。

（1）打开一个新的终端窗口，输入 sudo su 命令，然后按 Enter 键。

（2）单击以下链接并下载 R3 l_openvino_toolkit_runtime_raspbian_p_2019.3.334.tgz。请注意，p_之后和.tgz 之前的数字可能会因为版本更新而变化。

https://download.01.org/opencv/2019/openvinotoolkit/R3/

（3）创建一个安装文件夹。

```
$sudo mkdir -p /opt/intel/openvino
```

（4）解压缩下载的文件。

```
$sudo tar -xf l_openvino_toolkit_runtime_raspbian_p_2019.3.334.tgz
--
$strip 1 -C /opt/intel/openvino
```

（5）安装 CMake（如果尚未安装的话）。

```
sudo apt install cmake
```

接下来，我们将介绍环境变量的设置，这样每次启动终端时，OpenVINO 都会自动初始化，而不必每次都需要记住命令提示符。

11.4.6　设置环境变量

可以按本地和全局两种方式设置环境变量，其操作步骤如下。

（1）要按本地方式进行设置，可在终端中运行以下命令。

```
$source /opt/intel/openvino/bin/setupvars.sh
```

（2）要按全局方式设置，可在终端中运行以下命令。

```
$echo "source /opt/intel/openvino/bin/setupvars.sh" >> ~/.bashrc
```

（3）要测试所做的更改，可打开一个新的终端。你将看到以下输出。

```
[setupvars.sh] OpenVINO environment initialized
Pi$raspberripi: $
Type sudo su and you should get
root@raspberripi:
```

11.4.7　添加 USB 规则

需要添加 USB 规则才能在 Intel Movidius 神经计算棒上进行推理。
请按以下步骤操作。

（1）通过以下命令将任何当前 Linux 用户添加到组中。

```
$sudo usermod -a -G users "$(whoami)"
```

（2）重新启动 Raspberry Pi，然后再次登录。

```
sh
/opt/intel/openvino/install_dependencies/install_NCS_udev_rules.sh
```

11.4.8　使用 Python 代码运行推理

完成所有安装过程后，接下来要做的就是通过摄像头模块连接到 Raspberry Pi，使用 Intel Movidius 神经计算棒进行推理。摄像头模块是边缘设备，而带有 Intel Movidius 神经计算棒的 Raspberry Pi 则是处理器单元。

ⓘ 注意：

Raspberry Pi 本身无法通过神经网络执行推理，因为处理速度非常慢。但是在使用 Intel OpenVINO 神经网络计算棒之后，你基本上看不到延迟。

在 11.8 节"使用 TensorFlow Lite 在 Raspberry Pi 上进行对象检测"中，介绍在没有 Intel OpenVINO 神经网络计算棒的情况下使用 tflite 将 TensorFlow 模型部署到 Raspberry Pi 上。你会发现，在这种情况下，其延迟非常高，说明 Intel OpenVINO 神经网络计算棒的作用还是很明显的。

来看以下命令。

```
$mkdir build && cd build
$cmake -DCMAKE_BUILD_TYPE=Release -DCMAKE_CXX_FLAGS="-march=armv7-a"
/opt/intel/openvino/deployment_tools/inference_engine/samples
$make -j2 object_detection_sample_ssd
$wget --no-check-certificate
https://download.01.org/opencv/2019/open_model_zoo/R1/models_bin/
face-detection-adas-0001/FP16/face-detection-adas-0001.bin
$wget --no-check-certificate
https://download.01.org/opencv/2019/open_model_zoo/R1/models_bin/
face-detection-adas-0001/FP16/face-detection-adas-0001.xml
```

运行 openvino_fd_myriad.py 文件中提供的示例代码，如下所示。

```
python3 openvino_fd_myriad.py
```

ⓘ 注意：

请访问以下 GitHub 页面以获取完整代码。

https://github.com/PacktPublishing/Mastering-Computer-Vision-with-TensorFlow-2.0/blob/master/Chapter11/Chapter%2011_openvino_fd_ myriad.py

另外，你还可以打开 out.png 文件，以查看在图像上绘制的边界框。

11.4.9　高级推理

到目前为止，我们只是使用 OpenVINO 工具包执行了面部检测。本节将介绍如何使用 Intel Movidius 神经网络计算棒连接到 Raspberry Pi，以执行各种计算机视觉任务，如行人检测、车辆和自行车检测、车牌检测、年龄和性别识别、特征识别、情感识别、姿势估计、动作识别和注视识别等。

Intel 开源技术中心（Intel open source technology center）提供了我们将要使用的所有 bin 和 xml 文件的列表，其网址如下。

https://download.01.org/opencv/2019/open_model_zoo/

请注意，当你单击上一个链接时，将看到 4 个分别标记为 R1、R2、R3 和 R4 的文件夹。单击一个包含最新日期的文件夹（在本示例中为 R1），如图 11-3 所示。

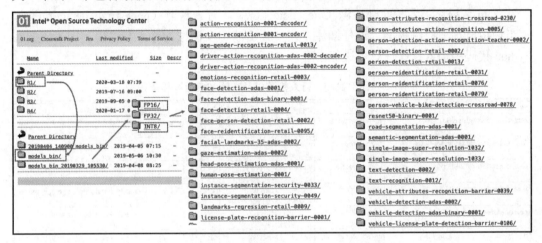

图 11-3

然后，单击最新文件夹（在本例中为 models_bin），将打开一个对话框，显示 FP16、FP32 或 INT8。对于某些型号，将不提供 INT8。

现在我们尝试了解这些参数的含义，以便可以根据自己的具体应用选择合适的参数。FP16 使用的是 16 位，而不像 FP32 那样使用的是 32 位，从而减少了训练和推理时间。另外，INT8 使用的是 8 位整数，这可用于权重、梯度和激活函数的神经网络训练。因此，在这 3 种方法中，INT8 应该是最快的一种，并且 Intel 声称它仍可保持准确率。

如果你想了解有关 Intel 使用的 8 位训练方法的更多信息，可参考论文 *Scalable Methods for 8-bit Training of Neural Networks*（《神经网络 8 位训练的可伸缩方法》）。该论文的网址如下。

https://arxiv.org/abs/1805.11046

为了在 Raspberry Pi 等边缘设备上更快地进行神经网络训练和预测，我们建议使用 FP16 或 INT8（如果有的话）。

Open Model Zoo 具有各种预先构建的模型，如用于面部检测、行人检测和自行车检测等的模型。这些模型已经过训练，因此本章仅出于推理目的使用这些模型。如果你想知道如何训练，则可以按照第 10 章 "使用 R-CNN、SSD 和 R-FCN 进行对象检测" 中描述的步骤，收集自己的数据、训练和构建模型。

接下来，我们介绍一些模型分类表。

11.4.10　人脸检测、行人检测和车辆检测

表 11-2 描述了各种面部检测（face detection）、行人检测（pedestrian detection）以及车辆和自行车检测模型。请仔细注意表中列出的每个模型的输入和输出，因为需要在 Python 代码中输入这些信息以进行推理。

表 11-2　面部检测、行人检测以及车辆和自行车检测模型

Model	Category	Input	Output	Note on output class
face-detection-adas-0001	face detection	image: [1xCxHxW]-shape [1x3x384x672]	blob [1, 1, N, 7]	[image_id, label, conf, x_min, y_min, x_max, y_max]
face-detection-adas-binary-0001	face detection	image: [1xCxHxW]-shape [1x3x384x672]	blob [1, 1, N, 7]	[image_id, label, conf, x_min, y_min, x_max, y_max]
face-detection-retail-0004	face detection	image: [1xCxHxW]-shape [1x3x300x300]	blob [1, 1, N, 7]	[image_id, label, conf, x_min, y_min, x_max, y_max]
face-detection-retail-0005	face detection	image: [1xCxHxW]-shape [1x3x300x300]	blob [1, 1, N, 7]	[image_id, label, conf, x_min, y_min, x_max, y_max]
person-detection-retail-0013	person & car detection	image: [1xCxHxW]-shape [1x3x320x544]	blob [1, 1, N, 7]	[image_id, label, conf, x_min, y_min, x_max, y_max]
pedestrian-detection-adas-0002	person & car detection	image: [1xCxHxW]-shape [1x3x384x672]	blob [1, 1, N, 7]	[image_id, label, conf, x_min, y_min, x_max, y_max]
pedestrian-detection-adas-binary-0001	person & car detection	image: [1xCxHxW]-shape [1x3x384x672]	blob [1, 1, N, 7]	[image_id, label, conf, x_min, y_min, x_max, y_max]
pedestrian-and-vehicle-detector-adas-0001	person & car detection	image: [1xCxHxW]-shape [1x3x384x672]	blob [1, 1, N, 7]	[image_id, label, conf, x_min, y_min, x_max, y_max]
vehicle-detection-adas-0002	person & car detection	image: [1xCxHxW]-shape [1x3x384x672]	blob [1, 1, N, 7]	[image_id, label, conf, x_min, y_min, x_max, y_max]
vehicle-detection-adas-binary-0001	person & car detection	image: [1xCxHxW]-shape [1x3x384x672]	blob [1, 1, N, 7]	[image_id, label, conf, x_min, y_min, x_max, y_max]
person-vehicle-bike-detection-crossroad-0078	person & car detection	image: [1xCxHxW]-shape [1x3x1024x1024]	blob [1, 1, N, 7]	[image_id, label, conf, x_min, y_min, x_max, y_max]
person-vehicle-bike-detection-crossroad-1016	person & car detection	image: [1xCxHxW]-shape [1x3x512x512]	blob [1, 1, N, 7]	[image_id, label, conf, x_min, y_min, x_max, y_max]
vehicle-license-plate-detection-barrier-0106	license plate	image: [1xCxHxW]-shape [1x3x300x300]	blob [1, 1, N, 7]	[image_id, label, conf, x_min, y_min, x_max, y_max]

原　　文	译　　文
Model	模型
Category	分类
Input	输入
Output	输出
Note on output class	关于输出类别的解释

可以看到，尽管模型类型不同，但是它们的输入在本质上是相同的。唯一的区别是输入图像的维度。输出也相同——它们都生成一个矩形边界框。

11.4.11　特征识别模型

表 11-3 描述了用于性别-年龄识别和情感识别（emotion-recognition）、面部特征（facial landmark）识别、车辆颜色和类型识别以及人员属性（person attribute）——例如衬衫、帽子和背包等识别的模型。请注意该表中列出的每个模型的输入和输出，因为这需要在 Python 代码中输入以进行推理。

表 11-3　特征识别模型分类

Model	Category	Input	Output	Note on output class
age-gender-recognition-retail-0013	attribute	image: [1xCxHxW]- shape [1x3x60x60]	"age_conv3", prob	age = age_conv3 *100
vehicle-attributes-recognition-barrier-0039	attribute	image: [1xCxHxW]- shape [1x3x72x72]	color, type	color classes [white, gray, yellow, red, green, blue, black], type classes [car, bus, truck, van]
emotion-recognition-retail-0003	attribute	image: [1xCxHxW]- shape [1x3x64x64]	prob	five emotions ('neutral', 'happy', 'sad', 'surprise', 'anger')
landmarks-regression-retail-0009	landmark	image: [1xCxHxW]- shape [1x3x48x48]	blob of shape [1,10]	5 landmarks normalized coordinates in the form (x0, y0, x1, y1, ..., x4, y4). Actual x value = normalized value* bounding box width, Actual y value = normalized value* bounding box height
facial-landmarks-35-adas-0002	landmark	image: [1xCxHxW]- shape [1x3x60x60]	blob of shape [1,70]	35 landmarks normalized coordinates in the form (x0, y0, x1, y1, ..., x34, y34). Actual x value = normalized value* bounding box width, Actual y value = normalized value* bounding box height
person-attributes-recognition-crossroad-0230	attribute	image: [1xCxHxW]- shape [1x3x160x80]	blob 453, blob 456, blob 459	blob 453 has 8 attributes [is_male, has_bag, has_backpack, has_hat, has_longsleeves, has_longpants, has_longhair, has_coat_jacket], blob 456 - top color, blob 459 bottom color

原　　文	译　　文
Model	模型
Category	分类
Input	输入
Output	输出
Note on output class	关于输出类别的解释

可以看到，这些模型的输入是相同的（不同模型只是维数不一样），但输出是不同的。对于面部特征，其输出可以是面部轮廓的 5 个点或 35 个点。对于人员属性（person attribute），其输出可以是 8 个属性中每个属性的二元结果（如是否为男性、是否有背包、是否戴着帽子、是否穿长袖、是否穿长裤、是否为长头发等），车辆属性可以是其颜色或类型，而情绪属性输出则可以是 5 个情绪类别中每个类别的概率。

11.4.12　动作识别模型

表 11-4 描述了用于姿势估计（pose estimation）和动作识别（action recognition）的模型分类。同样，你需要注意该表中列出的每个模型的输入和输出，因为这需要在 Python 代码中输入以进行推理。

表 11-4　姿势估计和动作识别模型分类

Model	Category	Input	Output	Note on output class
head-pose-estimation-adas-0001	pose estimation	image: [1xCxHxW]- shape [1x3x60x60]	angle_y_fc, angle_p_fc, angle_r_fc	yw, pitch, roll
person-detection-action-recognition-0005	action recognition	image: [1xCxHxW]- shape [1x3x400x680]	box coordinates in SSD format, detection confidence, prior box in SSD format, action confidence (anchor 1, 2, 3, 4)	
person-detection-action-recognition-0006	action recognition	image: [1xCxHxW]- shape [1x400x680x3]	box coordinates in SSD format, detection confidence, action confidence (anchor 1, 2, 3, 4, 5)	
person-detection-action-recognition-teacher-0002	action recognition	image: [1xCxHxW]- shape [1x3x400x680]	box coordinates in SSD format, detection confidence, prior box in SSD format, action confidence (anchor 1, 2, 3, 4)	
person-detection-raisinghand-recognition-0001	action recognition	image: [1xCxHxW]- shape [1x3x400x680]	box coordinates in SSD format, detection confidence, prior box in SSD format, action confidence (anchor 1, 2, 3, 4)	

原　　文	译　　文
Model	模型
Category	分类
Input	输入
Output	输出
Note on output class	关于输出类别的解释

在表 11-4 中可以看到，所有模型的输入结构均相同，只是图像的形状有所变化。姿势识别的输出将显示 3 个角度：偏航角（yaw）、俯仰角（pitch）和翻滚角（roll）。

11.4.13　车牌、注视和人员检测

表 11-5 显示了车牌识别（license plate recognition）、注视估计（gaze estimation）和人员检测（person detection）的多输入 Blob。

以下代码概述了前两张表的主要组成部分，即用于面部检测、人员检测、汽车检测和特征检测。下面对其进行仔细研究。

（1）访问以下 GitHub 链接以提取代码。

https://github.com/PacktPublishing/Mastering-Computer-Vision-with-TensorFlow-2.0/blob/master/Chapter11/Chapetr11_openvino_fd_video.py

表 11-5　车牌识别、注视估计和人员检测模型

Model	Category	Input	Output	Note on output class
license-plate-recognition-barrier-0001	license plate - 2 input	image: [1xCxHxW]- shape [1x3x24x94]; seq_ind - set this to [0, ,1, ,1 .. 1] 88 values	"decode", shape: [1, 88, 1, 1]	
person-detection-retail-0002	person detection 2 input	Two inputs: 1) image: [1xCxHxW] shape [1x3x544x992] 2) image_info shape [1,6] [544, 992, 992/frame_width, 544/frame_height, 992/frame_width, 544/frame_height]	blob [1, 1, N, 7]	[image_id, label, conf, x_min, y_min, x_max, y_max]
gaze-estimation-adas-0002	gaze estimation 3 input	three input blobs: 1) left eye image - [1xCxHxW] shape [1,3,60,60], 2) right eye image - [1xCxHxW] shape [1,3,60,60] 3) head pose angle - [BXC] shape [1,3]	gaze direction vector	output not normalized

原　　文	译　　文
Model	模型
Category	分类
Input	输入
Output	输出
Note on output class	关于输出类别的解释

（2）在导入 OpenCV 和捕获视频后，可以使用以下命令加载模型。它将加载人脸检测模型。

```
cvNet = cv2.dnn.readNet('face-detection-adas-0001.xml',
'face-detection-adas-0001.bin')
cvNet.setPreferableTarget(cv2.dnn.DNN_TARGET_MYRIAD)
```

（3）以下命令可用于加载面部特征检测模型。可以使用此命令打开前面列出的任何其他模型。唯一要记住的重要事项是，这些模型应该和执行的 Python 代码位于相同的目录中。

```
cvLmk = cv2.dnn.readNet('facial-landmarks-35-adas-0002.xml',
'facial-landmarks-35-adas-0002.bin')
cvLmk.setPreferableTarget(cv2.dnn.DNN_TARGET_MYRIAD)
```

（4）使用以下命令读取视频帧并定义该帧的行和列。

```
ret, frame = cam.read()
rows = frame.shape[0]
cols = frame.shape[1]
```

（5）使用 OpenCV 的 blobFromImage()函数从给定大小和深度的帧中提取一个四维
Blob。请注意，Blob 的大小应等于前面的表格中列出的相应模型中指定的输入大小。例
如，对于人脸检测模型（见表 11-2），Blob 输入大小为(672, 384)，因此该 Blob 表达式
可按以下方式编写。

```
cvNet.setInput(cv2.dnn.blobFromImage(frame, size=(672, 384),
ddepth=cv2.CV_8U))
cvOut = cvNet.forward()
```

对于面部特征检测模型（见表 11-3），Blob 输入大小为 (60, 60)，因此该 Blob 表达
式可按以下方式编写。

```
cvLmk.setInput(cv2.dnn.blobFromImage(frame, size=(60, 60),
ddepth=cv2.CV_8U))
lmkOut = cvLmk.forward()
```

完成上述步骤后，可以继续并绘制输出结果以进行可视化。这是由两个带嵌套循环
的 for 语句执行的。

❑　　第一个 for 语句使用 xmin、ymin、xmax 和 ymax 查找矩形边界框坐标，如果置
　　　信度 confidence > 0.5，则使用 cv2.rectangle 创建一个矩形。
❑　　第二个 for 语句在面部的边界框内绘制 35 个圆，其 x 和 y 坐标如下。

```
x = xmin + landmark output (i) * (xmax-xmin)
y = ymin + landmark output (i) * (ymax-ymin)
```

现在可以使用 cv2.circle 绘制圆。以下代码总结了这一原理，在其中绘制了面部特征。
请注意前面讨论的两个 for 语句。

```
# 在帧上绘制检测到的面部
for detection in cvOut.reshape(-1,7):
    confidence = float(detection[2])
  xmin = int(detection[3] * cols)
   ymin = int(detection[4] * rows)
   xmax = int(detection[5] * cols)
   ymax = int(detection[6] * rows)
   if confidence > 0.5 :
     frame = cv2.rectangle(frame, (xmin, ymin), (xmax, ymax), color=(255,
255, 255),thickness = 4)
  for i in range(0, lmkOut.shape[1], 2):
    x, y = int(xmin+lmkOut[0][i]*(xmax-xmin)),
ymin+int(lmkOut[0][i+1]*(ymax-ymin))
    # 绘制面部关键点
    cv2.circle(frame, (x, y), 1, color=(255,255,255),thickness = 4)
```

尽管这里介绍的代码讨论的是面部特征和人脸检测，但是，你完全可以使用相同的 Python 代码，稍作修改便可以执行其他任何类型的检测，如车牌、行人和自行车检测等。你要做的就是更改输入设置，然后调整 for 语句的值。

人脸关键点检测是一个涉及人脸检测和面部特征检测的复杂示例，这就是要使用两个 for 循环语句的原因。当然，在更简单一些的检测中（如车牌检测），你可能只需要使用一个 for 循环语句即可。

接下来，我们将讨论使用 OpenVINO 进行推理。

11.5　使用 OpenVINO 进行模型转换和推理

本节将讨论如何通过预训练模型或自定义训练模型来使用 OpenVINO 进行推理。推理是使用模型执行对象检测或分类的过程，它可以分为以下 3 个步骤。

（1）使用来自 NCAPPZOO 的预训练模型进行推理。

（2）将自定义模型转换为 IR 格式以进行推理。

（3）流程图中涉及的所有步骤的摘要。

在以下小节中我们将详细讨论这些步骤。

11.5.1　使用 NCAPPZOO 在终端中运行推理

如前文所述，用于 Raspberry Pi 的 OpenVINO 工具箱的安装方式与在普通计算机上的安装方式不同。在 Raspberry Pi 中的安装不包括 Model Optimizer。

Neural Compute Application Zoo（NCPAPPZOO）是一个开放源代码存储库。下面我们看看如何使用 NCAPPZOO。

（1）要使用 NCAPPZOO，请克隆 OpenVINO 的开源版本和深度学习开发工具包（deep learning development toolkit，DLDT），然后更改 PYTHONPATH。这样，模型优化器将被安装在 Raspberry Pi 中。以下代码块显示了这些步骤。

```
```
$cd ~
$git clone https://github.com/opencv/dldt.git
$ dldt/model-optimizer
$pip3 install -r requirements_tf.txt
$pip3 install -r requirements_caffe.txt
$export PATH=~/dldt/model-optimizer:$PATH
$export PYTHONPATH=~/dldt/model-optmizer:$PYTHONPATH
```
```

（2）使用以下命令克隆存储库。

```
$git clone https://github.com/movidius/ncappzoo.git
```

（3）转到 /ncappzoo/apps/，找到相关的 app 文件夹目录，然后执行以下命令。

```
$make run
```

这将打开一个窗口，可以在该窗口上显示图像推理。

11.5.2　转换预训练模型以进行推理

本节描述了转换自定义 TensorFlow 模型所涉及的步骤，该自定义 TensorFlow 模型是使用我们在第 6 章"迁移学习和视觉搜索"中开发的 TensorFlow Keras 对象分类模型创建的，或者也可以使用通过 TensorFlow 对象检测 API 创建的模型（详见第 10 章"使用 R-CNN、SSD 和 R-FCN 进行对象检测"）。

如果你已经计划使用 Intel 开源技术中心（Intel open source technology center）提供的经过预训练的优化模型，则 11.5.1 节"使用 NCAPPZOO 在终端中运行推理"的步骤也将是适用的。

接下来，我们将介绍如何使用两种类型的 TensorFlow 模型执行转换。

11.5.3　转换使用 Keras 开发的 TensorFlow 模型

本节介绍如何将 TensorFlow 模型转换为 OpenVINO IR 格式。有关更多信息，可访问以下链接。

https://docs.openvinotoolkit.org/latest/_docs_MO_DG_prepare_model_convert_model_Convert_Model_From_TensorFlow.html

这些步骤可总结如下。

（1）配置模型优化器。如本章开头所述，对于部署在边缘设备上的任何模型来说，都必须进行优化，这其实就是在不牺牲准确率的情况下删除所有不必要的组件。以下代码将在全局范围内执行此任务。

```
<INSTALL_DIR>/deployment_tools/model_optimizer/install_prerequisites
directory and run: $install_prerequisites.sh
```

（2）转换为冻结模型。请注意，我们在第 6 章"迁移学习和视觉搜索"中开发的模型并未冻结。

（3）将冻结的 TensorFlow 模型转换为 IR 形式。

模型的中间表示（intermediate representation，IR）由推理引擎读取。IR 是 OpenVINO 特定的图形表示。IR 表示的输出是我们已经熟悉的 xml 文件和 bin 文件。该转换是通过 mo.py 工具完成的，如以下代码所示。

```
Go to the <INSTALL_DIR>/deployment_tools/model_optimizer
directory in the Terminal and execute
$python3 mo_tf.py --input_model <INPUT_MODEL>.pb
```

在冻结模型开发过程中指定以下参数并理解它们非常重要，因为 mo.py 工具如果找不到这些参数的话，有时会产生错误。

❑　input_model：正在使用的预训练模型的名称。

❑　input_shape：如[1, 300, 300, 3]。

11.5.4　转换使用 TensorFlow 对象检测 API 开发的 TensorFlow 模型

本节将介绍如何转换使用 TensorFlow 对象检测 API 创建的冻结图（frozen graph）。如果模型是使用 TensorFlow 对象检测 API 开发的，那么详细的过程与在 11.5.3 节"转换使用 Keras 开发的 TensorFlow 模型"中介绍的过程有所不同。可以在以下网址中找到更多信息。

https://docs.openvinotoolkit.org/latest/_docs_MO_DG_prepare_model_convert_model_tf_specific_Convert_Object_Detection_API_Models.html

在第 10 章"使用 R-CNN、SSD 和 R-FCN 进行对象检测"中获得的模型已经冻结。请按照以下步骤进行转换。

（1）在转换之前，请参考以下链接来配置模型优化器。

https://docs.openvinotoolkit.org/latest/_docs_MO_DG_prepare_model_Config_Model_Optimizer.html

（2）现在我们已经可以进行转换了。准备的 3 个文件如下所示。

❑　模型的冻结推理图：这是一个扩展名为.pb 的文件，是通过使用自定义图像训练模型（R-CNN、SSD 或 R-FCN）而生成的。在本示例中，该文件名为 Frozen_inference_graph_fasterRCNN.pb。

❑　配置 JSON 文件：这是相应的 JSON 文件，描述了冻结的 TensorFlow 图的自定义属性、节点、端口、端点和起点。

❑　用于生成模型的配置文件：这与第 10 章"使用 R-CNN、SSD 和 R-FCN 进行对象检测"中通过 TensorFlow 对象检测 API 生成模型时使用的文件相同。例如，对于 R-CNN 模型，我们使用的是 fast_rcnn_inception_v2_pets.config。

完成上述步骤后，可在终端中执行以下代码。

```
$python3 mo_tf.py -- input_model frozen_inference_graph_fasterRCNN.pb --
transformations_config faster_rcnn_support_api_v1.14.json --
tensorflow_object_detection_api_pipeline_config
faster_rcnn_inception_v2_pets.config
```

在这里，你需要将扩展名为.pb 的文件替换为扩展名同样为.pb 的特定模型文件名。转换的结果将是一个 xml 文件和一个 bin 文件。

有了 xml 和 bin 文件后，即可使用 Python 文件按 11.4.9 节"高级推理"中的说明来测试模型。

ℹ️ 注意：

如果在训练时遇到问题，可使用以下链接中显示的 OpenVINO 论坛来查看类似问题的答案，也可以发布你的问题。

https://software.intel.com/en-us/forums/intel-distribution-of-openvino-toolkit

11.5.5　OpenVINO 模型推理过程总结

前面描述的整个模型推理过程可以用流程图 11-4 表示。

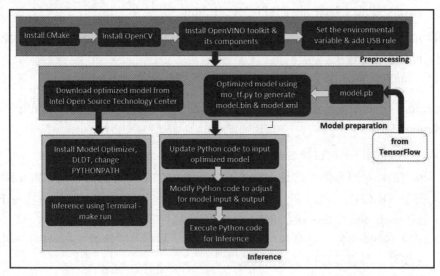

图 11-4

原　文	译　文
Install CMake	安装 CMake
Install OpenCV	安装 OpenCV
Install OpenVINO toolkit & its components	安装 OpenVINO 工具包及其组件
Set the environmental variable & add USB rule	设置环境变量并添加 USB 规则
Preprocessing	预处理
Download optimized model from Intel Open Source Technology Center	从 Intel 开源技术中心下载优化之后的模型
Install Model Optimizer,DLDT,change PYTHONPATH	安装 Model Optimizer、DLDT，改变 PYTHONPATH 设置
Inference using Terminal - make run	使用终端推理 make run
Optimized model using mo_tf.py to generate model.bin & model.xml	使用 mo_tf.py 优化模型以生成 model.bin 和 model.xml
Model preparation	模型准备
from TensorFlow	来自 TensorFlow
Update Python code to input optimized model	更新 Python 代码以输入优化后的模型
Modify Python code to adjust for model input & output	修改 Python 代码，以针对模型的输入和输出做出调整
Execute Python code for Inference	执行 Python 代码进行推理
Inference	推理

图 11-4 表明该过程可以分为 3 个关键部分。

（1）预处理步骤：在这里，我们将安装 OpenCV 并设置环境变量。

（2）模型准备：在这里，我们将模型转换为优化之后的模型格式。

（3）推理：这可以分为两种独立的方法。一是在终端上执行推理，方法是转到适当的目录并执行 make run；二是使用 Python 代码执行推理。

在 Intel 计算机上，所有这些步骤都很容易执行。但是，在 Raspberry Pi 环境中，使用 make run 命令在终端中进行操作可能会导致不同类型的错误。例如，有时它找不到 .bin 或 .xml 文件，或者有时环境变量未初始化或找不到 CMakeLists.txt 文件。

在 Raspberry Pi 中执行我们提供的 Python 代码不会产生任何此类问题。这也使我们对计算机视觉环境有了更好的了解，因为我们要做的只是获取模型，了解输入和输出，然后生成一些代码以便可以显示结果。

注意：

在继续 11.6 节"TensorFlow Lite 的应用"之前，我们首先总结到目前为止所学的模型优化技术，如下所示。

（1）批归一化操作与卷积操作相融合——OpenVINO 使用此方式。

（2）设置步幅大于 1 且滤波器大小为 1，移动卷积到上层卷积层。添加池化层以对齐输入形状——OpenVINO 使用此方式。

（3）将大型滤波器替换为两个小型滤波器，例如将 32 个 3×3×3 替换为 3 个 3×3×1 和 32 个 1×1×3——MobileNet 使用此方式。

11.6　TensorFlow Lite 的应用

TensorFlow Lite 是 TensorFlow 的深度学习框架，用于在边缘设备上进行推理。与 OpenVINO 相似，TensorFlow Lite 具有内置的预训练深度学习模块。或者，可以将现有模型转换为 TensorFlow Lite 格式以在设备上进行推理。

目前，TensorFlow Lite 为具有内置或外部摄像头的计算机、Android 设备、iOS 设备、Raspberry Pi 和微控制器提供了推理支持。有关 TensorFlow Lite 的详细信息，可访问以下网址。

https://www.tensorflow.org/lite

TensorFlow Lite 转换器采用 TensorFlow 模型并生成 FlatBuffer tflite 文件。FlatBuffer 文件是高效的跨平台库，可用于访问二进制序列化数据而无须解析。序列化的数据通常是文本字符串。二进制序列化数据是以字符串格式写入的二进制数据。有关 FlatBuffer 的详细信息，请参考以下链接。

https://google.github.io/flatbuffers/

TensorFlow 输出模型可以是以下类型。

❑ SavedModel 格式：保存的模型由 tf.saved_model 执行，输出为 save_model.pb。它是完整的 TensorFlow 格式，其中包括学习的权重和图结构。

❑ tf.keras 模型格式：tf.kears 模型是 tf.keras.model.compile 文件，在第 4 章"图像深度学习"和第 6 章"迁移学习和视觉搜索"中已经介绍过这些文件。

❑ 具体函数：具有单个输入和输出的 TensorFlow 图。

11.6.1　将 TensorFlow 模型转换为 tflite 格式

现在来看如何将 TensorFlow 模型转换为 tflite 格式。如果不这样做，那么我们开发的模型可以在本地计算机中用于推理，但不能部署到边缘设备中进行实时推理。

进行这种转换时，可采用以下 3 种方法。

❑　Python API，在本地计算机中用于 tflite 转换。

❑　在 Google Colab 中使用 tflite 转换。

❑　在 Google Colab 中使用 toco 转换。

由于这是一个对象检测转换，我们的模型是根据 TensorFlow 对象检测 API 开发的，因此将在 Google Colab 中使用 toco 方法。

接下来，我们将逐一介绍这 3 种方法。

11.6.2　Python API

Python API 使我们可以轻松使用 TensorFlow Lite 转换器。本节将介绍使用 tflite 转换器的 Python API。有关更多信息，可参考以下链接。

https://www.tensorflow.org/lite/convert/python_api

根据所使用的转换器类型，我们建议 3 种方法，即已保存的模型、Keras 模型或具体函数。以下代码显示了如何从 Python API 调用 tf.lite.TFLiteConverter 来转换 3 个模型（已保存的模型、Keras 模型或具体函数）。

```
$import tensorflow as tf
$converter = tf.lite.TFLiteConverter.from_saved_model(export_dir)
$converter = tf.lite.TFLiteConverter.from_keras_model(model)
$converter =
tf.lite.TFLiteConverter.from_concrete_functions([concrete_func])
tflite_model = converter.convert()
```

接下来，我们将学习如何在 Google Colab 中使用 tflite_convert 和 toco 这两种不同的方法来转换已训练的模型，这些模型是在第 10 章 "使用 R-CNN、SSD 和 R-FCN 进行对象检测" 中使用 TensorFlow 对象检测 API 开发的。

11.6.3　TensorFlow 对象检测 API——tflite_convert

在以下代码中，我们定义了冻结模型.pb 文件和相应的 tflite 文件的位置。然后，我们将 3 个 RGB 轴的每一个的输入彩色图像的大小调整为 (300, 300)，并将图像转换为归一化张量，然后将其变为转换的输入数组。有 4 个输出数组，它们的定义如下。

❑　TFLite_Detection_PostProcess——检测边界框。

❑　TFLite_Detection_PostProcess:1——检测类别。

❑　TFLite_Detection_PostProcess:2——检测得分。

❑　TFLite_Detection_PostProcess:3——检测的数量。

具体代码如下。

```
!tflite_convert \
--graph_def_file=/content/models/research/fine_tuned_model/
tflite_graph.pb \
--output_file=/content/models/research/fine_tuned_model/
burgerfries.tflite \
--output_format=TFLITE \
--input_shapes=1,300,300,3 \
--input_arrays=normalized_input_image_tensor \
--output_arrays=
'TFLite_Detection_PostProcess','TFLite_Detection_PostProcess:1',
'TFLite_Detection_PostProcess:2','TFLite_Detection_PostProcess:3' \
--change_concat_input_ranges=false \
--allow_custom_ops
```

11.6.4　TensorFlow 对象检测 API——toco

toco 代表的是 TensorFlow Optimized Convertor（TensorFlow 优化转换器）。要了解有关 toco 的详细信息，可访问以下 GitHub 页面。

https://github.com/tensorflow/tensorflow/tree/master/tensorflow/lite/toco

以下代码描述了如何使用 toco 转换 TensorFlow 模型。该代码的第一部分与我们之前所执行的操作相同，只不过我们使用的是 toco 而不是 tflite。后面的部分使用了量化的推理类型。量化（quantization）是一个过程，用于减小模型大小，同时改善硬件加速延迟。量化有不同的方法，详情可参考以下网址。

https://www.tensorflow.org/lite/performance/post_training_quantization

在本示例中，我们将使用完整的整数量化。这里没有使用反量化（dequantization），但是平均值和标准偏差值可用于确定推理代码中的定点乘数。

```
"!toco \\\n",
 "--
graph_def_file=\"/content/models/research/fine_tuned_model/
tflite_graph.pb \ " \\\n",
 "--
output_file=\"/content/models/research/fine_tuned_model/
burgerfries_toco.tflite\" \\\n",
 "--input_shapes=1,300,300,3 \\\n",
 "--input_arrays=normalized_input_image_tensor \\\n",
 "--
output_arrays='TFLite_Detection_PostProcess',
'TFLite_Detection_PostProcess:1','TFLite_Detection_PostProcess:2',
'TFLite_Detection_PostProcess:3' \\\n",
 "--inference_type=QUANTIZED_UINT8 \\\n",
 "--mean_values=128 \\\n",
 "--std_dev_values=128 \\\n",
 "--change_concat_input_ranges=false \\\n",
 "--allow_custom_ops"
```

有关进行训练和转换的 Google Colab Notebook 的详细信息，可访问以下网址。

https://github.com/PacktPublishing/Mastering-Computer-Vision-with-TensorFlow-2.0/blob/
master/Chapter11/Chapter11_Tensorflow_Training_a_Object_Detector_GoogleColab_tflite_
toco.ipynb

请注意，在两个模型之间，我们使用了 toco。原因是使用 tflite 时，转换后的模型不会在 Android 手机上检测到边界框。

TensorFlow 模型可以表示为已保存的模型或 Keras 模型。以下代码显示了如何将模型另存为保存的模型或 Keras 模型。

❑ 保存的模型：已保存的模型包括 TensorFlow 权重和检查点（checkpoint）。它由 model.save()函数启动。

```
tf.saved_model.save(pretrained_model, "/tmp/mobilenet/1/")
tf.saved_model.save(obj, export_dir, signatures=None, options=None)
```

❑ Keras 模型：以下代码描述了如何使用 history.fit 命令编译 Keras 模型并准备进行训练。请注意，我们在第 4 章"图像深度学习"和第 6 章"迁移学习和视觉搜索"中对此进行了编码练习。

```
model.compile(loss='sparse_categorical_crossentropy',
optimizer=keras.optimizers.RMSprop())
history = model.fit(x_train, y_train, batch_size=64, epochs=20)
model.save('path_to_my_model.h5')
```

11.6.5　模型优化

模型优化（model optimization）也称为量化（quantization），这可以通过训练之后的量化来执行，以提高 CPU/GPU 性能，而不会牺牲准确率。可使用以下方法执行优化过程。

- ❑　将浮点值优化为 8 位精度（针对大小进行优化）。
- ❑　使用微控制器的整数输入和输出进行完整的整数量化。
- ❑　上述两种方法的结合——使用 8 位动态量化，但任何输出均以浮点形式存储。
- ❑　还有一种动态优化方法是修剪（pruning），可在训练过程中从神经网络中消除值很低的权重。可以通过以下代码行启动它。

```
from tensorflow_model_optimization.sparsity import keras as
sparsity
pruning_params = {
   'pruning_schedule':
sparsity.PolynomialDecay(initial_sparsity=0.50,
                               final_sparsity=0.90,
                               begin_step=end_step/2,
                               end_step=end_step,
                               frequency=100)
}

l = tf.keras.layers
sparsity.prune_low_magnitude(l.Conv2D(64, (3, 3),
activation='relu'),**pruning_params
```

有关模型优化的详细信息，请访问 TensorFlow 网站，其网址如下。

https://www.tensorflow.org/lite/performance/post_training_quantization

ℹ️ 注意：

在 11.6.4 节 "TensorFlow 对象检测 API——toco" 中讨论了通过 Google Colab 使用 toco 转换器优化对象检测模型的操作。

在下面的代码中，我们将优化已保存模型的大小，从而将最终输出模型减小到其原始大小的 1/3 或 1/4。

```
import tensorflow as tf
converter = tf.lite.TFLiteConverter.from_saved_model(saved_model_dir)
converter.
optimizations = [tf.lite.Optimize.OPTIMIZE_FOR_SIZE]
tflite_quant_model = converter.convert()
```

以下代码描述了完整的整数量化以及大小的优化。

```
import tensorflow as tf
converter = tf.lite.TFLiteConverter.from_saved_model(saved_model_dir)
converter.target_spec.supported_ops = [tf.lite.OpsSet.TFLITE_BUILTINS_INT8]
converter.inference_input_type = tf.uint8
converter.inference_output_type = tf.uint8

converter.optimizations = [tf.lite.Optimize.OPTIMIZE_FOR_SIZE]
tflite_quant_model = converter.convert()
```

11.7　使用 TensorFlow Lite 在 Android 手机上进行对象检测

本节将介绍部署 TensorFlow Lite 转换模型所需的步骤。或者，你可以按照以下链接中的说明构建示例应用程序。

https://github.com/tensorflow/examples/tree/master/lite/examples/image_classification/android

有关在 Android 手机上进行对象检测的详细流程如图 11-5 所示。

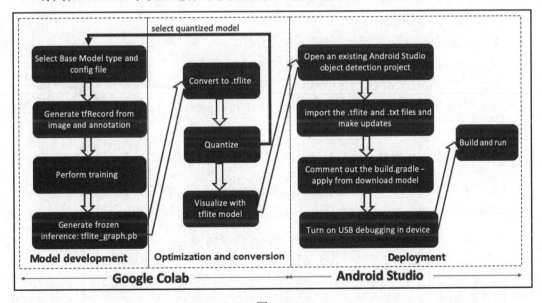

图 11-5

原　　　文	译　　　文
Select Base Model type and config file	选择基础模型类型和配置文件
Generate tfRecord from image and annotation	通过图像和注解生成 tfRecord
Perform training	执行训练
Generate frozen inference: tflite_graph.pb	生成冻结推理：tflite_graph.pb
Model development	模型开发
select quantized model	选择量化后的模型
Convert to .tflite	转换为.tflite
Quantize	量化
Visualize with tflite model	使用 tflite 模型可视化
Optimization and conversion	优化和转换
Open an existing Android Studio object detection project	打开现有的 Android Studio 对象检测项目
import the .tflite and .txt files and make updates	导入.tflite 和.txt 文件并更新
Comment out the build.gradle - apply from download model	将 build.gradle 中的以下语句注释掉： apply from download model
Turn on USB debugging in device	打开设备中的 USB 调试
Build and run	生成并运行
Deployment	部署

我们需要以下两个文件。

❑　　TensorFlow Lite 转换后的.tflite 格式的文件。

❑　　显示类别的更新后的 labelmap.txt 文件。

.tflite 文件可直接来自 Google Colab（这在第 11.6.4 节"TensorFlow 对象检测 API——toco"中已有介绍）。lablemap.txt 文件来自 label_map.pbtxt 文件，仅列出了类别的名称。

🛈 注意：

可在以下 GitHub 页面上找到示例文件。

https://github.com/PacktPublishing/Mastering-Computer-Vision-with-TensorFlow-2.0/blob/master/burgerfries_toco.tflite

在 Android 手机中采用 tflite 模型并生成推理的步骤如下。

（1）在汉堡和薯条示例中，.txt 文件将具有一列和两行，如下所示。

```
burger
fries
```

（2）将这两个文件放在计算机的同一目录中。打开 Android Studio。如果你以前从未使用过 Android Studio，则可从以下网址中下载。请按照该网站上提供的下载说明进行操作。

https://developer.android.google.cn/

（3）下载完成后，在 Mac 或 Windows 系统上，双击将其打开。对于 Linux，则必须转到终端并导航至 android-studio/bin 目录，然后输入./studio.h。

（4）通过在终端中输入以下命令来下载一些示例。

```
git clone https://github.com/tensorflow/examples
```

（5）启动 Android Studio，然后打开一个现有项目，将文件夹设置为 examples/lite/examples/object_detection/android。

（6）在 Android Studio 项目中，转到应用程序，然后转到 assets，如图 11-6 所示。

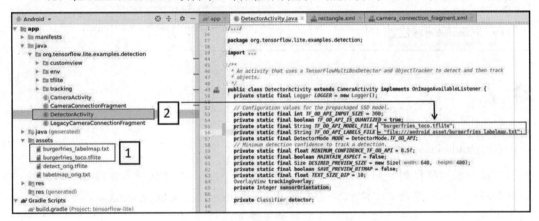

图 11-6

（7）右击 assets 文件夹，然后从弹出的快捷菜单中选择 Show in Files（在文件中显示）。将第一步中创建的.tflite 和.txt 文件拖曳到 assets 目录中。

关闭该文件夹，然后返回 Android Studio。

（8）双击.txt 文件将其打开，并在顶部添加新行。用???填充。如此处理之后，.txt 文件将为这两个类别提供以下 3 行。

```
???
Burger
fries
```

（9）选择 Java，然后选择 Tracking（跟踪），并双击 DetectorActivity。将.tflite 和.txt

文件的名称更改为其实际名称，如图 11-6 中的步骤 2 所示。接着单击 build.gradle，如图 11-7
所示。

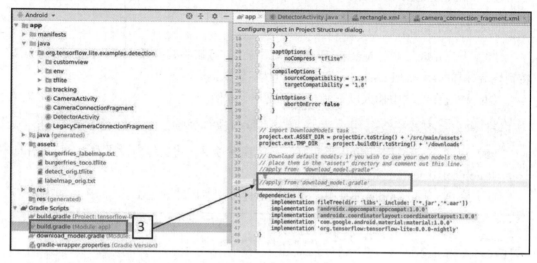

图 11-7

ℹ️ **注意：**

对于 .txt 文件，请保留路径，即：

file:///android_asset/burgerfries_labelmap.txt

稍后，我们将提到，如果未使用 toco 生成 .tflite 文件，那么保留上述路径将导致应用
程序崩溃。为防止崩溃，可以仅保留文件名（如 burgerfries_labelmap.txt）。

当然，要注意的是，这不会为检测到的图像创建边界框。

（10）将 //apply from: 'download_model.gradle' 语句注释掉。验证依赖项是否出现，如
图 11-7 步骤（3）所示。

（11）使用 USB 连接线将 Android 设备连接到计算机。转到你的设备，然后在 Settings
（设置）下单击 Developer options（开发人员选项）以确保其已打开。接着打开 USB 调
试。对于许多 Android 手机，此选项会自动显示。

（12）单击顶部的 Build（生成），然后单击 Make Project（生成项目）。在 Android
Studio 完成编译后（查看屏幕底部以了解所有活动是否已完成），单击 Run（运行），然
后单击 Run app（运行应用程序）。该应用程序将被下载到你的设备上。此时一个选项框
将出现在你的设备上。单击 OK 即可运行该应用程序。图 11-8 显示了该应用程序工作时
的图像。

图 11-8

可以看到，该手机能够以非常高的准确率清晰地检测到汉堡和薯条的真实图像。Android 应用程序部署练习至此结束。

11.8　使用 TensorFlow Lite 在 Raspberry Pi 上进行对象检测

Python quickstart 软件包列在 TensorFlow Lite 下。

https://www.tensorflow.org/lite/guide/python

它描述了如何为 Raspberry Pi 安装 TensorFlow Lite 软件包。但是，也有几个值得注意的例外。因此，接下来我们将介绍整个过程。

（1）请安装 TensorFlow Lite 解释器。Raspberry Pi 已安装 ARM7 和 Python3.7，因此在终端中可运行以下两个命令。

```
$sudo su
$pip3 install tflite_runtime-1.14.0-cp37-cp37m-linux_armv7l.whl
```

（2）根据 TensorFlow Lite 官方的说明文档，我们需要在 label_image.py 文件中进行一些更改。该说明文档的链接如下。

https://github.com/tensorflow/tensorflow/tree/master/tensorflow/lite/examples/python

具体修改如下。

```
$import tflite_runtime.interpreter as tflite,
$interpreter = tf.lite.Interpreter(model_path=args.model_file)
```

ℹ **注意：**

当在 Raspberry Pi 4 中进行了这些更改并且在终端中通过输入 python3 label_image.py 执行代码时，将发生错误，它指出 Python 找不到 TensorFlow Lite 解释器（实际上已经安装了）。

对 Raspberry Pi 3 重复上述步骤时，不会发生该错误。

（3）按照以下链接提供的步骤安装 TensorFlow Lite 目录和文件。

https://github.com/tensorflow/examples.git

（4）如果一切顺利，则应该在 Raspberry Pi 中有一个名为 pi/examples/lite/examples 的目录。在该文件夹中，你应该具有以下目录：image_classification、object_detection、image_segmentation、posenet 和 style_transfer 等。

（5）我们将在 Raspberry Pi 上执行两个示例：一个用于图像分类，另一个用于对象检测。

11.8.1　图像分类

现在可执行以下步骤进行图像分类。

（1）使用 File Manager（文件管理器）转到 image_classification 目录，如下所示。

```
pi/examples/lite/examples/image_classification/raspberry_pi
```

你将看到一个名为 classify_picamera.py 的文件。

现在，转到以下网址。

https://www.tensorflow.org/lite/guide/hosted_models

从该网址中下载对象检测模型文件夹，在该文件夹中包含两个文件：mobilenet_v2_1.0_224.tflite（对象检测模型）和 labels_mobilenet_v2_1.0_224.txt（标记文件）。将这些文件复制到以下目录中。

```
pi/examples/lite/examples/image_classification/raspberry_pi
```

（2）在终端上转到 pi/examples/lite/examples/image_classification/raspberry_pi 目录中，

然后执行以下命令。

```
$Python3 classify_picamera.py -model mobilenet_v2_1.0_224.tflite
 -labels labels_mobilenet_v2_1.0_224.txt
```

（3）此时你应该看到 Raspberry Pi 摄像头模块亮起并开始对图像进行分类。

11.8.2　对象检测

在 Raspberry Pi 上安装 TensorFlow Lite 之后，即可执行对象检测。

请按以下步骤操作。

（1）使用 File Manager（文件管理器）转到对象检测目录，如下所示。

```
pi/examples/lite/examples/object_detection/raspberry_pi
```

此时你将看到一个名为 detect_picamera.py 的文件。

（2）转到以下网址。

https://www.tensorflow.org/lite/guide/hosted_models

从该网址中下载名为 coco_ssd_mobilenet_v1_1.0_quant_2018_06_29 的文件夹。在此文件夹中，你将看到两个文件，即 detect.tflite 和 labelmap.txt。

（3）将这些文件复制到以下目录中。

```
pi/examples/lite/examples/object_detection/raspberry_pi
```

（4）在终端上转到 pi/examples/lite/examples/object_detection/raspberry_pi 目录中，然后执行以下命令。

```
$Python3 detect_picamera.py -model detect.tflite -labels
labelmap.txt
```

现在，你应该看到 Raspberry Pi 摄像头模块点亮，并开始在图像周围显示边界框。

（5）将 burgerfries.tflite 和 labelmap 文件复制到该文件夹中。然后，更改上述命令行中显示的 Python 路径以反映你的新文件名并执行它。图 11-9 是用于 object_detection 的图像。

这里有以下 3 件事要注意。

❑　当在 Raspberry Pi 中使用了广角摄像头时，无法正确检测食物。

❑　转移到常规 Raspberry Pi 摄像头上时，能够检测到如图 11-9 所示的内容。

❑　此处显示的检测效果不如使用手机时好，并且存在时滞。

图 11-9

本示例清楚地显示了相同模型在不同设备上的行为方式的不同。

ℹ️ **注意:**

在 2020 年 TensorFlow 开发峰会上，TensorFlow 工程师宣布将显著改善以下计算的延迟。

- ❑ 浮点 CPU 执行从 55ms 优化至 37ms。
- ❑ 量化定点 CPU 执行从 36ms 优化至 13ms。
- ❑ OpenCL 浮点 16 位（Float 16）GPU 执行从 20ms 优化至 5ms。
- ❑ 量化定点边缘 TPU 执行优化为 2ms。

在进行此更改之前，对仅具有 CPU 的 Raspberry Pi 进行了测试。因此，由于上述更改，你应该在 Raspberry Pi 上看到性能上的改进。TF Lite 2.3 将带来进一步的改进。

11.9　使用 TensorFlow Lite 和 Create ML 在 iPhone 上进行对象检测

到目前为止，我们已经学习了如何将 TensorFlow 模型转换为 tflite 格式并在 Android 手机和 Raspberry Pi 上进行推理。本节将介绍使用 tflite 模型在 iPhone 上执行推理。

iPhone 或 iPad 上的对象检测可以遵循两条不同的路径，接下来将逐一详细介绍。

11.9.1　适用于 iPhone 的 TensorFlow Lite 转换模型

本节将介绍如何在 iPhone 上使用 tflite 模型进行对象检测。你也可以参阅以下 GitHub 页面上的说明。

https://github.com/tensorflow/examples/tree/master/lite/examples/image_classification/ios

本质上，该过程可分为以下步骤。

（1）此过程应在安装有最新版本 Xcode 的 macOS 上完成。此外，你还应该具有 Apple 开发者证书。

（2）在终端中，运行 Xcode 的命令行工具。

```
run xcode-select --install
```

请注意，即使你已经安装了 Xcode，也需要完成此步骤。

（3）在终端中输入以下命令。

```
git clone https://github.com/tensorflow/examples.git
```

（4）通过在终端中输入以下命令来安装 cocoapods。

```
$sudo gem install cocoapods
```

（5）调用最终目录 examples-master 或 examples（TensorFlow 示例将被安装在其中）。进入相应的文件夹地址。

```
$cd examples-master/lite/examples/object_detection/ios
```

（6）在终端中，输入以下命令。

```
$pod install
```

（7）上述过程将执行 3 个主要任务。

❑　在 Xcode 中安装 TensorFlow Lite。

❑　在你的文件夹中创建一个名为 ObjectDetection.xcworkspace 的文件。

❑　自动启动 Xcode 并打开 ObjectDetection 文件。

图 11-10 显示了在 Pod 安装过程中你将在终端中看到的注释。

（8）在 Xcode 的签名部分，选择你的开发团队。

（9）对应用程序进行如图 11-11 所示的更改。

```
$ cd examples-master/lite/examples/object_detection/ios
$ pod install
Analyzing dependencies
Adding spec repo `trunk` with CDN `https://cdn.cocoapods.org/`

CocoaPods 1.9.0.beta.2 is available.
To update use: `sudo gem install cocoapods --pre`
[!] This is a test version we'd love you to try.

For more information, see https://blog.cocoapods.org and the CHANGELOG for this version at https:
//github.com/CocoaPods/CocoaPods/releases/tag/1.9.0.beta.2

Downloading dependencies
Installing TensorFlowLiteC (2.1.0)
Installing TensorFlowLiteSwift (2.1.0)
Generating Pods project
Integrating client project

[!] Please close any current Xcode sessions and use `ObjectDetection.xcworkspace` for this projec
t from now on.
Pod installation complete! There is 1 dependency from the Podfile and 2 total pods installed.
```

图 11-10

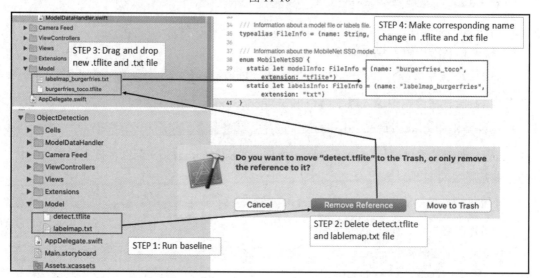

图 11-11

原　　　文	译　　　文
STEP 1: Run baseline	步骤 1：运行基础模型
STEP 2: Delete detect.tflite and lablemap.txt file	步骤 2：删除 detect.tflite 和 lablemap.txt 文件
STEP 3: Drag and drop new.tflite and .txt file	步骤 3：拖放 new.tflite 和 .txt 文件
STEP 4: Make corresponding name change in .tflite and .txt file	步骤 4：在 .tflite 和 .txt 文件中做出相应的名称修改

图 11-11 中演示的操作说明了如何修改原有的 detect.tflite 和 labelmap.txt 文件。请注意，如果你不进行任何更改，而是通过将手机连接到 macOS 来运行 Xcode，那么它将显示一个常规检测器，如图 11-12 所示。

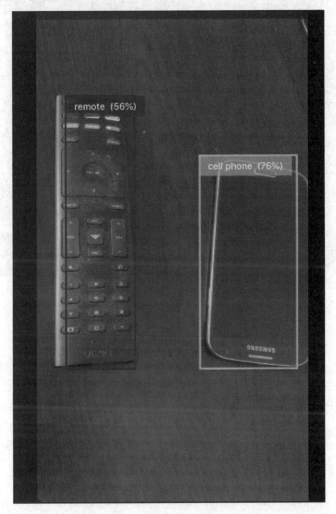

图 11-12

要更改你的特定模型，可右击以删除旧模型，然后通过拖放操作安装新模型，并对代码内的文件名进行必要的更改（详见图 11-11 中的步骤 1～步骤 4）。

图 11-13 显示了新模型的输出结果。

可以看到，即使图像已旋转也清楚地显示出很好的检测效果。

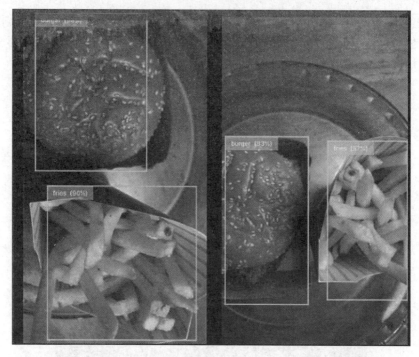

图 11-13

11.9.2　Core ML

Core ML 是 Apple 的机器学习（machine learning，ML）框架，该框架集成了来自 TensorFlow 等各种来源的神经网络模型，并可在必要时对其进行转换，优化 GPU/CPU 性能以在设备上进行训练和推理，同时最大程度地减小应用程序的大小和功耗。

在 2019 年 Apple 全球开发者大会（WWDC）中引入的 Core ML 3 更新了设备上特定用户数据的神经网络模型，从而消除了从设备到云端的交互并最大程度地提高了用户隐私。有关更多信息，可访问以下网址。

https://developer.apple.com/machine-learning/core-ml

Core ML 本身建立在诸如 Accelerate 和 BNNS 以及 Metal Performance Shaders（MPS）之类的低级框架之上。所有 Core ML 模型均具有.mlmodel 扩展名。

Core ML 的核心部分是 Create ML，它是一个 Apple 机器学习框架，用于图像分类和对象检测。该系统类似 TensorFlow，但使用零编码生成模型更容易。在 macOS 上，打开 Xcode 并导入.mlmodel，如图 11-14 所示。

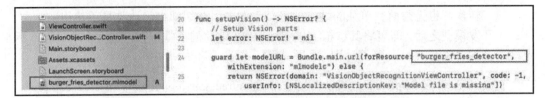

图 11-14

现在，Create ML 中的整个模型开发过程仅涉及以下 3 个步骤。

（1）准备数据——输入文件。

（2）将数据拖曳到 Create ML 中，然后单击 Train（训练）。

（3）保存模型并分析数据。

值得一提的是，作者找不到将模型保存到桌面的方法，因此只好通过电子邮件将它发送给自己，这样也算是保存了文件。

图 11-15 显示了 Create ML 中的训练过程。

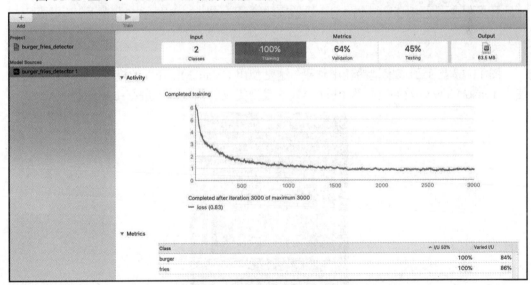

图 11-15

有关图 11-15 的一些关键要点如下。

❑ 最终的训练损失为 0.83，这表明结果非常好——任何低于 1 的值都应表明检测良好。请注意，这是仅使用 68 幅图像获得的，这表明不需要大量图像即可开发出良好的神经网络模型。

❑ 与 TensorFlow 相比，使用 Create ML 开发模型非常容易——绝对零编码，无须转换，也无须前往单独的站点即可查看图表。一切都很简洁且易于使用。

在开发模型之后，即可将其移植到以下用 Swift 编写的视觉框架。它将使用边界框标记检测到的对象。

https://developer.apple.com/documentation/vision/recognizing_objects_in_live_capture

以下是有关应用程序开发的一些注意事项。

- ❑ 你必须具有 Apple 开发者账号和团队才能登录 Xcode。
- ❑ 你需要删除现有模型并将最新模型拖曳到 Xcode 中，如图 11-16 的左侧所示。
- ❑ 完成此操作后，转到 ViewController.swift 并将默认模型名称重命名为你的新模型名称，如图 11-16 的右侧所示。最后，生成模型并在 iPhone 上运行。

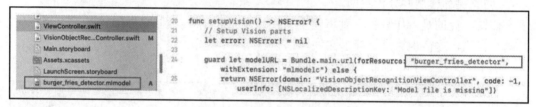

图 11-16

图 11-17 显示了该模型的输出结果。这是使用 Create ML 开发的模型，你可以将它与使用 TensorFlow 开发并转换为.tflite 形式的模型提供的检测结果进行比较。

图 11-17

11.9.3　将 TensorFlow 模型转换为 Core ML 格式

转换器仅转换 TensorFlow 模型的一部分。完整的 MobileNet-SSD TF 模型包含以下 4 个子图（Subgraph）。

❑　Preprocessor。

❑　FeatureExtractor。

❑　MultipleGridAnchorGenerator。

❑　Postprocessor。

Core ML 工具仅转换模型中的 FeatureExtractor 子图，其他任务则必须由开发人员自行转换。

11.10　各种注解方法的摘要

图像注解（annotation）是对象检测或分割的核心部分。就神经网络开发中的手动工作而言，这部分是最烦琐的。在前面的章节中，我们介绍了用于注解的 3 个工具：LebelImg、VGG Image Annotator 和 RectLabel。当然，还有许多其他工具也可使用，如 Supervisely 和 Labelbox。其中一些工具还支持执行半自动注解。

最大的挑战是创建 100000 个注解，并在像素级准确率内正确地进行注解。如果注解不正确，那么所开发的模型也将不正确，并且想要在 100000 幅图像中找到不正确的注解就像大海捞针一样困难。

对于大型项目来说，注解工作可以分为以下两类。

❑　将标注工作外包给第三方。

❑　自动或半自动标注。

接下来，我们将讨论这两种方法。

11.10.1　将标注工作外包给第三方

许多企业将标注工作作为其核心业务模式之一。每个云服务提供商都愿意与人工做标注者合作，为神经网络开发工作执行准确的图像标注服务。以下是有关在哪里可以找到第三方数据标注服务的一些信息。请注意，此列表并不全面，因此你也可以在此列表之外进行自己的研究或搜索，以找到适合你需求的数据标注服务。

❑ Google Cloud——数据标注。有关详细信息，可访问以下网址。

　　https://cloud.google.com/ai-platform/data-labeling/docs

❑ Amazon Sagemaker Ground Truth——使用 Amazon Mechanical Turk 进行数据标注。有关详细信息，请访问以下网址。

　　https://aws.amazon.com/sagemaker/groundtruth

❑ Hive AI 数据标注服务。有关详细信息，请访问以下网址。

　　https://thehive.ai

❑ Cloud Factory 数据标注服务。有关详细信息，请访问以下网址。

　　https://www.cloudfactory.com

数据标注服务的成本可能会很高。

11.10.2　自动或半自动标注

本节将讨论一个完全免费的自动注解工具，它应该可以在一定程度上减少人工标注的工作量。这是 Intel 的 Computer Vision Annotation Tool（CVAT），它很有发展潜力，仅通过加载模型就可以执行完整的自动注解作为起点。可在以下链接中找到有关该工具的更多信息。

https://software.intel.com/zh-cn/articles/computer-vision-annotation-tool-a-universal-approach-to-data-annotation

该工具可以为边界框、多边形和语义分割创建注解，并且还可以执行自动注解。该工具可以将注解输出为 VOC XML、JSON TXT 或 TFRecord 文件。这意味着，如果你使用该工具，则无须将图像转换为 TFRecord 形式——你可以直接训练神经网络。

请按照以下步骤学习如何使用该工具。

（1）执行必要的安装。所有操作均在终端中执行，包括安装 Docker、构建 Docker 镜像以及克隆 CVAT 源代码。有关详细信息，可访问以下网址。

https://github.com/opencv/cvat/blob/master/cvat/apps/documentation/installation.md

（2）转到以下链接，安装已经在 Coco 数据集上训练过的 Faster R-CNN ResNet

Inception Atrous 模型。

https://github.com/opencv/cvat/blob/master/components/tf_annotation/README.md

（3）安装 OpenVINO 模型。如果你使用的是 TensorFlow，则无须安装 OpenVINO 模型——可直接转到步骤（4）。当然，如果要使用 Intel Open Model Zoo 中的模型或自定义模型，则请按照以下链接中的说明进行操作。

https://github.com/opencv/cvat/blob/master/cvat/apps/auto_annotation/README.md

（4）打开 Google Chrome 浏览器，在地址栏中输入 localhost: 8080，将打开 CVAT。请注意，CVAT 当前仅可在 Google Chrome 浏览器上使用。

（5）从下拉列表中选择你的模型，如图 11-18 所示。

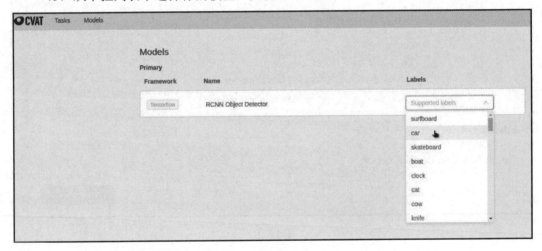

图 11-18

对于 TensorFlow 来说，只有一种模型可供选择。但是，你仍然需要从下拉列表中选择类别，如图 11-18 所示。请注意，你可以选择多个类别，但它不会显示所选的类别。

（6）单击 Tasks（任务）创建一个任务。在 Name（名称）框中输入任务名称。然后，命名所有类别并添加所有图像，如图 11-19 所示。

在图 11-19 中，我们已上传了 9 幅图像。然后，单击 Submit（提交）按钮，这将创建任务。你可以给不同的人分配不同的任务。

（7）在 Task（任务）下，单击新菜单栏，然后选择 Automatic Annotation（自动注解）。你将看到一个菜单栏，显示其进度。

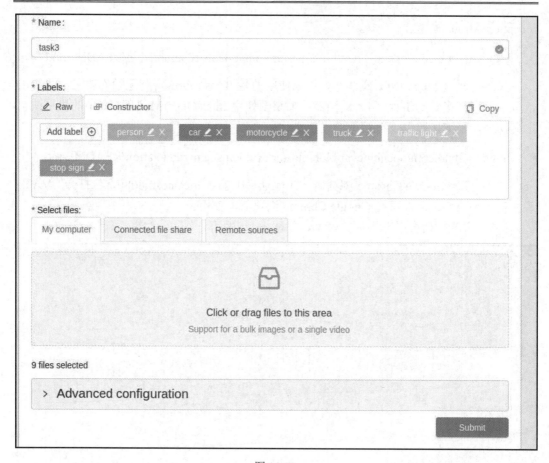

图 11-19

（8）完成自动注解后，单击 Job #（作业编号），你会看到所有图像都有注解。图 11-20 显示了所有上传的 9 幅图像的自动注解报告。

在上面的示例中，我们一次性批量加载了所有 9 幅图像，以演示自动化过程的有效性。它正确检测了所有对象（汽车、人、卡车和摩托车）。在某些情况下，该模型没有绘制交通信号灯和停车标志。因此，在此示例中，仅需手动注解交通信号灯和停车标志；我们可以将工具用于所有其他对象。

接下来，我们可以按 VOC XML 格式获取该工具的输出，并将图像以及.xml 文件加载到 labelImg 工具中，以给边界框添加注解。图 11-21 显示了该操作的结果。可以看到，该示例实际上是图 11-20 中左下角的图像。

图 11-20

图 11-21

可以看到，该工具的自动标注工作还是比较准确的。目前该工具仍在不断更新。

ⓘ 注意：

我发现了与该工具有关的一个问题：它的输出不一致。这意味着对于某些图像，它将绘制边界框注解，而对于其他图像，则不会。我通过移动到另一台 Linux 计算机并重新安装 CVAT 来解决了此问题。

要在当前计算机上解决此问题，可以在当前 CVAT 目录中卸载 Docker，删除 CVAT 文件夹，并确保端口 8080 没有被其他程序调用。然后，你可以重新安装 CVAT。

11.11　小　　结

本章学习了如何在网络的最远边缘开发和优化卷积神经网络模型。神经网络的核心是需要训练的大量数据，但是最后，它可以提供一个模型，该模型能够在无须人工干预的情况下完成任务。

在前面的章节中，我们阐释了必要的理论和目前已实现的模型，但从未进行任何实际练习。在实践中，摄像头可用于监控系统、监视机器性能或评估手术过程。在上述情况下，嵌入视觉都用于在实时设备上进行数据处理，这需要在边缘设备上部署更小、更高效的模型。

本章介绍了各种单板计算机和加速器的性能，从而使你能够针对特定应用选择哪种设备做出明智的决定。

我们学习了如何使用 OpenVINO 工具包和 TensorFlow Lite 来设置 Raspberry Pi 并在其上部署神经网络。这样做的目的是在设备上进行推理。

我们还学习了如何将 TensorFlow 模型转换为 TensorFlow Lite 模型并将其部署在 Android 和 iOS 设备上。

我们还了解了 Apple 的 Core ML 平台，并使用 Create ML 训练神经网络以开发对象检测器模型。然后，我们将其与 TensorFlow Lite 对象检测器模型进行了比较。

最后，本章还简要介绍了图像注解和自动注解方法。

第 12 章"用于计算机视觉的云计算平台"将学习如何使用云处理来训练神经网络，然后将其部署在设备上。

第 12 章　用于计算机视觉的云计算平台

云计算使用互联网从远程硬件中广泛收集数据。此类数据存储是使用云平台完成的。对于计算机视觉来说，数据主要是图像、注解文件和结果模型。云平台不仅存储数据，而且还执行训练、部署和分析。

云计算与边缘计算的不同之处在于，我们无须在基础设施上进行投资，并且几乎可以立即获得较好的分析速度，这在第 11 章"通过 CPU/GPU 优化在边缘设备上进行深度学习"中已经解释过。

本章将学习如何在 Google 云平台（Google cloud platform，GCP）、Amazon Web Services（AWS）和 Microsoft Azure 云平台中打包应用程序以进行训练和部署。你将学习如何准备数据、将数据上传到云数据存储以及如何监视训练。

本章还将介绍如何将图像或图像向量发送到云平台进行分析，并获得 JSON 响应。我们将讨论单个应用程序以及如何在计算引擎上运行分布式 TensorFlow。训练完成后，本章将讨论如何评估模型并将其集成到应用程序中以进行大规模操作。

本章包含以下主题。

❑　在 GCP 中训练对象检测器。

❑　在 AWS SageMaker 云平台中训练对象检测器。

❑　在 Microsoft Azure 云平台中训练对象检测器。

❑　大规模训练和打包。

❑　基于云的视觉搜索背后的总体思路。

❑　分析各种云平台中的图像和搜索机制。

12.1　在 GCP 中训练对象检测器

在前两章中，我们学习了如何设置 Google Colab 以使用 SSD、R-CNN、R-FCN、Inception 和 MobileNet 作为骨干预训练网络来训练自定义对象检测器。我们的示例网络仅用于检测汉堡和薯条。本节将学习如何使用 Google 云平台（GCP）执行相同的任务。有关该操作的详细说明，可访问以下网址。

https://medium.com/tensorflow/training-and-serving-a-realtime-mobile-object-detector-in-

30-minutes-with-cloud-tpus-b78971cf1193

　　在我们的示例中有一些必须精简的部分，并且需要添加其他详细信息才能使其在我们的 Ubuntu 计算机上正常工作。以下小节提供了使用 Google 云平台（GCP）训练对象（目标）探测器的分步过程。

注意：

　　本节涉及许多将本地终端连接到 GCP 的步骤，有时信息流可能会引起混乱。建议在本节开始之前仔细阅读本节末尾提供的流程图。在 AWS Sagemaker 云平台中训练对象检测器，以理解常规信息流。

12.1.1　在 GCP 中创建项目

　　本节将在 GCP 中创建一个项目。一个项目包括账单、数据存储、API、身份验证和团队成员信息，以开始你的训练工作。

　　Google 云平台（GCP）是 Google 的机器学习平台，用于存储、构建、训练和部署模型。你需要通过以下网址登录到 GCP 控制台。

https://console.cloud.google.com

　　首先使用你的 Gmail ID 和密码登录，将看到如图 12-1 所示的控制台。

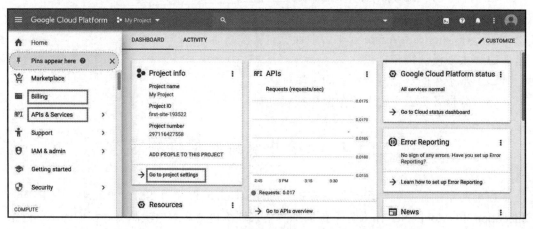

图 12-1

　　进入控制台后，请花一些时间来熟悉各种选项。特别是，你必须填写有关 Billing（账单）、API 和项目设置的信息。下面将提供详细说明。

12.1.2　GCP 设置

如前文所述，转到 https://console.cloud.google.com 设置 GCP 并使用你的 Gmail 账号登录。在图 12-1 中，有 3 个矩形框，它们是需要设置的 3 个主要部分，概述如下。

（1）单击 Go to project settings（转到项目设置），为项目命名，然后分配团队成员（如果有多个人在从事该项目的话）。

（2）单击左侧的 Billing（账单）并提供你的信用卡信息。在撰写本文时，Google 提供了 300 美元（1940.73 元人民币）的免费试用额度，但你仍然需要提供信用卡信息。

（3）完成此操作后，单击 APIs & Services（API 和服务），然后单击 Enable API & Services（启用 API 和服务），接着在 Machine Learning（机器学习）下选择 AI Platform Training & Prediction API（AI 平台训练和预测 API）。

（4）单击 Enable（启用），该 API 将被启用。图 12-2 显示了启用后的 AI Platform Training&Prediction API（AI 平台训练和预测 API）。

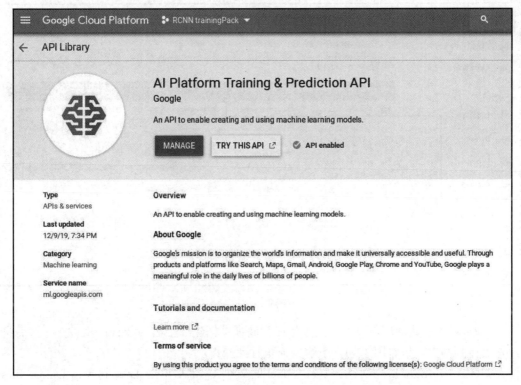

图 12-2

12.1.3　Google Cloud Storage 存储桶设置

存储桶（storage bucket）是保存数据的容器。所有云服务提供商都有存储桶。存储桶的格式与计算机的目录结构相同。存储桶可以包含图像（.jpg 文件）、注解、TFRecord、检查点文件和模型输出。

接下来，我们将学习如何安装 Google 云存储（Google cloud storage，GCS）存储桶以存储训练和测试数据。

12.1.4　使用 GCP API 设置存储桶

要使用 GCP API 设置存储桶，请按照以下步骤操作。

（1）在支付账单之后，向下滚动左侧菜单，单击 Storage（存储），然后单击 CREATE BUCKET（创建桶），并为其命名，如图 12-3 所示。

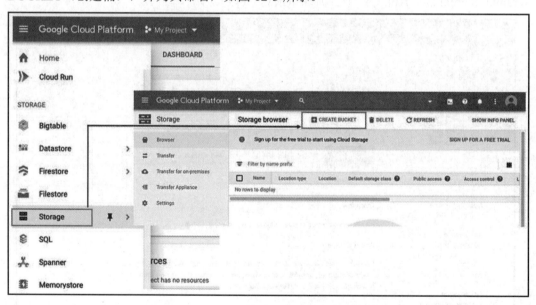

图 12-3

（2）创建存储桶后，下一个任务是在存储桶中创建一个名为 data 的文件夹，然后将文件上传到其中。请看图 12-4，了解如何执行此操作。

如图 12-4 所示，首先创建一个名为 data 的文件夹。然后单击 data，再单击 Upload files（上传文件），接着上传 test.record、train.record、label_map.pbtxt、pipeline.config 和

model.ckpt*（3 个文件）。下文将介绍如何获取这些文件。

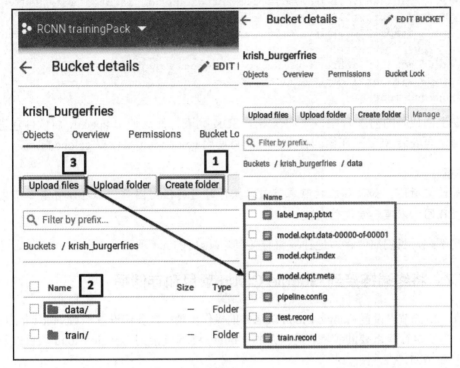

图 12-4

12.1.5　使用 Ubuntu 终端设置存储桶

此过程涉及设置 Google Cloud SDK，然后将 Google Cloud 项目和存储桶链接到你的终端，以便可以在终端中上传文件。

请记住，训练将由终端命令启动，因此，即使你使用前面的 API 进行了设置，也仍然需要执行以下各小节（从 12.1.6 节"设置 Google Cloud SDK"开始）中显示的步骤来将终端链接到 GCP。

12.1.6　设置 Google Cloud SDK

Google Cloud SDK 是一组命令行工具，使你的计算机可以与 Google Cloud 进行交互。由于本节将使用 Ubuntu 终端与 Google Cloud 进行交互，因此我们需要首先设置 SDK。在终端中输入以下命令。

```
$ echo "deb [signed-by=/usr/share/keyrings/cloud.google.gpg]
http://packages.cloud.google.com/apt cloud-sdk main" | sudo tee -a
/etc/apt/sources.list.d/google-cloud-sdk.list
$ curl https://packages.cloud.google.com/apt/doc/apt-key.gpg | sudo
apt-key
--keyring /usr/share/keyrings/cloud.google.gpg add -
$ sudo apt-get update && sudo apt-get install google-cloud-sdk
$ gcloud init
```

在上面代码的前 3 行中，我们获得了 SDK 列表，然后使用 apt-key 对软件包进行身份验证，再安装 SDK。在第四行中，我们将使用 gcloud.init 来设置 gcloud 配置。

ℹ️ **注意：**

如前文所述，如果你在按照本节内容操作时遇到任何困难，都可以查看本节末尾提供的流程图，以理解常规信息流。

接下来，我们需要将本地计算机链接到 Google Cloud 项目。

12.1.7　将终端链接到 Google Cloud 项目和存储桶

在 12.1.6 节 "设置 Google Cloud SDK" 的操作步骤中，我们设置了 Google Cloud SDK。现在，需要执行最重要的步骤，这就是将 Ubuntu 终端链接到 Google Cloud 项目以及之前创建的存储桶。

💡 **提示：**

为什么需要将 Ubuntu 终端链接到 Google Cloud 项目？答案是我们将使用本地计算机上的终端启动训练命令，但是数据被存储在 GCP 的存储桶中，并且模型也将在 GCP 中生成。因此，我们需要将计算机终端连接到 GCP 以完成训练任务。

在终端中按顺序执行以下操作。

（1）设置项目，在本示例中为 rcnn-trainingpack。

```
$ gcloud config set project rcnn-trainingpack
```

（2）要打开存储桶，可输入 gsutil Python 命令，具体如下。

```
$ gsutil mb gs:// krish_burgerfries
```

（3）设置环境变量，定义存储桶和文件所属的项目。

```
$ export PROJECT="rcnn-trainingpack"
$ export YOUR_GCS_BUCKET="krish_burgerfries"
```

（4）通过输入以下命令来添加特定于 TPU 的服务账号。

```
$ curl -H "Authorization: Bearer $(gcloud auth print-access-token)"
https://ml.googleapis.com/v1/projects/${PROJECT}:getConfig
```

ℹ **注意：**

张量处理单元（tensor processing unit，TPU）是 Google 开发的一种 AI 加速器，用于快速处理大量数据以训练神经网络。

上面的命令会将以下输出返回终端窗口中。请注意，该服务名称和项目名称将与你的应用程序不同。

```
{"serviceAccount": "service-444444444444@cloud-
ml.google.com.iam.gserviceaccount.com",
"serviceAccountProject": "111111111111",
 "config": {"tpuServiceAccount": "service-111111111111@cloud-tpu.iam.
gserviceaccount.com" }}
```

```
{"serviceAccount": "service-444444444444@cloud-
ml.google.com.iam.gserviceaccount.com",
"serviceAccountProject": "111111111111",
"config": {"tpuServiceAccount":
"service-111111111111@cloud-tpu.iam.gserviceaccount.com" }}
```

（5）通过输入整个 tpuServiceAccount 路径，将 TPU 账号导出为环境变量，如下所示。

```
$ export TPU_ACCOUNT="service-111111111111@cloud-
tpu.iam.gserviceaccount.com"
```

（6）将 ml.serviceAgent 角色授予该 TPU 账号。

```
$ gcloud projects add-iam-policy-binding $PROJECT  --member
serviceAccount:$TPU_ACCOUNT --role roles/ml.serviceAgent
```

从项目[rcnn-trainingpack]的更新 IAM 策略开始，这应该在终端中产生一系列注释。

12.1.8　安装 TensorFlow 对象检测 API

在将终端链接到存储桶和 Google Cloud 项目之后，接下来要做的就是将其链接到 TensorFlow 对象检测 API。你可以按照以下链接的说明进行操作。

https://github.com/tensorflow/models/blob/master/research/object_detection/g3doc/installation.md

上面的安装链接包含许多代码行。限于篇幅，在此无法列出。你应该能够正确执行大多数代码。该操作的最后两行代码如下所示。

```
# From tensorflow/models/research/
export PYTHONPATH=$PYTHONPATH:'pwd':'pwd'/slim
python object_detection/builders/model_builder_test.py
```

上面的步骤对于成功安装至关重要。当然，如果你的计算机上安装了 TensorFlow 2.0，则可能会出现以下错误。

```
AttributeError: module 'tensorflow' has no attribute 'contrib'
```

即使该错误已解决，也会导致另一个错误，那就是 TensorFlow 2.0 与 TensorFlow 对象检测 API 不兼容。因此，我们需要一个替代方法。这个方法就是使用以下链接。

https://github.com/tensorflow/models/tree/v1.13.0

这类似于在 Google Colab 中使用 TensorFlow 1.15 运行它，我们在第 10 章 "使用 R-CNN、SSD 和 R-FCN 进行对象检测" 和第 11 章 "通过 CPU/GPU 优化在边缘设备上进行深度学习" 中就是这样做的。

12.1.9　准备数据集

在 12.1.4 节 "使用 GCP API 设置存储桶" 中已经介绍过了，我们将需要填充以下存储桶：test.record、train.record、label_map.pbtxt、pipeline.config 和 model.ckpt*（3 个文件）。接下来，我们将详细说明如何填充其中的每一个。

12.1.10　TFRecord 和标注地图数据

TFRecord 文件是高效的 TensorFlow 文件格式，用于以单个二进制格式存储图像和注解文件，以供 TensorFlow 模型超快速读取。在第 10 章 "使用 R-CNN、SSD 和 R-FCN 进行对象检测" 中已经介绍过 TFRecord。

接下来，我们将描述如何准备数据并上传。

12.1.11　准备数据

首先，从第 10 章 "使用 R-CNN、SSD 和 R-FCN 进行对象检测" 和第 11 章 "通过 CPU/GPU 优化在边缘设备上进行深度学习" 的 Google Colab 项目中复制 TFRecord 文件

（即 train.record 和 test.record），将它们放到计算机的目录中。另外，还需要将 label_map.pbtxt 复制到同一目录中。

12.1.12　上传数据

现在来看使用终端上传数据的方法。

（1）在以下命令的帮助下，将 train.record 上传到 GCP。这将使用 gsutil Python 命令将文件从你的本地目录复制到 GCS 存储桶中。请确保还包括子目录。

例如，在本示例中，YOUR_GCS_BUCKET 将是你的存储桶的名称；如果是 burgerfries，则命令将为 $ burgerfries/data，其中 data 是 burgerfries 下的子目录，文件被存储在此处。

```
$ gsutil -m cp -r
/Documents/chapter12_cloud_computing/burgerfries/annotation/
train.record gs://${YOUR_GCS_BUCKET}/data/
Copying
file:///Documents/chapter12_cloud_computing/burgerfries/annotation/
train.record [Content-Type=application/octet-stream]...
\ [1/1 files][  2.6 MiB/    2.6 MiB] 100% Done
```

（2）以下命令可用于将 test.record 上传到 GCP。

```
$ gsutil -m cp -r
/Documents/chapter12_cloud_computing/burgerfries/annotation/
test.record gs://${YOUR_GCS_BUCKET}/data/
Copying
file:///Documents/chapter12_cloud_computing/burgerfries/annotation/
test.record [Content-Type=application/octet-stream]...
\ [1/1 files][  1.1 MiB/    1.1 MiB] 100% Done
Operation completed over 1 objects/1.1 MiB.
```

（3）以下命令可帮助将 label_map.pbtxt 上传到 GCP。

```
$ gsutil -m cp -r
/Documents/chapter12_cloud_computing/burgerfries/annotation/
label_map.pbtxt gs://${YOUR_GCS_BUCKET}/data/
Copying
file:///Documents/chapter12_cloud_computing/burgerfries/annotation/
label_map.pbtxt [Content-Type=application/octet-stream]...
/ [1/1 files][ 75.0 B/ 75.0 B] 100% Done
Operation completed over 1 objects/75.0 B.
```

如果不使用终端，则只需使用 Google Cloud 存储桶中的 Upload files（上传文件）即可上传文件（详见 12.1.4 节"使用 GCP API 设置存储桶"）。

12.1.13 model.ckpt 文件

本节将学习如何下载预训练模型的检查点文件。检查点（checkpoint）是模型的权重。这些权重将被上传到 GCS 存储桶中，以使用迁移学习来初始化训练。

（1）转到以下 TensorFlow Model Zoo GitHub 页面并下载适当的 model.tar 文件。

https://github.com/tensorflow/models/blob/master/research/object_detection/g3doc/detection_model_zoo.md

（2）以下是我们下载的相应文件的解压缩版本。

```
ssd_mobilenet_v1_0.75_depth_300x300_coco14_sync_2018_07_03.tar.gz
```

检查点可捕获模型使用的所有参数的确切值。在解压缩上述文件时，你会注意到它包含以下类型的文件。

- model.ckpt.data-00000-of-00001：这是一个二进制数据文件，其中包含训练变量权重、梯度等的值。
- model.ckpt.index：描述每个检查点的索引值的二进制文件。
- model.ckpt.meta：描述已保存的图结构，它是协议缓冲区。
- Checkpoint：保持最新检查点文件的记录。

12.1.14 模型配置文件

模型 config 文件是一个文本文件，定义了模型的以下重要特征。
- 模型名称。
- 类别数量。
- 图像最小/最大维度。
- 模型参数。
- 检查点、TFRecord 和 map.pbtxt 的位置。

在训练期间，模型使用 config 文件输入和设置参数。可以在 TensorFlow 目录中的以下路径中找到 config 文件列表。

```
models-master/research/object-detection/samples/configs
```

注意:

在撰写本文时,仅在 TensorFlow 1.x 中提供了上述目录,而在 2.x 中则没有。因此,如果你的计算机上安装了 TensorFlow 2.0,请使用下面讨论的替代步骤来获取配置文件。

如果找不到 configs 目录和配置文件列表,则可以转到以下链接并在文本编辑器中复制配置文件,或者从该链接下载相应的.config 文件。

https://github.com/tensorflow/models/tree/master/research/object_detection/samples/configs

图 12-5 显示了需要在 config 文件中进行的更改。

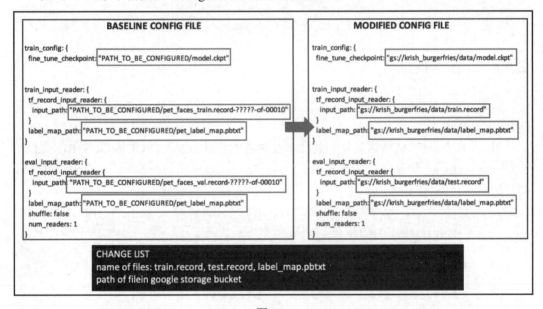

图 12-5

原　文	译　文
BASELINE CONFIG FILE	原始配置文件
MODIFIED CONFIG FILE	修改后的配置文件
CHANGE LIST name of files:train.record,test.record,label_map.pbtxt path of file in google storage bucket(原图 file 和 in 之间少空格)	修改列表 文件名: train.record、test.record、label_map.pbtxt Google 存储桶中文件的路径

在图 12-5 中,所有修改都已用矩形标记。左侧列表显示的是原始配置文件,右侧列表显示的是修改后的配置文件。在本示例中,假设 TFRecord 的文件名是 train.record 和

test.record，pbtxt 的文件名是 label_map.pbtxt，而 Google 存储桶中的路径是 krish_burgerfries/data。如果你的文件名或路径有所不同，则可以做相应的修改。

现在，通过在终端中输入以下命令转到 TensorFlow 的 research 目录。

```
$cd models-master/research
```

有关软件包对象检测 API、pycocotools 和 tf-slim 的信息，请参考以下命令。

```
models-master/research$ bash
object_detection/dataset_tools/create_pycocotools_package.sh
/tmp/pycocotools
models-master/research$ python setup.py sdist
models-master/research$ (cd slim && python setup.py sdist)
```

12.1.15　在云端训练

完成上述所有步骤后，即已做好了训练的准备。如前文所述，可通过执行以下命令在终端中开始训练。

（1）该命令很长，但是将其复制到文本编辑器中时只需要将{YOUR_GCS_BUCKET}修改为 burgerfries（如果你的练习名称不一样，则可以做相应的修改）。完成后，将其粘贴到终端中，然后按 Enter 键。

```
$ gcloud ml-engine jobs submit training
`whoami`_object_detection_`date +%s` --job-
dir=gs://${YOUR_GCS_BUCKET}/train --packages
dist/object_detection-0.1.tar.gz,slim/dist/slim-0.1.tar.gz,/tmp/
pycocotools/pycocotools-2.0.tar.gz --module-name
object_detection.model_tpu_main --runtime-version 1.15
--scale-tier BASIC_TPU --region us-central1 -- --
model_dir=gs://${YOUR_GCS_BUCKET}/train --tpu_zone us-central1 --
pipeline_config_path=gs://${YOUR_GCS_BUCKET}/data/pipeline.config
```

（2）与训练一样，以下命令可帮助执行验证。该命令也很长，将其复制到文本编辑器中时只需要将{YOUR_GCS_BUCKET}修改为 burgerfries（如果你的练习名称不一样，则可以做相应的修改）。完成后，将其粘贴到终端中，然后按 Enter 键。

```
$ gcloud ml-engine jobs submit training
`whoami`_object_detection_eval_validation_`date +%s` --job-
dir=gs://${YOUR_GCS_BUCKET}/train --packages
dist/object_detection-0.1.tar.gz,slim/dist/slim-0.1.tar.gz,
/tmp/pycocotools/pycocotools-2.0.tar.gz --module-name
```

```
object_detection.model_main --runtime-version 1.15 --scale-tier
BASIC_GPU --region us-central1 -- --
model_dir=gs://${YOUR_GCS_BUCKET}/train --
pipeline_config_path=gs://${YOUR_GCS_BUCKET}/data/pipeline.config
--checkpoint_dir=gs://${YOUR_GCS_BUCKET}/train
```

（3）训练开始后，可通过执行以下命令来评估训练作业。

```
$ gcloud ai-platform jobs describe
krishkar_object_detection_1111111111
```

请注意，末尾的数字将因你的应用程序而有所不同，并会在终端中显示出来。输入上述命令后，可在以下链接中检查训练作业。

https://console.cloud.google.com/mlengine/jobs/xxxxx_eval_validation_1111111111?
project=rcnn-trainingpack

ⓘ 注意：

上述 URL 的 xxxxx 和 1111111111 部分只是示例。对于你的应用程序来说，应该是不一样的，它会在终端中显示。

12.1.16　在 TensorBoard 中查看模型输出

在第 10 章"使用 R-CNN、SSD 和 R-FCN 进行对象检测"中，介绍了如何使用 Google Colab 在 TensorBoard 中查看 TensorFlow 模型输出结果。本节将向你展示如何通过在终端中执行命令，以从 Google 云平台启动 TensorBoard。

（1）在终端中输入以下命令。

```
tensorboard --logdir=gs://${YOUR_GCS_BUCKET}/train
```

运行上述命令后，如果遇到错误（如 ValueError: Duplicate plugins for name projector），则需要复制以下链接中的 diagnostic_tensorboard.py（作为文本文件），然后将它保存到你的目录中。

https://raw.githubusercontent.com/tensorflow/tensorboard/master/tensorboard/tools/
diagnose_tensorboard.py

（2）在终端中，转到安装了 diagnostic_tensorboard.py 的目录，然后执行以下命令。

```
$ python diagnostic_tensorboard.py
```

它将运行并为可能的修复提供建议。就本示例而言，它要求执行以下修复。

建议：修复有冲突的安装

"Conflicting package installations found. Depending on the order
of installations and uninstallations, behavior may be undefined.
Please uninstall ALL versions of TensorFlow and TensorBoard, then
reinstall ONLY the desired version of TensorFlow, which will
transitively pull
 in the proper version of TensorBoard. (If you use TensorBoard
without TensorFlow, just reinstall the appropriate version of
TensorBoard directly.)

Namely:

pip uninstall tb-nightly tensorboard tensorflow-estimator
tensorflow-estimator-2.0-preview tensorflow-gpu tf-nightly-gpu-2.0-
preview

pip install tensorflow # or `tensorflow-gpu`, or `tf-nightly`,
..."

（3）根据建议执行命令，TensorBoard 将正常工作。

（4）导航到 localhost:6006 以查看 TensorBoard 结果。

在 TensorBoard 中，你将看到使用过的神经网络的图以及在测试图像上显示边界框的图像。请注意，在 TensorFlow 中，我们没有上传图像，但是它可以从 TFRecord 文件中获取图像。TensorBoard 还显示了准确率和精确率数据，如图 12-6 所示。

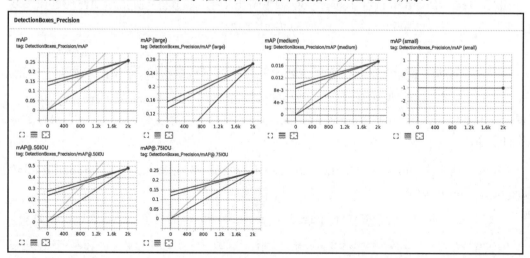

图 12-6

在图 12-6 中可以看到，精确率的数据一般，但可以通过使用更多图像进行改进。在本示例中，我们仅使用了 68 幅图像进行训练。

现在我们已经创建了模型并观察了其输出结果。接下来，我们将介绍如何打包模型，以便可以将其部署在边缘设备（如手机）上以进行实时显示。在这里，打包模型意味着冻结模型，也就是说，该模型不再受训练。

12.1.17　模型输出并转换为冻结图

到目前为止，我们已经学习了如何将 TFRecord 格式的图像上传到 GCP，然后使用 SSD MobileNet 模型来训练针对汉堡和薯条的自定义模型。本节将梳理模型输出的组成部分，并学习如何冻结模型。

冻结模型涉及以某种格式保存 TensorFlow 图和权重，以便日后可用于推断。模型输出被存储在 train 文件夹中，并包含以下文件。

- ❑ graph.pbtxt：这实际上就是一个文本文件，描述了 TensorFlow 图上每个节点的值、列表和形状。
- ❑ model.ckpt-xxxx.data-00000-of-00001：这是一个二进制文件，它将指示所有变量文件的值。
- ❑ model.ckpt-xxxx.index：这是一个代表表格的二进制文件，其中的每个键是张量的名称及其值。
- ❑ model.ckpt-xxxx.meta：描述了已保存的图结构。
- ❑ train_pipeline.config：此文本文件描述了模型参数（详见 12.1.14 节"模型配置文件"）。

🛈 注意：

在上面的介绍中，xxxx 仅作为示例，你的具体值将有所不同。你需要使用具体值而不是 xxxx。

要输出模型，首先要做的是获取最新的数据文件（右击并下载），在本示例中，我们获取的是包含-2000 的文件。

然后将检查点输出转换为冻结的推理图。具体方法如下。

（1）从 TensorFlow Core 中执行 freeze_graph.py。

```
$ python freeze_graph.py --input_graph=train_graph.pbtxt --
input_checkpoint=train_model.ckpt-2000 --
output_graph=frozen_graph.pb --output_node_name=softmax
```

（2）从 TensorFlow Python 工具中执行 freeze_graph。

```
import tensorflow as tf
from tensorflow.python.tools import freeze_graph
checkpoint_path = './'+'train_model'+'.ckpt-2000'
freeze_graph.freeze_graph('train_graph.pbtxt', "", False,
checkpoint_path,    "output/softmax", "save/restore_all",
"save/Const:0",'frozentensorflowModel.pb', True, "")
```

对于上述两种方法，我们都会得到以下两种类型的错误。

```
IndexError: tuple index out of range
AttributeError: module 'tensorflow_core.python.pywrap_tensorflow'
has no     attribute    'NewCheckpointReader'
```

（3）通过终端在 tflite graph.py 上执行 export 函数，然后下载相关文件。

```
$export CONFIG_FILE=gs://${YOUR_GCS_BUCKET}/data/pipeline.config
$export
CHECKPOINT_PATH=gs://${YOUR_GCS_BUCKET}/train/model.ckpt-2000
$export OUTPUT_DIR=/tmp/tflite
```

（4）按照以下链接中的介绍，通过 Docker 文件在终端中执行命令。

https://github.com/tensorflow/models/tree/master/research/object_detection/dockerfiles/
android

Docker 是一种虚拟机，使开发人员能够将应用程序及其所有组件打包在一起。对于 TensorFlow 来说，使用 Docker 的优势是将 TensorFlow 安装与计算机操作系统隔离。这种隔离消除了我们之前观察到的许多与 TensorFlow 相关的错误。

```
$python object_detection/export_tflite_ssd_graph.py \
--pipeline_config_path = $CONFIG_FILE \
--trained_checkpoint_prefix = $CHECKPOINT_PATH \
--output_directory = $OUTPUT_DIR \
--add_postprocessing_op = true
```

接下来，我们将介绍在第 11 章"通过 CPU/GPU 优化在边缘设备上进行深度学习"中提到过的 tflite 转换过程。

12.1.18　从 Google Colab 导出 tflite graph.py

在第 10 章"使用 R-CNN、SSD 和 R-FCN 进行对象检测"和第 11 章"通过 CPU/GPU

优化在边缘设备上进行深度学习"中，使用了 Google Colab 将检查点转换为冻结图。本节将使用相同的方法，只不过我们要导入配置、检查点和输出目录，如下所示。

```
CONFIG_FILE ='/content/sample_data/train_pipeline.config'
CHECKPOINT_PATH ='/content/sample_data/train_model.ckpt-2000'
OUTPUT_DIR ='/content/sample_data'
```

将文件上传到 Google Drive 云端硬盘中，然后将其拖曳到 Google Colab 的一个名为 sample_data 的文件夹中。当然，你也可以创建一个不同的名称，而不是 sample_data。然后执行以下代码。

```
import re
import numpy as np
!python
/content/models/research/object_detection/export_tflite_ssd_graph.py \
    --input_type=image_tensor \
    --pipeline_config_path={CONFIG_FILE} \
    --output_directory={OUTPUT_DIR} \
    --trained_checkpoint_prefix={CHECKPOINT_PATH} \
    --add_postprocessing_op=true
```

🛈 **注意：**

如果你不是通过将文件拖曳到 Google Colab 中来操作的，而是将 Google Colab 链接到文件所在的 Google 云端硬盘，则可能会产生错误，因为在执行时无法找到文件。

可在以下 GitHub 链接中找到该转换的代码。

https://github.com/PacktPublishing/Mastering-Computer-Vision-with-TensorFlow-2.0/blob/master/Chapter12/Chapter12_Gcloud_Tensorflow_TrainedModelConvert.ipynb

图 12-7 显示了在 Google 云平台（GCP）上训练自定义对象检测器的流程图。

首先创建一个项目，然后创建账单，设置 API 和建立存储桶，准备 TensorFlow 对象检测 API，准备和上传数据集，最后开始训练。虚线矩形内的两个圆角矩形表示完成同一任务的两种不同方法。

训练完成后，即可生成冻结图，转换为 tflite 形式并部署到移动设备上。

向移动设备部署的过程与第 11 章"通过 CPU/GPU 优化在边缘设备上进行深度学习"中介绍的方法相同，兹不赘述。

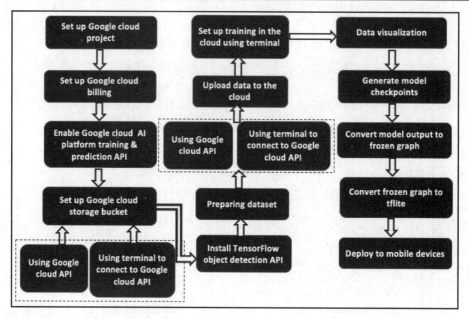

图 12-7

原　　文	译　　文
Set up Google cloud project	建立 Google 云项目
Set up Google cloud billing	建立 Google 云账单
Enable Google cloud AI platform training & prediction API	启用 Google 云 AI 平台训练和预测 API
Set up Google cloud storage bucket	建立 Google 云存储桶
Using Google cloud API	使用 Google 云 API
Using terminal to connect to Google cloud API	使用终端连接到 Google 云 API
Set up training in the cloud using terminal	使用终端设置云中的训练
Upload data to the cloud	上传数据到云端
Using Google cloud API	使用 Google 云 API
Using terminal to connect to Google cloud API	使用终端连接到 Google 云 API
Preparing dataset	准备数据集
Install TensorFlow object detection API	安装 TensorFlow 对象检测 API
Data visualization	数据可视化
Generate model checkpoint	生成模型检查点
Convert model output to frozen graph	将模型输出转换为冻结图
Convert frozen graph to tflite	将冻结图转换为 tflite
Deploy to mobile devices	部署到移动设备上

12.2　在 AWS SageMaker 云平台中训练对象检测器

AWS 是用于在云中执行各种任务的亚马逊云平台。其网址如下。

https://aws.amazon.com

AWS SageMaker 是机器学习平台，可使用 AWS 交互式平台训练和部署模型。AWS SageMaker 与 AWS S3 存储桶进行交互以存储和检索数据。

现在我们就来看训练对象检测器的各个步骤。

12.2.1　设置 AWS 账户和限制等

创建 AWS 账户需要绑定信用卡，AWS SageMaker 可以免费试用，但是有服务限制。通过联系 AWS 的支持人员，可以将服务限制提高到 ml.p3.2xlarge 实例（需要付费）。请注意，实例类型最多可能需要两个工作日才能获得批准，因此你也许需要提前进行相应的计划。如果不这样做，则会出现以下错误。

```
ResourceLimitExceeded
```

用于训练作业的账号级别服务限制 ml.p3.2xlarge 为零实例，请求增量为一个实例。请联系 AWS 支持人员以请求增加此限制。

12.2.2　将.xml 文件转换为 JSON 格式

AWS SageMaker 注解数据使用 JSON 格式而不是我们之前使用的.xml。可通过以下步骤将.xml 文件转换为 COCO JSON 格式。

（1）从以下网址中下载或克隆存储库。

https://github.com/yukkyo/voc2coco

（2）克隆并下载存储库后，进入 Python 文件 voc2coco.py 在终端中的目录。

（3）创建一个名为 trainxml 的目录，其中包含所有.xml 文件。该目录应与 voc2coco.py 位于相同的主目录中。

（4）在同一主目录中，创建一个名为 trainlist.txt 的文件，该文件应列出所有.xml 文件名。你可以在终端中复制它，然后将所有.xml 文件粘贴到文本文件中以创建此类文件。

（5）创建一个 classname.txt 文件，该文件应列出 training 文件夹中的所有类别。在此示例中，它将有两行——burger 和 fries。

（6）在终端主目录下运行 Python 代码，如下所示。

```
$ python.voc2coco.py --ann_dir trainxml --ann_ids trainlist.txt
--labels classname.txt --output train_cocoformat.json
```

最终输出是 cocoformat.JSON 文件，它是所有.xml 文件的一个组合 JSON 文件。

（7）将 COCO JSON 文件转换为单个 JSON 文件。

（8）使用 Chapter12_cocojson_AWSJSON_train.ipynb Jupyter Notebook 将 COCO JSON 文件转换为单个 JSON 文件。该文件可在以下链接中找到。

https://github.com/PacktPublishing/Mastering-Computer-Vision-with-TensorFlow-2.0/blob/master/Chapter12/Chapter12_cocojson_AWSJSON_train.ipynb

这是对 Amazon 提供的对象检测代码的修改。此代码不是从 GitHub 页面中获取 COCO JSON 文件，而是从本地驱动器获取上一步中创建的 cocoformat.JSON 文件，然后在生成的文件夹中将其转换为多个.JSON 文件。

12.2.3　将数据上传到 S3 存储桶

S3 存储桶是用于在 AWS 中存储数据的云存储容器。本节介绍如何将数据从计算机上传到 S3 存储桶中。

（1）创建一个主文件夹以指示项目数据。

（2）在该文件夹中，上传 4 个文件和一个输出文件夹，如下所示。

❑　train_channel：训练图像.jpg 文件。

❑　train_annotation_channel：训练注解.JSON 文件。每个文件对应于每幅训练图像。

❑　validation_channel：验证图像.jpg 文件。

❑　validation_annotation_channel：验证注解.JSON 文件。每个文件对应于每幅验证图像。

（3）创建一个输出文件夹以存储检查点和输出模型文件。

12.2.4　创建 Notebook 实例并开始训练

我们按照以下步骤操作。

（1）选择实例类型（选择用于加速计算的实例，如 ml.p2.nxlarge，其中，n 可以是 1、2、8，以此类推）。请注意，如果实例类型是标准实例（如 ml.m5.nxlarge）或计算优化的实例（如 ml.c5.nxlarge），则训练将失败。在这种情况下，如前文所述，你需要请求增加服务限制。

（2）选择最大运行时间——从 1h 开始，对于非常大的作业，需增加时间。

（3）为前文描述的 4 个通道中的每个通道分配一个 S3 存储桶路径，以便算法知道从何处提取数据。

（4）将路径分配到前面提到的输出文件夹。在前面的代码块中已经显示了输出路径的示例。在本示例中，sample1 是 S3 存储桶名称，DEMO 是其中包含 sample1 的文件夹，它有 6 个文件夹——两个数据文件夹由.jpg 图像组成（一个训练数据，另一个验证数据），两个注解文件夹由.json 文件组成（与图像数据相对应），另外还有一个输出和一个检查点文件夹。请注意，路径必须正确；否则可能会产生错误。

```
s3:// sample1/DEMO/s3_train_data/
s3:// sample1/DEMO/s3_train_annotation/
s3:// sample1/DEMO/s3_validation_data/
s3:// sample1/DEMO/s3_validation_annotation/
s3:// sample1/DEMO/s3_checkpoint/
s3:// sample1/DEMO/s3_output_location/
```

（5）通过以下两种方式之一设置训练。

❑　通过 Python Notebook，其网址如下。

https://console.aws.amazon.com/sagemaker/home?region=us-east-1#/notebook-instances

❑　通过训练 API，其网址如下。

https://console.aws.amazon.com/sagemaker/home?region=us-east-1#/jobs/create

（6）训练结束后，输出将作为 model.tar.gz 文件被存储在上述代码定义的 s3_output_location 中。检查点将被存储在上述代码定义的 s3_checkpoint 位置中。

（7）建立模型以进行推理。AWS 为此提供了详细的推理操作步骤说明，其网址如下。

https://console.aws.amazon.com/sagemaker/home?region=us-east-1#/models/create

12.2.5　修复训练中的一些常见故障

以下是一些在训练过程中失败的原因及其解决方法。

（1）故障 1——与 S3 存储桶相关的问题。

在输入数据源中给定的 s3://DEMO-ObjectDetection/s3_train_data/ S3 URL 上找不到 S3 对象。请确保存储桶位于所选区域（us-east-1）中，对象位于该 S3 前缀下，并且 arn:aws:iam :: 11111111:role/service-role/AmazonSageMaker-ExecutionRole-xxxxxxx 角色对

DEMO-Object Detection 存储桶具有 s3:ListBucket 权限。

或者，可能出现以下来自 S3 的错误消息。

```
The specified bucket does not exist
```

该消息表示指定的存储桶不存在。解决方案是，修改 S3 存储桶路径。对 train、validation、annotation 和 image 数据文件各重复一次。

（2）故障 2——批大小问题。

ClientError：验证集没有足够的带注解的文件。请确保包含有效注解的文件数量大于 mini_batch_size 和实例中的 GPU 数量。

解决方案：要记住的重要一点是，批大小必须小于验证文件的数量。因此，如果验证文件的数量为 32，批大小为 32，则可以将 Mini-Batchsize 从 32 更改为 12，以解决此错误。

（3）故障 3——内容类型问题。

ClientError：无法初始化算法。train_annotation 通道的 ContentType 为空。请为 train_annotation 通道设置一种内容类型（由 KeyError 引起）。

解决方案：确保内容类型不为空。将内容类型更改为 application/x-image。

（4）故障 4——通道命名问题。

ClientError：无法初始化算法。无法验证输入数据配置（由 ValidationError 引起）。由 u'train'导致的是必需属性。无法验证以下模式中的 u'required'。

```
{u'$schema':u'http://json-schema.org/draft-04/schema#',
 u'additionalProperties': False, u'definitions':
{u'data_channel': {u'properties': {u'ContentType':
{u'type': u'string'}, u'RecordWrapperType':
{u'enum': [u'None', u'RecordIO'], u'type': u'string'},
u'S3DistributionType':
{u'enum': [u'FullyReplicated', u'ShardedByS3Key'], u'type': u'string'}
```

解决方案：AWS 希望通道名称为 train_validation、train_annotation 和 validation_annotation。如果你在其上附加了_channel（如 train_channel、validation_channel、train_annotation_channel 和 validation_annotation_channel），则将导致错误。因此，要解决此问题，请从文件名中删除_channel。

如果在此过程中遇到问题，请联系 AWS 技术支持人员。在解决所有错误后，成功的训练将具有以下参数。

- ❏　base_network 是 resnet-50。
- ❏　early_stopping 是 false。
- ❏　early_stopping_min_epochs 是 10。

❑　early_stopping_patience 是 5。

❑　early_stopping_tolerance 是 0.0。

❑　epochs 是 30。

❑　freeze_layer_pattern 是 false。

❑　image_shape 是 300。

❑　label_width 是 350。

❑　learning_rate 是 0.001。

❑　lr_scheduler_factor 是 0.1。

❑　mini_batch_size 是 12。

❑　momentum 是 0.9。

❑　nms_threshold 是 0.45。

❑　num_classes 是 2。

❑　num_training_samples 是 68。

❑　optimizer 是 sgd。

❑　overlap_threshold 是 0.5。

❑　use_pretrained_model 是 1。

❑　weight_decay 是 0.0005。

请注意，训练的输出将与检查点一起保存在 S3 输出位置处。

完成上述练习后，相信你已经熟悉了在 Google 云平台（GCP）和 AWS 中训练神经网络模型的操作。接下来，我们将介绍如何使用 Microsoft Azure 云平台进行训练。

12.3　在 Microsoft Azure 云平台中训练对象检测器

本节将使用 Azure Custom Vision 来训练对象检测器。可在以下链接中找到使用 Microsoft Azure 云平台训练对象检测器的详细说明。

https://docs.microsoft.com/en-us/azure/cognitive-services/custom-vision-service/get-started-build-detector

接下来，我们将详细介绍训练对象检测器的各种过程。

12.3.1　创建一个 Azure 账号并设置 Custom Vision

在本节中，我们将创建一个 Azure 账号，设置 Azure Custom Vision 平台。

以下步骤将帮助你配置 Azure 账号并注册 Custom Vision 平台。和 Google 云平台的操作一样，此过程对于任何云平台来说都是大同小异的，也就是创建项目和设置账单信息，如图 12-8 所示。

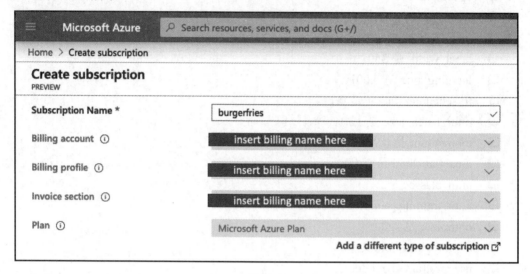

图 12-8

设置训练的具体步骤如下。

（1）注册一个 Microsoft 账号并设置账单信息。在撰写本文时，Microsoft 将为首次用户提供 200 美元的赠金。

（2）设置订阅。在 Subscription（订阅）选项卡中，单击 Add（添加），然后为你的订阅命名并设置账单信息。

（3）创建项目。选择项目并为其命名。

（4）设置资源，然后从菜单中选择 Resource Group（资源组）。

（5）选择 Object detection（对象检测），完成其所有操作，然后使用 Custom Vision 创建对象检测。

设置账号是非常重要的部分，如果操作不正确，将花费相当长的时间。

设置好账号之后，接下来的步骤实际上可轻松完成。

12.3.2　上传训练图像并标注它们

本节将要训练的图像上传到 Azure Custom Vision 平台。其操作步骤如下。

（1）单击 Add image（添加图像），然后添加所有 train 和 validation 图像。

（2）添加完成之后，图像将显示在 untagged（未标注）部分。

（3）请注意，这里没有地方上传你在先前项目中创建的注解.xml 或.JSON 文件，但不用担心，Azure 将使标注图像变得非常简单。

（4）注解大约 10%（或大约 20%）的图像。你会注意到，即使在此之前，边界框也会自动转到感兴趣的对象，你要做的就是调整其大小。如果找不到对象，则可以添加边界框并编写相应的类别。图 12-9 显示了智能标签选项。

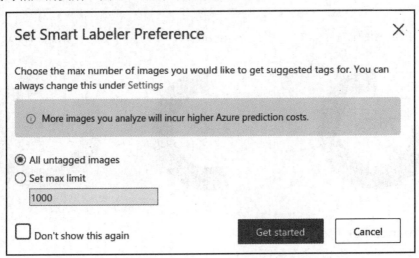

图 12-9

（5）标注图像之后，它们将移至已标注的部分。在标注了 10%（或大约 20%）的图像后，可对这些图像进行快速训练。训练完成后，返回 untagged images（未标注的图像），然后使用 smart labeler（智能标注程序）选项标注所有未标注的图像。

（6）执行步骤（5）后，你会注意到许多图像将被自动标注。如果你认为标注正确无误，则可以接受更改并调整边界框的大小和位置。如果图像具有多个类别，并且智能标注仅捕获其中的几个类别，则需要手动标注其他类别。

用这种方法注解大约 100 幅图像后，即可开始训练（如果有更多图像，则可以进行快速训练，如果最大图像数为 100，则可以进行高级训练），然后使用新生成的模型来训练其他图像。

（7）继续上述操作，直到所有图像都被标注。然后，开始训练并使用 advanced training（高级训练）选项。以小时为单位设置时间（从 1h 开始），以后根据需要再增加时间。云中的训练非常快——在不到 10min 的时间内即可训练约 100 幅图像。

训练完成后，你将能够看到性能指标。请注意，在上述快速训练之后，你就能够看到如图 12-10 所示的报告。该图显示了针对新训练的模型的 Precision（精确率）、Recall（召回率）和 mAP 等性能指标。

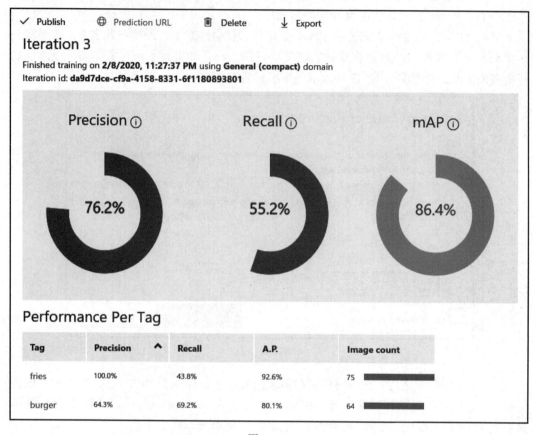

图 12-10

请注意，随着模型看到的图像越来越多，图 12-10 中显示的 Precision（精确率）值可能会降低。因此，在 20 幅图像上开发的模型比在 100 幅图像上开发的模型具有更高的精确率。这是因为在 20 幅图像上开发的模型具有较少的训练误差，但具有较高的测试误差（在测试图像中，无法识别汉堡，仅能识别薯条）。

平均精确率均值（mean average precision，mAP）是 11 个等距召回级别(0, 0.1,…,1)上的平均精确率均值。mAP 值不受图像添加的影响。

Performance Per Tag（每个标签的性能）参数显示的是 fries 和 burger 的值。

（8）现在可以回到以前的验证图像并查看结果。单击顶部的 Prediction（预测），然后插入 validation 图像。它将在类别周围绘制一个边界框，如图 12-11 所示。

图 12-11

（9）在图 12-11 中可以看到，预测是正确的。接下来，我们将导出模型。单击 Export（导出），然后选择平台，如图 12-12 所示。请注意，如果单击的是 TF，则可以选择导出为 TensorFlow Lite 或 TensorFlow。同样，如果单击 iOS，则可以选择导出为 CoreML。

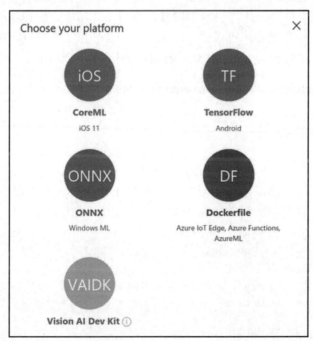

图 12-12

图 12-12 显示了 TensorFlow Lite 中可用的各种导出选项。

12.4　大规模训练和打包

TensorFlow 有一个名为 tf.distribute.Strategy 的 API，可在多个 GPU 之间分配训练。有关在 Google Cloud 大规模训练的详细信息，可访问以下网址。

http://cloud.google.com/ai-platform/training/docs/training-at-scale

12.4.1　关于分布式训练

使用 TensorFlow 进行分布式训练时，即涉及 tf.distribute.Strategy API。通过此 API 可以使用多个 GPU 或 TPU 分发 TensorFlow 训练。有关 TensorFlow 分布式训练的详细介绍（包括示例），请访问以下网址。

https://www.tensorflow.org/guide/distributed_training

分布式训练也可以在云计算引擎中设置。为启用此功能，请在 GCP 中启用 Cloud Shell。在 TensorFlow 集群中，可设置一个主节点和若干个工作节点（Worker）的虚拟机实例，并在每台计算机上执行训练作业。有关详细信息，可访问以下网址。

https://cloud.google.com/solutions/running-distributed-tensorflow-on-compute-engine

12.4.2　应用程序打包

应用程序打包指的是将代码、TFRecord 文件和模型.confg 文件上传到 Google 云平台（GCP），使得模型在训练期间可以访问它。在 12.1 节"在 GCP 中训练对象检测器"中，即通过使用 gcloud 打包应用程序在 GCP 中执行了训练，如下所示。

```
$ gcloud ml-engine jobs submit training `whoami`_object_detection_`date
+%s` --job-dir=gs://${YOUR_GCS_BUCKET}/train --packages
dist/object_detection-0.1.tar.gz,slim/dist/slim-0.1.tar.gz,/tmp/
pycocotools/pycocotools-2.0.tar.gz --module-name object_detection.
model_tpu_main --runtime-version 1.15 --scale-tier BASIC_TPU --region
us-central1 -- --
model_dir=gs://${YOUR_GCS_BUCKET}/train --tpu_zone us-central1 --
pipeline_config_path=gs://${YOUR_GCS_BUCKET}/data/pipeline.config
```

请注意，在上述训练中，我们使用了 gcloud ml-engine，它可以让你管理 AI 平台作业和训练模型。其实还有另一个平台，称为 gcloud ai-platform，也可以用来打包你的应用程序，具体如下。

```
gcloud ai-platform jobs submit training $JOB_NAME \
  --staging-bucket $PACKAGE_STAGING_PATH \
  --job-dir $JOB_DIR   \
  --package-path $TRAINER_PACKAGE_PATH \
  --module-name $MAIN_TRAINER_MODULE \
  --region $REGION \
  --  \

  --user_first_arg=first_arg_value \
  --user_second_arg=second_arg_value
```

上述代码的解释如下。

❑　--staging-bucket：这是打包进行训练的云存储路径。

❑　--job-dir：这是输出文件位置的云存储路径。

❑　--package-path：这是应用程序目录的本地路径。

❑　--module-name：这是应用程序模块的名称。

❑　--job-dir 标志：这是作业目录。

12.5　基于云的视觉搜索背后的总体思路

在第 6 章 "迁移学习和视觉搜索" 中，详细介绍了如何在本地计算机上进行视觉搜索。该方法可通过神经网络（如 VGG16 或 ResNet）传递图像，将其转换为图像向量，删除最后一个全连接层，再将其与数据库中已知类别的其他图像进行比较，以找到最近邻居匹配项，最后显示结果。

在我们的示例中，图像数量从 200 幅开始，但是如果图像数量达到 100 万幅并且必须从网页中访问结果，则在本地存储图像将毫无意义。在这些情况下，云存储是最佳选择。不过，我们可以将图像向量而不是图像存储在云中。当用户上传图像时，同样将图像转换为向量，然后将其发送到云中进行处理。

在云中，我们可以执行 k 最近邻（k-nearest neighbor，kNN）搜索以找到并显示最接近的匹配项。使用 REST API 或消息队列遥测传输（message queuing telemetry transport，MQTT）服务可将图像向量上传到云。每个服务都有其自己的安全性身份验证。

在这里，我们将讨论基本的编码基础结构，以将图像发送到云服务并以 JSON 消息的形式接收。

　　❑　客户端请求基础结构（client-side request infrastructure）：以下代码描述了如何
　　　　将图像 URL 作为 POST 请求发送到外部 Web 服务器。在这里，api_host 是 Web
　　　　服务器地址，headers 文件是操作参数（在本例中其实就是图像），image_url
　　　　则是实际的图像位置。

```
api_host = 'https://…/'
headers = {'Content-Type' : 'image/jpeg'}
image_url = 'http://image.url.com/sample.jpeg'
img_file = urllib2.urlopen(image_url)
response = requests.post(api_host, data=img_file.read(),
headers=headers, verify=False)
print(json.loads(response.text))
```

　　❑　服务器端请求基础结构（server-side request infrastructure）：以下代码描述了典
　　　　型的服务器端代码。数据库端的服务器将使用 request.files.get 方法请求图像，而
　　　　picture.save 则用于保存图像。

```
@app.route('/', methods=['POST'])
def index():
 picture = request.files.get('file')
 picture.save('path/to/save')
 return 'ok', 200
```

　　上面的代码架构展示了 REST API 方法从云端发送和接收图像的基础。GCP、AWS
和 Azure 都具有适当的 API，可以执行视觉搜索、面部识别和许多其他任务。

　　每个云平台都有自己的向云端发送图像数据的方式，这可能彼此不同，但是基本原
理则是一致的。云网页将以 JSON 格式显示包含视觉搜索结果的图像信息，用户可以通
过云服务器 URL 和身份验证方法从本地计算机访问该图像信息。

12.6　分析各种云平台中的图像和搜索机制

　　本节将讨论使用 3 种不同的云平台（GCP、AWS 和 Azure）的可视搜索任务。在第
6 章"迁移学习和视觉搜索"中已经详细阐释了视觉搜索方法，学习了如何将图像向量与
计算机目录中的大量图像进行比较，以基于欧几里得距离找到最接近的匹配项。本节将
学习如何使用 REST API 从计算机上传图像到云，然后通过云搜索引擎搜索最接近的图
像并显示它。由此可见，所有繁重的工作实际上都是由云引擎完成的。

ⓘ注意：

　　本节介绍的是视觉搜索的基本概念。该操作其实还可以更深入，例如，可以从 GCP、AWS 或 Azure 获取云 API，然后将其插入用 Python、C++或 JavaScript 编写的应用程序中，以调用云引擎并执行搜索。

12.6.1　使用 GCP 进行视觉搜索

　　Google 云平台（GCP）提供了云视觉 API，可以执行基于云的图像信息（包括面部检测和图像内容）分析。有关详细信息，可访问以下网址。

https://cloud.google.com/vision

　　在图 12-13 中可以看到将沙发图像上传之后的示例结果：GCP 将执行检测并提供若干幅视觉上相似的图像。

图 12-13

　　在第 6 章"迁移学习和视觉搜索"中已经介绍过，对于视觉上相似的图像，在图像类别中进行搜索至关重要。如果你的图像不是来自网络，则很可能会检测到不同类别的相似图像，正如图 12-13 中的沙发就是这样（匹配到了床）；但是，如果你的图像是从网络上获取的，则匹配结果将会是完全准确的或非常接近的。

注意:

在 12.1 节 "在 GCP 中训练对象检测器" 中,我们已经学习了如何使用 GCP 进行训练。AutoML Vision 是可以轻松完成此任务的另一种方法。有关详细的步骤说明,请访问以下网址。

https://cloud.google.com/vision/automl/docs/quickstart

要进行视觉搜索,可访问以下网址。

https://cloud.google.com/vision/product-search/docs/quickstart

当你尝试在 Python 脚本中使用 GCP Cloud Vision API 时,将需要以下东西。
- ❑ 一个 Google Cloud 账号,用于设置项目并启用结算功能。
- ❑ 启用 Cloud Vision 产品搜索 API。
- ❑ Google 应用程序凭据——密钥文件。
- ❑ 选择一个服务账号并创建它,以便将密钥下载到你的计算机上。
- ❑ 通过导出以下 3 个项目在你的终端中设置环境变量。
  - ➢ GOOGLE_APPLICATION_CREDENTIAL:你计算机中的密钥路径。
  - ➢ PROJECT_ID。
  - ➢ LOCATION_ID。
- ❑ 创建 request.json,然后你将收到一个 response.json 文件。

12.6.2　使用 AWS 进行视觉搜索

AWS 有许多用于计算机视觉的工具。其中的两个主要工具是 Amazon Rekognition 和 AWS SageMaker,其网址如下。

- ❑ Amazon Rekognition:

  https://aws.amazon.com/rekognition

- ❑ AWS SageMaker:

  https://aws.amazon.com/sagemaker

你可以访问 AWS 网站以获取更多满足你需求的工具。AWS Rekognition 是用于图像和视频分析的基于云的软件即服务(software as a service,SaaS)平台。它具有许多功能,如面部检测和分析、面部搜索和验证以及名人识别等。

就像使用 Google Cloud Vision API 一样，你也可以上传图像，AWS Rekognition 将提供与该图像相关的详细信息，如图 12-14 所示。

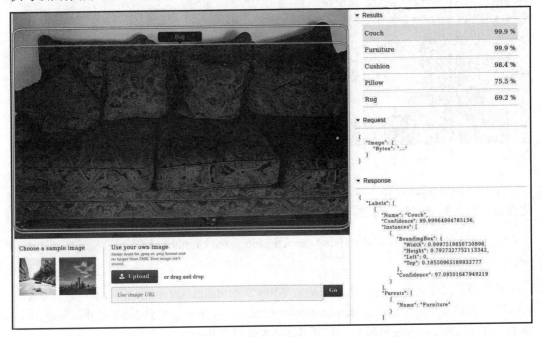

图 12-14

在图 12-14 中，正确检测到了沙发的类别——Couch（长沙发），另外还显示了其他类别，如 Furniture（家具）、Cushion（坐垫）和 Pillow（枕头）等。还提供了边界框和图像信息的相应 JSON。

AWS Rekognition 支持上传面部图像，它可以提供有关面部表情、年龄和性别的详细信息，并且可以辨识两个角度不同的面部是否属于同一个人，如图 12-15 所示。

ℹ️ 注意：

在图 12-15 中可以看到，该面部识别系统能够检测到属于同一个人的两张面孔，虽然这两幅图像是从不同角度拍摄的，并且其中一幅图像戴着太阳镜，另一幅戴的是普通镜，但这都没影响到检测结果的准确率。

AWS Rekognition 还可以使用 boto 在本地计算机上分析图像，有关详细信息，可访问以下网址。

https://docs.aws.amazon.com/rekognition/latest/dg/images-bytes.html

图 12-15

　　AWS SageMaker 可在训练期间引入。通过将图像转换为向量，它也可以用于执行视觉搜索。有关练习细节，可访问以下网址。

　　https://github.com/awslabs/visual-search/blob/master/notebooks/visual-search-feature-generation.ipynb

　　请注意，执行此练习的最佳方法是从 AWS SageMaker Notebook 实例运行它。将此文件（即上面链接中的 visual-search-feature-generation.ipynb）上传到 Jupyter Notebook 中，然后选择 MXNet Python 软件包。引用你的 S3 存储桶并执行单元。

　　分析上述代码，并将其与在第 6 章"迁移学习和视觉搜索"中的操作进行比较，你会发现基本原理是相同的，只不过分析现在是在云平台上完成的，因此它将具有几个级别的身份验证，而在第 6 章中则没有这些设置。

12.6.3　使用 Azure 进行视觉搜索

　　Azure 是 Microsoft 的云机器学习平台，用于构建、管理和部署应用程序。像 GCP 和 AWS 一样，Azure 也具有许多功能，但是我们仅对计算机视觉工作感兴趣，其相关功能是 Azure AI 和 Azure Machine Learning。有关详细信息，可访问以下网址。

　　https://azure.microsoft.com/en-us/services/

　　在 AI 和 Machine Learning 中，与计算机视觉相关的应用是 Azure Bot Service、Azure Cognitive Search、Bing Image Search、Bing Visual Search 和 Computer Vision。例如，如果要执行视觉搜索，可访问以下网址。

https://docs.microsoft.com/zh-cn/azure/ognitive-services/bing-visual-search/visual-search-sdk-python

在 Azure 云平台中进行可视搜索的基本步骤如下。

（1）获取一个 Azure 账号，然后选择价格信息。

（2）获取你的订阅密钥。

（3）选择计算机上测试图像的路径。

（4）将搜索请求作为 request.post 发送。

```
response = requests.post(BASE_URI, headers=HEADERS, files=file)
response.raise_for_status()
```

在上面的代码中，raise_for_status()方法意味着如果请求失败，则引发异常，例如：

```
404 Client Error: NOT FOUND.
```

💡 提示：

由于必须提供信用卡详细信息进行计费，因此云平台的使用可能会比较昂贵。需要注意的关键是，即使你已经完成了训练并关闭了计算机，但除非完全关闭云平台中的项目；否则将会继续产生费用。

12.7　小　　结

本章详细介绍了如何将图像数据发送到云平台进行分析。在第 11 章"通过 CPU/GPU 优化在边缘设备上进行深度学习"中，阐释了如何在本地计算机上进行训练，本章则告诉你如何使用云平台执行相同的任务，以及如何使用 Google Cloud Shell 分发训练以在多个实例中触发训练。

本章包含了许多练习示例和链接，通过访问这些链接并进行练习，你将获得更多的知识。我们详细介绍了如何使用 3 个云平台——GCP、AWS 和 Azure——执行图像分析、视觉搜索和人像识别等任务。最后还要再次强调：在完成训练之后，一定要记得关闭项目，以免产生不必要的费用。